巨大的成功不是建立在成功之上的，而是建立在逆境、失败、挫折，甚至是灾难，以及我们应对和扭转局面的方式之上的。

萨姆纳·雷德斯通（Sumner Redstone）
维亚康姆公司（Viacom, Inc.）董事长

心理成长系列

逆商2

ADVERSITY QUOTIENT @ WORK

在职场逆境中向上而生

[美]保罗·G.史托兹(Paul G. Stoltz)----著
苑东明 ----------------------译
卢 华 应丹琼 张雯怡 ---------------审译

中国人民大学出版社
·北京·

图书在版编目（CIP）数据

逆商. 2，在职场逆境中向上而生 / （美）保罗·G. 史托兹（Paul G. Stoltz）著；苑东明译. -- 北京：中国人民大学出版社，2020.8
ISBN 978-7-300-28393-7

Ⅰ. ①逆… Ⅱ. ①保… ②苑… Ⅲ. ①成功心理—通俗读物 Ⅳ. ①B848.4-49

中国版本图书馆CIP数据核字（2020）第127948号

逆商2：在职场逆境中向上而生
［美］保罗·G. 史托兹（Paul G. Stoltz） 著
苑东明 译
卢 华 应丹琼 张雯怡 审译
Nishang 2: Zai Zhichang Nijing zhong Xiangshang Er Sheng

出版发行	中国人民大学出版社		
社 址	北京中关村大街31号	**邮政编码**	100080
电 话	010-62511242（总编室）		010-62511770（质管部）
	010-82501766（邮购部）		010-62514148（门市部）
	010-62515195（发行公司）		010-62515275（盗版举报）
网 址	http://www.crup.com.cn		
经 销	新华书店		
印 刷	天津中印联印务有限公司		
规 格	170mm×230mm 16开本	**版 次**	2020年8月第1版
印 张	20.75 插页1	**印 次**	2020年10月第2次印刷
字 数	275 000	**定 价**	89.00元

赞誉

凡是有理想的人都是有毅力的人，这个毅力恰恰体现在面临那些似乎不可逾越的障碍时你是否不放弃、继续前行。如果你想增强毅力，或者希望能招聘到超有毅力的员工，我推荐《逆商 2：在职场逆境中向上而生》这本书。

冯 仑

御风集团董事长

接触逆商的这几年，深切感受到其源源不断的力量。特别是在当下，挑战和逆境无处不在，且强度和频次超出想象。逆商是工具，是修行，可以帮助我们去应对、克服生活和工作中的各种挑战和困境，是我们赢得成功的必要条件。

贾彦文

凯德集团 凯德中国管理商学院总经理

对创业者来说，逆境和不确定性常伴左右。就像现在的我所经历的困境一样，虽有 10 年在互联网上市公司高管的漂亮经历（网易、阿里巴巴集团、人人公司……），也有几位经验互补的资深人士一起创业、努力坚持，但智能硬件与 AIOT 的新兴领域几年发展下来仍有许多未知性，99% 的创业公司终将失败的可能性还是摆在眼前。我的多年好友陈衍慈先生将逆商概念和培训引进中国，正在陪伴和帮助我用攀登者的 CORE 和逆商体系里的工具，带领团队更坚韧地持续攀登。推荐此书给各位创业者们。

江志强

儿童智能大健康品牌 Gululu 创始人

一直在探索 VUCA 环境下个人和组织的成功之道，保罗博士的《逆商 2：在职场逆境中向上而生》提供了明确的答案和系统的框架，以 CORE 核心模型为衡量和提升的基础工具之外，还延展了教练辅导、招聘、团队逆商提升和文化打造的系列工具，非常推荐各位职场人士看看这本书。

蒋　隽

沙特基础工业公司 全球学习发展负责人

人生不如意十之八九，职场中的不如意更多，如何在逆境中向上是每个职场人必须掌握的一种能力。《逆商 2》在前作的基础上，更偏重职场逆商的煅炼和提升，无论是勇敢精神还是责任意识，一但养成，它提升的一定不只是我们的职业生涯，因为这是具有普适性的品质。

姜　洋

今今乐道读书会主编

在互联网 + 的时代中，评价杰出领袖的最好标准也许不是他们的成功，而是他们如何应对失败。在《逆商 2：在职场逆境中向上而生》一书中，保罗提供了一种改变生活的方法和手段，这将使我们的员工在自己的工作和生活中产生新的活力，也将成为人们通往更幸福生活的道路和属于攀登者世界里前进的蓝图。

雷文涛

有书创始人

推荐这本书，是因为我本人正是逆商的实践者、感悟者和受益者。因为逆商，原本貌似普通的丑小鸭，可以完成她幼时设定的遥不可及的梦想。苦尽甘来，否极泰来，韬光养晦，“头悬梁，锥刺股”，坚韧不拔，永不言弃…… 这些都是高逆商者必经历的情境及所拥有的部分特质。逆商可以塑造你的世界，能够使你永久地被重建和提升……你是放弃者、扎营者还是攀登者?

李 红

中美领导力发展基金会创始人、中美青年领袖峰会创始人

逆境就像一座座横亘在人生前进道路上的大山，而跨越这些大山逐渐变成了我们无从逃避的选择。保罗博士的逆商理念帮助许多在职场上陷入逆境的朋友触底反弹，做出勇敢的选择和行动。这本《逆商 2：在职场逆境中向上而生》是我们期待已久的作品，它如海上的灯塔，为在风浪中迷失方向的人提供指引。

梁 卓

Mylan 中国高级人才发展经理

未来是个极度不确定的时代，应对变化的能力正在成为无数企业与职场人的核心竞争力。从脉脉初创到成为中国职场社交的独角兽，我的个人创业经历和脉脉里近一亿职场人的奋斗经历，都让我深刻意识到：攀登的旅程需要不断打开认知，连接外面的世界，在更高的山峰领略不同的风景。《逆商 2》用生动的故事、丰富的内容及实用的工具，给职场人带来一份当下所需要的成长指南。

林 凡

脉脉创始人兼 CEO

2020“新冠疫情”这只席卷全球的“黑天鹅”，让处于 VUCA 时代的企业陷入了更为深刻的困境和危机。如何转危为机，考验的是逆商的修炼。《逆商 2》将

指引我们深度自我解读，智慧面对挑战，成为永远的“攀登者”。

林　玲

晶科电力科技股份有限公司 HRVP

同样勤奋聪明、人脉广泛的一群人，在智力、资本和机遇条件类似的情况下，成就却为何有明显的高低之分？在我看来，IQ 是一个人成功的基础，EQ 决定了他成功的下线，而 AQ（逆商）才能决定他成功的上线有多高。AQ 低的人，会被挫败感迅速击溃；AQ 高的人，才可能愈挫愈勇，化逆境为机遇和动力。

诚如其名，《逆商 2：在职场逆境中向上而生》就是一本教你如何百炼成钢的职场教科书，无论你正身处逆境还是一帆风顺，它都会对你有所帮助。因为，逆境，总是人生常态。

毛大庆

优客工场创始人

面对挫折和困境，我们如何保持韧性、勇气和行动力，坚持做一个攀登者？保罗博士的《逆商 2：在职场逆境中向上而生》给我们带来了一本高质量的修炼手册，让我们在逆境中成长、强大。

孟　源

保乐力加中国人力资源副总裁

攀登者、扎营者和放弃者，保罗博士创新性地用这三者来形容领导者逆商的高度。在面临令人心惊胆战的高峰——现实的困难时，三者的表现也截然不同，高下立现。管理者的智商和情商都无法解释这一重大的差异，而逆商也许是强弱两者之间的分水岭。中国商业环境快速切换，如何提升自己和组织的逆商变得前所未有的重要。

钮建军

《哈佛商业评论》中文版副主编

信息化时代，疯狂的变化不断地考验着我们面对突发情况的应对能力和反应速度。昨天还沉迷于对人工智能、大数据、虚拟现实的探索中，转瞬我们又投身于下一个风口。如何在挫折中保持乐观的心态、积极应对？《逆商2》给了我们答案。

潘幸知

幸知在线女性心理成长平台创始人

职场中进步快的人是需要经历逆境的，越是一帆风顺的人越难以接受事业遇到起起伏伏，心态反而坏了。接受过逆境考验的人，反而会从自己的经历中找到信心，激发斗志，充满勇气去面对困难。困境才是一个人在职场最有价值的成长环境，战胜逆境，才能加速成长。

秋　叶

秋叶PPT创始人

人的智商很大程度上取决于遗传基因，我们能做的努力其实不多，但即使智商相近的人，也会有人成功，有人失败！是什么决定了成败？我想最根本的原因就是逆商，逆商的高低决定了你人生的高度。也许智商我们无法改变，但是逆商可以通过我们的工作、生活、学习来不断提高。这时我们需要有这样一本书，能够指导大家，如何提高逆商，如何在逆境中的职场生存下去。

王　佳

佳爷房谈工作室创始人、58同城安居客内容总经理

这是一个VUCA的时代，唯一可以确定的是不确定；这是一个创新颠覆的时代，只有不断创造才能不断生长；这是一个辗转巨变的时代，更需要逆行者的智慧。在《逆商2：在职场逆境中向上生长》一书中，作者为我们展示了如何在这

样的时代进一步强化自己面对工作困境时的反应能力，提升自己在工作中的效能、体验感、参与感和幸福感，更好地把握工作中的机遇。如何用逆商武装自己、团队和组织，以便在最不确定和充满压力的环境下依然能蓬勃发展。希望这些宝贵的思想和智慧都会变成光，照亮你的路。

汪 静

《商学院》杂志主编兼出品人

在跨入新的十年的当下，我们所处的VUCA商业环境也在瞬息间由顺行转为逆行。正在发生和随时来临的未知挑战对于任何组织都是危，同时也是机。脱颖而出的关键就在于临危不惧的掌控感和逆流而上的驾驭力，逆商的时代舞台已来。

王克赟

科思创中国 人才管理与组织文化负责人

逆商课程很好地帮助我们公司的高潜人才认识到，高逆商并非与生俱来，只要时刻不忘找到自己的下一座山峰，成为永远的攀登者，那你必将成为人生的赢家。《逆商2》对于在职场逆境中想要有所突破的人，提供了很好的框架和工具。

魏 莉

默沙东中国人才发展总监

VUCA时代的易变和不确定性愈演愈烈，逆商越来越成为一个团队和个人成就高低的决定性要素。发掘和激发团队的逆商成为每一个领导者最重要的工作。《逆商2》用清晰简明的模型帮我们分析了逆商，并提供了一些有效的工具和模型来帮助我们提升逆商。非常值得细读。

肖 磊

高露洁棕榄（中国）有限公司全国重点客户总监

在接触逆商的这几年中，我坚定了自己要成为攀登者的信念，在遇到或大或小的逆境时，都坚持用 LEAD 工具积极面对，获益匪浅。作为 HR，更希望可以帮助整个团队和组织提高逆商以适应这个多变的环境。本书恰好提供了有效的工具和方法，帮助我们打造一个高逆商组织。

杨 玮

强生中国学习与发展负责人

逆境是修炼心性的真经，是更上一层楼的基石。不是因为一切顺风顺水，我们才安然无恙；而是因为我们具备了面对逆境的积极心态和迎刃而解的智慧，人生才更丰盈多彩。当你翻开《逆商 2》，你已开启了逆风扬帆的人生。

姚懿容

eBay 中国人力资源总监

阴阳相济，顺逆相生，世间本无绝对的顺境与逆境。正所谓“福兮祸之所伏，祸兮福之所倚”，关键是面对逆境时我们如何认知并做出反应。《逆商 2：在职场逆境中向上而生》从现代科学角度对此进行了透彻的分析，并提出了“攀登者文化”，这将是职场人士在逆境中从疲于奔命升级为向上而生的有效指引。

曾明志

方太集团 方太大学领导力学院执行院长

不确定性已成为当今社会常态，我们每天都会面临各种未知与挑战，是否具备足够的能力应对逆境，已经成为企业中个人和团队发展的胜任力之一。推荐《逆商 2》，它提供了切实可行的模型与工具，在职场中容易被大家理解与应用。

张 鹤

雷诺日产三菱联盟中国学院负责人

在如今“黑天鹅”频现的不确定性时代，我们将如何突围，又将如何转危为机？在 N 个世代共存的职场，各种确定的冲突和不确定的逆境，我们将如何引领自我、团队、组织披荆斩棘不断前行？逆商将给你最好的答案，助你发现或重塑人生，给你能够掌控的确定感，向阳而生。

张 坤

日邮物流（中国）有限公司 组织发展高级经理

几年前的中国职场，很多人都羡慕“风口的猪”，因为据说顺风能把猪带着飞起来。事实上，当风停时，猪都摔惨了。反而那些一直追寻目标的人，逆风前行，逐渐在各领域扎稳脚跟。本书旨在训练你成为攀登者，持续努力、坚持成长，无论顺境还是逆境，都能成功登顶。

赵 周

拆书帮创始人、《这样读书就够了》作者

尼采说：“一切美好的事物都是曲折地接近自己的目标，一切笔直都是骗人的。”每一位职场人士在工作与生活中，一定都会面对不间断的痛苦、挣扎与攀爬。但是，同样的逆境，有的人萎缩、停滞、抱怨、推诿，有的人却能乐观、坚韧、承担、奋起，从而铸就了不同的职业人生。本书给了所有希望逆风而行的奋斗者最好的工具、方法论和生动的案例，我希望和大家一起学习成长。

赵尔迪

腾讯教育副总裁、腾讯企鹅辅导总经理

人的一生会经历诸多逆境、诸多挑战。消极看待，它就是一场磨难；积极看待，它就是一场磨练。所以，身处逆境时，最重要的不是挑战本身，而是我们如何看待它们。

保罗·G. 史托兹博士的《逆商2》给想要在职场逆境中乘风破浪的人们提供了明确的方向和实用工具。

钟 键

康乐保（中国）医疗用品有限公司中国区培训负责人

如果说智商和情商是一个人成功的基石，那么逆商决定了这个人能飞多高、能走多远，它是一种思维方式，更是一种生活态度。本书将指引你找到内心的CORE，使你成为向上而生的攀登者！

仲 晗

陶氏化学亚太区人力资源解决方案总监

工作正变得越来越复杂，个人克服组织不确定性的需要对于在当今的工作世界取得成功至关重要。《逆商2：在职场逆境中向上而生》为增强员工归属感和提高员工潜力提供了实际方法。《逆商2》提供了增强整个组织系统的特定工具。这是一本关于个人如何提高生产力以及组织如何提高整体绩效的强有力的书。

塔马·埃尔克莱斯（Tamar Elkeles）博士

高通公司（QUALCOMM）学习与发展副总裁

《逆商2：在职场逆境中向上而生》这本书介绍了一套强大的工具，可以应对当今时代最大的挑战，能帮助你雇用并留住最优秀的人才以推动成功。

克里斯·鲍威尔（Chris Powell）

万豪国际（Marriott International，Inc.）人力资源规划和绩效主管

在当今的工作环境中，新问题、信息过载和那些需要在特定时点马上做出决

定的状况正以越来越快的速度向我们袭来，而且看不到任何平息的迹象。逆商并不能阻止这种潮流，但它确实提高了你的能力，让你能以切合实际，并且习以为常的方式有效地处理这些问题。

托德·罗塞尔（Todd Rossel）

德勤公司人力资源及管理解决方案和服务主管

保罗·史托兹再一次有力地向我们展示了勇敢、责任和领导力的真正含义。他能做到这一点，是因为他不但机敏，而且对那些真正使一个人在个人生活和职业上成为一个高成就者的原因有着罕见的领悟。

J. W. 肯普弗（J. W. Kaempfer）

英国 BAA McArthurGlen 有限公司首席执行官

我们多年来一直使用逆商来培养和留住最优秀的人才。这对我们的成功是无价的。现在，《逆商 2：在职场逆境中向上而生》将这些世界级的战略化为实际方法，以供每个人使用。

斯蒂芬·J. 布里尔（Stephen J. Burill）

德勤公司合伙人

推荐序

凌莉

强生（中国）医疗器材有限公司 商业能力培训副总监

“这是一个最好的时代，这是一个最坏的时代。”用狄更斯《双城记》中的这句经典语录来形容当下所有职场人面临的环境再贴切不过了。2020 开篇的这场疫情，让所有人真切感受到了这个模糊多变、充满不确定性时代的到来，所有人都受到不同程度和方式的影响，有机会有惊喜，更多的是迷茫、恐惧、失落、不安、焦躁等负面的体验。这样突如其来、始料未及的大自然挑战，如同一份考卷，令一群习惯于过往游戏规则的职场人措手不及。随着答题进程不断推进，面对着行业格局、市场、客户、上下游合作伙伴、竞争对手等多方的挑战，企业领导者深刻意识到，组织中的韧性和抗压能力在后疫情时期是多么重要和紧迫，除了通过系统、逻辑化的方法论解决业务挑战外，自身和员工内心认知的重塑以及逆境应对的诉求，都需要被重点关注。

外部环境如此，内部环境亦然。例如，年轻一代员工与中年领导者之间的互动同样面临着前所未有的挑战。一项企业员工动力调研数据显示，员工与领导者之间的冲突源更集中在年轻一代轻易离职、无法接受批评、情绪化、抱怨压力、以自我为中心、被动消极等主观的精神方面，可以归结为员工面对大小逆境下的情绪与行为反应。这既给当今领导者在领导力方面提出了更高的标准和要求，也给领导者提出一个个领导力新课题，即领导者需要应对的逆境。对领导者而言，如何厘清自己的逆境认知，找到自身突破的方向，并用科学有效的方法武装自己，从而带领好团队，激发团队士气，挖掘员工的潜力，从逆境中找寻创新之路，已经变得势在必行！

《逆商2：在职场逆境中向上而生》面世的时机刚刚好，给职场人士，无论是领导者还是员工，带来急需的养分。书中提到的攀登者，他们的目标感与百折不挠可以召唤出人们内心的动力，去自省工作和生活中真正有意义的人和事，并全力以赴，这正是企业渴求的品质，也是生而为人最终的意义感。另外，在书中，作者还介绍了发现、招聘、培养、发展、辅导攀登者的必要性和方法，教会企业如何打造攀登型团队并创建攀登型文化，由点到面，由个体到团队再延伸到组织，每一步都在提供有效的工具与模型。

我所服务的这家优秀的世界500强医药公司，自中国分公司成立20多年来，一直以最优质的产品和专业的服务引领着行业，在内外部环境发生重大变化的这两年里，越来越多的高管给人才发展团队提出了需求：如何让我的人具有创业者精神，如何提升团队经理的主人翁精神，如何激发管理者的创新意识，如何提升他们的管理魄力……我惊喜地发现，在《逆商2：在职场逆境中向上而生》中多少可以寻求到这些课题的解决方案。我们将逆商课程引入组织内部多年，很多领导者通过学习书中的方法，不断在业务实践中总结经验教训，从而验证着书中方法论的有效性。例如，书中经典的攀登者CORE模型是我非常喜爱的，它从掌控感、担当力、影响度和持续性四个维度定义攀登者的逆商，不仅提供衡量的标准，更给出了提升的有效路径。任何的理论，只有可以衡量，才可以被有效管理。CORE模型正是这样一套体系，简洁易懂且有力量，学员们学习后，能够在实践中反思，从攀登者的角色认知开始重塑自我的耐挫力，领导者们提升自我逆商的同时，带领团队营造攀登者的团队文化，这正是企业希望看到的未来方向。

有幸在 2019 年参加了保罗・G. 史托兹博士的讲师认证课，并见证了史托兹博士充满魅力的互动与演讲。他当场解读困惑，给予运用情境的深度联结，给我留下了深刻印象。而史托兹博士 40 年潜心研究的扎实成果，以及他时刻在践行的强大使命感更是让我受益匪浅。

感恩这样的学习机缘，感恩陈衍慈先生和张雯怡女士的引荐，感恩上海启境讲师团队的倾力相授，以及持续给予中国本土企业在逆商能力提升方面的专业辅导和支持。一群怀揣理想的人，将逆商理念传递下去，以帮助和影响更多有需要的人，这不就是攀登者的寻梦与造梦之旅吗？

很高兴在这个特别的时期，迎来这样一本珍贵的职场指南，也愿每一位选择这本书的人都能在人生里一往无前，勇攀高峰。

觉知与改变，就在此时此刻，一起行动吧！

前言

为什么把逆商引入当下的工作场景变得比任何时候都重要

40年前，当我开始研究、尝试解码人类努力奋进的基本原理时，我不会想到逆商的理论方法、衡量方式、提升工具会对人们如此重要，能帮助人们哪怕遭遇最令人畏惧的逆境也能打造不断成长的人生、团队、组织、文化或社会。很荣幸，我能得以见证逆商在全世界各个领域内的传播和应用。哈佛商学院把逆商引入它们的MBA和高管发展项目；卡耐基梅隆大学会把逆商作为它们全球领导力项目的重要内容；麻省理工学院把逆商作为评估的一部分，并用它来培养年轻的企业家；欧洲工商管理学院也用逆商来发展全球高管学员。全球范围内1000多家企业、100多万个人用逆商工具衡量和提升他们的逆境反应能力，这不仅仅是为了赢得竞争优势。我们也万万没想到，我们会开始涉足表观遗传学的研究，来开发逆商对升级人类DNA发挥的强大作用。

但是，在很多方面，我们才刚刚起步！

2019年，趁着我的第一本书《逆商：我们该如何应对坏事件》中文版在中国畅销之际，我也很荣幸受邀来到中国，和上海启境公司（Aspire）——我们在中国的独家合作伙伴，一起合作开展了几场线下培训工作坊，其中有上百位管理者参加了上海启境公司和《哈佛商业评论（中文版）》联合主办的逆商大师课。同时，我们也举办了“逆商企业内部专家认证”项目，认证了第一批企业内部专家来传播和应用逆商科学、方法论、工具和培训。这一次行程让我亲身感受到了中国独一无二的发展节奏和强度，以及中国企业界对逆商学习和应用的激情与渴望。这让我很受鼓舞，决定在逆商系列入门篇后，趁热打铁推出逆商系列中的实践与工具篇《逆商 2：在职场逆境中向上而生》的中文版。

和我的第一本书《逆商：我们该如何应对坏事件》不同，这本书更聚焦于工作场景。你可以用这本书进一步强化自己面对工作困境时的反应能力，提升自己在工作中的效能、体验感、参与感和幸福感，更好地把握工作中的机遇。管理者、人力资源专家和组织发展专家可以用它来打造新一代员工，提升人才竞争力，重塑团队和组织文化，用逆商武装自己、团队和组织，以便在最不确定和充满压力的环境下依然能蓬勃发展。

这本书也包含了更丰富的工具，在第一本书的基础上，拓展了更针对性的场景，如招聘、教练和辅导团队成员、打造攀登型团队文化等。但是，你并不需要像吃一顿五道菜的大餐一样，从头到尾地去消化它，而是把它当成一顿自助餐，只挑选那些你最喜欢、对你最有益的部分来阅读和应用。

这本书提供了很多基本的方法，但要在组织内快速创造价值，还需要更为深入的探索和落地。这也是为什么我们在中国有上海启境公司为企业和组织提供专业的测评、培训和文化转型的咨询服务。上海启境公司是非常正直、专业的团队，在我们这么多年的合作中，深受我们 PEAK 团队的尊敬。他们熟练掌握了逆商的精髓，基于不同文化所进行的二次开发与迭代，让逆商科学走进了更多组织，真正帮助了更多的人。相信他们在这几年所积累的中国企业的案例和经验，也能帮助你和你的组织。欢迎大家向他们寻求指导。

今天，当我写下这些文字的时候，全世界正因为新型冠状病毒肺炎大流行而举步维艰。不管会出现什么样的新形态，我们可以肯定的是生活和工作将不复从前，变好或变坏完全取决于我们如何反应。尽管我们无法控制事件本身，但我们可以掌控我们的反应。更甚者，我们还可以解码、衡量、精进，并永久地升级个人和团队的 CORE 反应，来大大提升我们在逆境中变得更强的可能性。

无论你是学习者、领导者、实践者还是攀登者，这本书都是为你们而著。你们将逆商应用于工作，超越工作，这都将为我们创造一个更加灿烂、强大、美好和坚韧的世界。

让我们一起向上攀登吧！

ADVERSITY QUOTIENT

目　录 | @ WORK

ADVERSITY QUOTIENT

第1章 | @ WORK

通过逆商不断升级你的操作系统

我们所处的时代，每人每天平均要面对23个逆境时刻，大多数人都没有足够的能力应对，更不用说在如此空前严苛的环境中茁壮成长了。

早上7点之前，你可能一边啜饮早间咖啡，一边浏览晨报，却发现一些大型企业集团在觊觎收购或合并你的公司。另一则新闻报道是，现在的孩子每周大都会花47个小时浏览没有经过任何审查的媒体页面，你自然要思考这对你的儿女会造成怎样的影响。

尽管你动了很多脑筋来规划出行，但不管去哪里还都是件麻烦事。今天会怎么样呢？也许停车场已经满了，也许你的航班延误了，导致你错过了转机。当你到达工作地点时，会收到51封电子邮件和23条语音邮件。再被另外82条信息轰炸一番后，你才可以结束一天的工作。你没有办法回答所有的问题。你在这堆邮件中筛选，尽管有几条信息很重要，但在赶去参加早会之前，你只能简短回复其中几条。会议持续时间很长，开得高度紧张；手机不断发出各种铃声，为了回电话，人们一会儿加入一会儿退出讨论。在回到办公桌前的路上，你又收到了部门的最新财务报表，你得记住要在明天的预算会议前细读这份报表的内容，但又不禁自问："是要读啊，可什么时候才有空呢？"

坐到办公桌前，你打开文件夹，看到待办事项已经从 15 个增加到 19 个了，其中七件你今天必须完成，除非有什么不可预见的要紧事，可是总会有不可预见的事情发生！当你按事情的优先级排序时，你儿子学校的护士打来电话，说他发烧了。你当然不应该错过与客户的午餐会，但即便如此，你也只能推掉。

媒体曾报道过的关于公司合并或收购的谣言已经铺天盖地而来，公司领导摆明是在躲避。你有些拿不准的是，那些战略性重点工作目前看来可能已经无关紧要了，你还值不值得为之费心劳力。晚上你回到家里，匆匆吃了一点东西后坐下来仔细研读那些文件。这时，你听到儿子在咳嗽，他的情况似乎越来越糟了。看来，你又得熬到深夜才能睡了。

上述就是处于高速发展中的创业型新经济现状的真实写照。每天都需要人们更加快速、高效、高强度地工作，很少有人能在不给自己和周围的人造成巨大损失的情况下坚持下去。支撑今天这种工作节奏的可不光是浓咖啡和高速的互联网线路。可明天呢？《今日美国》（*USA Today*）的报道称，在一个典型的工作日里，办公室工作人员会通过电话、传真、电子邮件、邮寄、公司内部邮件和手机发送和接收 163 条信息，而这一数字每年都会翻番。

1967 年，英特尔公司创始人之一的戈登·摩尔（Gordon Moore）预测，每过 18 个月，计算机的速度和能力就会翻倍。几十年来，摩尔定律一直适用。我们可以将这些突破归功于人类的聪明才智，但我们也由此给自己戴上了一副枷锁。我们作为消费者，要求我们的技术有更高的速度和能力。例如，我们不断升级电脑，以满足新的需求。现在，最新的袖珍掌上电脑就比我以前用来写博士论文的电脑的处理能力强大很多。

在我调查过的几十万名来自多个国家不同行业、从事不同职业的被访者中，有 98% 的人预测未来会更加艰难、混乱和不确定。随着预测更多地变为现实，我们所面临的风险越来越大，我们的希望、抱负更是越发渺茫和难以实现。

如果我们不以类似电脑的方式升级我们自身的操作系统，成本仍然将是巨大的。我们的绩效、敏捷性、韧性、问题解决、决策、创新及身心健康都将受到负面影响。如果我们所接受过的培训和教养，已无从为我们提供一种可行的方法来升级我们的操作系统，以使我们能够以更快的速度和更强的能力来满足不断增长的需求。那么，我们必须想办法来升级我们自己。

想象一下，你的电脑正在运行的是 1967 年的操作系统，它的运算能力将因此大打折扣，远远满足不了你的需求。我们人类自身的操作系统也是如此，因为它试图处理源源不断的信息，并执行日益复杂且要求越来越苛刻的任务。像你的电脑一样，你的操作系统驱动着一切，即所学的所有技能、能力、知识等这些人类软件都是由你的硬件操作系统驱动的。

仅仅通过以信息、知识和技能的形式添加更多的软件，也不可能满足当今不断增长的需求。满足这些需求的唯一方法就是，通过优化现有软件和扩展能运行更多软件的能力来升级你的操作系统。你必须超越传统方法和现有的标准方法，即你必须通过理解和强化你的逆商来升级你的操作系统。

逆商的发现

逆商描述了你对形式和程度各异的逆境（如从大的悲剧到小的烦恼）所固有的反应模式，它体现在你的大脑以及身体每个细胞深层次、无意识应对逆境上。逆商理论也是我们人类的一种行为理论，它深深植根于几门科学学科，并基于来自世界各地的大约 1500 多项研究。

40年前[①]，我开始了对逆商的研究，当时我第一次针对优秀的企业家和学生的成功模式进行了研究。我发现，没有一个标准的成功预测因素是正确的，比如考试成绩或人们的背景因素，但似乎有一个隐藏的因素决定着他们持久的成功。30年前，我提出了逆商理论：那些能对逆境做出最有效反应的人，将在工作和生活中胜出。我的团队也开始对运动员、学生、领导者和销售人员进行定量研究，我们发现逆商是一个异常强大的成功预测因素。经过进一步研究，我们还发现了衡量和永久地强化个人逆商的方法。现在是时候与世人分享这些方法了。

基于这一证据，我们在《逆商：我们该如何应对坏事件》一书中提出了逆商理论和最初的逆商强化方法。我们很高兴看到这本书在全球如此受欢迎，很明显，逆境跨越了所有文化、性别和行业。然而，逆商仍然鲜为人知。在我们撰写《逆商：我们该如何应对坏事件》的时候，我们已经测量了 5000 人的逆商。自该书出版以来，我们又测量了近百万人的逆商，为几百个组织提供了培训和咨询，并让成千上万的人通过了本书提出的逆商提升考核。一路走来，我们自己也学到了很多。

随着时间的推移，我们发现，大多数培训只相当于升级或添加新的软件。但是要在超负荷的操作系统上运行这些新软件是行不通的。许多人的大脑硬盘上存满了令人印象深刻的软件，但这些软件处于休眠状态或未被充分利用，因为他们的个人操作系统几乎带动不起来、与其他软件不兼容或被更深层的病毒破坏了。

我们的研究指引我们去面对一个关键问题：为什么有些人把平庸的培训变成了持续精进自己的课程？即使企业不提供培训，他们仍然能寻找成长和进步的方法？

① 从本书中文版出版的时间算起，书中类似表述同此。——译者注

因为这些少数人拥有更强大的操作系统，能够为自身的才能扩容和能力成长提供空间。我们发现，逆商能够预测哪些人的才能会停滞不前，哪些人的才能会日渐精进。

我们的研究最令人鼓舞的是，一个人的胜出并不需要生来就有很高的逆商，即每个人在逆商方面都大有潜力可挖。不管起点如何，逆商都可以得到永久和实质性的改善。事实上，我的团队发现，逆商提升方法不仅持久，而且还会随着时间的推移而得到强化。在接受逆商培训后的第 90 天，当人们重新测量他们的逆商时，常常会有 20%~25% 的增长。你将会发现，逆商的这些改善体现在员工流失率和病假天数减少，以及销售额、工作绩效、个人情绪和对变化的反应能力改善方面。

逆商理论体系提供了丰富的工具以帮助我们拓展、改善和驾驭充满逆境的未来。它可以：

- 影响人类努力的方方面面；
- 被有效而可靠地衡量；
- 告诉你抵御逆境的程度如何，并衡量你克服危机的能力；
- 永久地被重塑和提升；
- 决定人们从培训中获得的价值；
- 是销售业绩、工作绩效、敏捷度、问题解决能力和可持续成功的有效预测指标；
- 用于减少人员流失，改善招聘效果；
- 能预测谁将放弃、谁将攀登；
- 在所有关系中扮演着重要角色。

在这本书里，我很高兴地向读者介绍逆商理论和技术的最新进展，以及在工作场景的延伸应用。它将：

1. 扩展我在第一本书《逆商：我们该如何应对坏事件》中提出的想法，并将其付诸实践；

2. 指导人们在工作中应用逆商，这恰恰是我们倾注了大量心血的地方。

对于你来说，并不一定非得先读第一本书。无论你是穿着兔耳朵拖鞋在家里办公，还是在熠熠生辉的办公大楼顶层工作，不管你在做什么，你都能用上这本书，甚至将它应用到其他领域并因此获益。如果你是企业家或管理者，我希望你不仅利用逆商来评估和加强你的企业竞争力，而且用逆商来探索和扩容你的才能，重新激活你的能量，坚持不懈地追求你的远大抱负。

> 生活不仅仅是为了匆匆赶路。
>
> 圣雄甘地（Mohandas Gandhi）

重新定义人的才能

人的才能由天资、潜能、技能、经验、知识和意愿组成。理论上，人的才能是无限的。然而，如果才能拓展不够快，事业和抱负可能就会停滞不前。事实上，随着逆境、复杂性和不确定性的不断增加，我们面临着的威胁是实实在在的，无论是作为个体还是集体，我们都缺乏才能以满足世界对我们提出的需求。

领导者面临的最大挑战之一就是扩展和挖掘他人的全部才能。我们要关注以下三种形式的才能。

- 一是需求才能，也就是你为了满足日常要求所需要的才能，这种才能要求不断地增加和扩展。
- 二是现有才能，它决定了你能交付和创造什么。这也可以等同于一个人已经拥有的软件（知识、技能、天资、潜能、经验等）。现有才能决定着当你的潜力全部释放时你能交付什么。毋庸置疑，随着世界对我们的要求（即需求才能）持续的增长，要找到拥有足够现有才能的人来满足这些要求，将变得越来越难，更不用说去扩展他们自身的才能了。

- 此外，由于大多数人并没有充分发挥出全部的潜力，导致这一挑战被放大。人们在一天中使用的那部分才能就是第三种形式的才能，即当下已发挥的才能。

成功的领导者和个人必须释放出自己所有形式的才能，以保持并持续提升自身在当今市场上的竞争优势。

在《今日美国》所做的一次民意调查中，美国、日本以及欧洲一些国家的首席执行官们表示，他们最担心的是提高灵活性和速度、降低成本和争夺顶尖人才的能力。由于这些需求，对员工们的要求也在不断扩展。

例如，太阳信托银行（Sun Trust Bank）的客户服务代表不仅要提供帮助，还要销售产品和服务，可见对其需求才能的要求提高了。为了满足这一需求，员工的现有才能和当下已发挥的才能都必须提升，最好是超出当下所要求的。否则，对公司的新愿景而言，这些员工可能会因才能过时而被淘汰。

令人不安的是，随着逆境的增多，大多数人的现有才能和当下已发挥的才能都在萎缩。当需求才能和可用的或可发挥的才能之间的差距越来越大时，其操作系统就会“死机”——他们的硬盘崩溃——然后遭遇失败。

本书将更为深入地探讨人类的才能，并通过逆商理论体系提供实用的工具以扩展所有形式的才能。当你和你的同事扩展了自身的操作系统时，你们将会懂得如何满足甚至超越明天对你们的需求。这样，企业才能蓬勃发展，而作为推动者的你们，收获的也远远超过工作本身。

有人问上帝：“人类让你最惊讶的是什么？”上帝回答说：“他们为了赚钱而失去健康，然后为了恢复健康而失去金钱。通过焦虑地思考未来，他们忘记了现在，因此他们既不为现在也不为未来而活，他们活得好像他们永远不会死，他们死得好像他们从未活过。”

逆境带来的心灵伤害

今天，每个人都面临着越来越多的逆境，这些日益增长的对才能的要求促使我们不断培养新的能力、高水平的技巧和通达的智慧。如果我们做不到这一点，心灵就会受到越来越大的伤害，这是我们不该承受的时代之痛。今天，我们看到这种伤害体现在人际互动不足、与压力相关疾病的增加、假期缩短以及像“多任务处理”这样的新名词成为我们谈话中的常用词汇等现象上。

正如严酷的训练需要你增加更多的营养，充满逆境的时代也需要你拥有更强大的逆商。逆商强化了你的操作系统，使之能在今天的高要求下以最佳状态运行。这种升级早就应该进行了。

你和你的同事每天能够使用多少“软件”或能力？其中有多少处在休眠状态？在关键时刻，你和你的同事会站起来接受挑战，深入挖掘，展现卓越吗？面对每天都有的烦恼、挑战和不确定性，你能无动于衷吗？或者，随着逆境的增加，你是否陷入了困境之中，变得意志消沉，让自己珍视的人生价值观和无比远大的目标蒙尘？

责备、抱怨、推卸责任、知难而退和抵制变革，这些只是被逆境打败的个人和组织表现出的一小部分症状。更严重的现象还包括个人和集体的无助感、组织更高的人才流失率和整体发展的停滞。

然而，损害并不会只局限在吹着空调的办公室隔间中，公司内部的人际关系、人们的希望和理想都会为此遭受很大的负面影响。当许多组织慢慢沉沦、员工们的精神遭到摧毁时，也不时会有一些组织能够昂首挺胸、卓尔不群。这些高逆商的组织会鼓励成员不断攀登，并将此视为其人生和工作的使命。他们会激励所有成员努力再往前一步——创造更多，变得更好。

当你升级了逆商时，你就会建构起新的优势和才能去应对和战胜逆境。最终结果是提升了你攀登的能力，并且还能引导其他人一起攀登。

你可以通过完成下面这份对组织操作系统的快速评测，先评估下目前阶段逆境对你、你的团队以及你的组织所造成的损耗有多少。对每一部分中的五个陈述分别回答“是”或“否”，请圈出你的回答（详见表 1–1）。

表 1–1　　你的组织的操作系统如何（一）

逆境对你的影响有多大			
1	一天工作结束的时候，我仍然精力充沛	是	否
2	面对挑战我仍茁壮成长，相对而言，面对大多数困难我都能泰然处之	是	否
3	大多数人认为我乐观、有韧性、顽强	是	否
4	当逆境来临时，我能保持冷静，集中精力解决问题	是	否
5	我会不断地学习以提升自己的能力	是	否
逆境对你的团队影响有多大			
1	我们是一个高绩效团队	是	否
2	我们彼此不会责备、抱怨和批评	是	否
3	无论问题有多严重，我们只专注于解决问题	是	否
4	每当有艰难险阻出现时，人们就会选择我们团队	是	否
5	当面对挫折时，我们仍能保持活力和专注力	是	否
逆境对你的组织影响有多大			
1	当组织出现了严重问题时，我们很少互相指责	是	否
2	因为我们从不惧怕失败并能从中吸取教训，所以我们敢于冒险和尝试新事物	是	否
3	当我们压力很大的时候，组织领导者让大家在决策和日常行为中保持相同的掌控水平	是	否
4	当面对变革时，人们会很快融入创造性的进程中，让变革尽可能地有效、积极	是	否
5	当人们能够改善境况时，他们很少把时间浪费在抱怨上	是	否

在每一部分中，通过计算你对几个问题的回答为“是”来评分（详见表 1–2）。

表 1–2　　你的组织的操作系统如何（二）

你	
4~5 分	你可能比大多数与你一起工作的人更能应对逆境。你很可能是他们所依赖的人，能帮助他们应对可能使其士气低落的挑战和挫折。你也可能会被低逆商的人拖累或为此感到沮丧
2~3 分	你能很好地应对中等程度的逆境，但当逆境增多、要求提高时，可能会遭受不必要的损耗。提高你的逆商将有助于你在充满挑战时保持强大
0~1 分	逆境会对你的心灵造成真正的伤害。通过衡量和提升你的逆商，你可以大大拓展你的视野、提高绩效表现
你的团队	
4~5 分	你的团队很可能是一个高绩效和协同有效的团队。你的团队能解决问题、做出决定，并采取行动。逆境几乎很难让你的团队停滞不前，逆境反而可能是机遇和获取丰富知识的源泉
2~3 分	当境况是可预测的并且要求适度时，你的团队可以很好地前行。当逆境越来越难以应付时，团队成员可能会表现欠佳，摩擦可能会在团队的外围发生。提高团队的逆商可以增强团队的成长能力，充分发挥团队的才能
0~1 分	你的团队很容易被困难压倒，而且不会主动接受新的挑战。团队中很可能会有很多冲突，有些人打心底已经放弃抵抗。衡量和提升你的团队逆商可以显著提高团队的士气和绩效
你的组织	
4~5 分	你的组织可能有一种敏捷的、高度负责的文化，组织并不会陷入那些许多竞争对手似乎无法避免的困境。你可以学着用这本书中的原则来强化这一重要因素
2~3 分	你的组织可能拥有中等水平的逆商，实施变革所需要的时间更长，需要更加努力地推动。组织中的一些高层人士可能不够稳定。通过本书提供的评估手段和工具，你可以强化组织的员工、团队和文化
0~1 分	你可能是在一个逆商中等偏低的组织中工作，这会挫伤你的精神面貌、士气和创新能力。随着时间的推移，许多“真正的实干家”会离开，问题会毫无必要地拖延下去。培训似乎不能解决问题。组织成员可能会变得有些倦怠，甚至你自己也会感到无精打采，或者很难想象自己会在这个组织中待上更长时间。这需要组织文化的根本转变。好消息是，当采用本书中提供的更深层次的策略时，人们将重新燃起希望并为之努力。你也可以激励一些扎营者继续攀登

看看乌龟吧，它只有伸出脖子来才能举步向前。

詹姆斯·布赖恩特·科南特（James Bryant Conant），美国教育家

既然你已经有机会思考逆境可能对你、你的团队和你的组织造成的损耗，那么你也可以考虑人们在应对不断上升的艰巨挑战时所形成的以下三种角色。

放弃者、扎营者和攀登者

放弃者是那些早早就萌生退意的人，只是从来不愿意告诉其他人罢了。在某个时刻，放弃者被攀登途中的挑战击倒，放弃了他们更高的追求。他们有意地忽略、遮蔽或抛弃了人类向上攀登的基本核心动力，以及随之而来的生命馈赠。放弃者常常对自己的命运感到痛苦和沮丧，这对他们自己和周围的人来说都是一种不幸。他们憎恨攀登者，甚至也憎恨周围的扎营者。当逆境袭来时，放弃者的操作系统就会被锁死或崩溃。

扎营者大多是那些止步不前的攀登者。他们已经做得足够多、足够好了，不想再像以前那样努力奋斗或奉献了。他们已经失去了优势。他们的操作系统出了问题，或者已经达到了他们似乎无法超越的极限。它们只能执行基本操作，但已经无法达到曾经拥有的速度、效率和才能。扎营者代表着半开发的潜力。在职业生涯和生活的某个时刻，他们对爬山感到厌倦是可以理解的，他们已经找到了一个舒适的好地方来度过余生。为了现在可能享有的安全和稳定，他们放弃了追求最高理想，也不愿做出更大贡献。我之所以说“可能”，是因为这座山还极不稳定，这也让人感到讽刺。扎营地不断地被雪崩般的变化撼动着，让扎营者们感到非常惊愕和恐惧。更可悲的是，虽然扎营者可能已经成功到达了营地，可一旦他们放弃攀登，就会给自己、团队和组织造成不可估量的损耗，他们就会逐渐萎缩，失去攀登的能力。

攀登者会终生致力于向山顶前进。他们的操作系统推动着一种发自内心的不放弃精神，这能使他们免于被逆境压垮。攀登者是主动做事、主动追求成功的人，他们坚韧不拔，拒绝向不断的失败低头。他们勇于踏入会把许多人吓瘫的绝境中。虽然他们可能会比其他人面临更多逆境，但他们会继续思考可能性，很少允许任何内部因素或外部障碍阻碍自己攀升。他们受到挑战的激励，拒绝在工作或人际关系中成为无足轻重的角色。正因为有这样的操作系统，他们能够从每一个挑战中学习、适应、成长，然后继续向上攀登。

逆境带来的苦难和考验

你将如何对自己、同事、员工进行分类？你会雇用谁，和谁一起工作，去领导谁？他们是放弃者、扎营者还是攀登者？当对他们提出新的要求时，或者当他们面临逆境时，你在他们的操作系统中看到了什么？他们中的每一个人是如何影响组织的士气和干劲的？

来自全球的首席执行官和管理者都说，他们的员工中有 80%（或更多）是扎营者。随着逆境的增加，会有越来越多的人成为放弃者或扎营者。这些领导者也意识到，要想在 21 世纪继续前进，就必须雇用、培养攀登型的员工，自己也要成为攀登者。这需要创造一种新的工作团队和文化，以迎接新经济的挑战。

我的一个客户最近进行了组织内部重组，明确了放弃者、扎营者和攀登者之间的区别。这次重组相当广泛而深入，可谓一项涉及全美国分支机构的大行动，给这家金融机构的方方面面带来了影响。公司倒闭的谣言使事态变得更加复杂，甚至严重影响了公司对这次重组的沟通。

大家都同意公司正处在衰退之中，然而，当倒闭的谣言出现时，领导者并没有预料到公司业绩会直线下滑。即使只有很少或没有信息，公司的员工也认为他们都会因此牵涉其中而苦不堪言。请病假的人越来越多，员工普遍感到惴惴不安。人们似乎确信，变革将产生巨大的破坏力，会把他们的营地连根拔起。

公司的首席运营官对谣言引发的反应是这样描述的：

> 有 15% 的人感到极度恐慌，甚至在我们还没有宣布计划时，他们已感到灭顶之灾即将来临！有 75%~80% 的人似乎在听天由命，好像某种可怕的命运已经不可避免。他们在阴霾中拖泥带水，在重负下步履沉重。相比之下，只有少数人对我们最终能采取果敢的行动以保持竞争力而感到真正的兴奋。

有些人被压垮了，还有一些人陷于困境，但仍有少数人能够斗志昂扬。这是由每个人的逆商决定的。

提升逆商的模型与工具

在过去的几年时间里，我和我的团队开发了各种成熟的模型和工具来评估和提升个人、团队和组织的逆商，我们想在这本书里传授给你。我们在世界各地测试了这些模型和工具，我们的客户现在也正在广泛应用，应用范围包括招聘、培训、指导和辅导，以及加速变革、提高绩效、培养领导者和加强组织文化等。下面你将会学到和运用的这些模型和工具，尤其能够助力你应对逆境，实现进一步提升。

衡量逆商

通过衡量逆商（measuring AQ），可以让你准确解读你自己、你的团队和你的组织目前对逆境的反应。通过使用逆商评估量表的一个缩略版本，你可以对应三种反应水平，以帮助你对逆商建立一个精确且有意义的起点，由此去学习和应用特定的逆商强化工具。

你也将学到如何在招聘流程中关注候选人的逆商，并对其进行衡量，这样你就可以雇用到高逆商的攀登者加入你的“登山队”。

CORE 四维度

CORE 四维度展现了构成你的逆商和操作系统的四个维度。你将了解并绘制出你的 CORE，学会加强这几个维度的反应，以及你的整体逆商水平和反应能力。这是关于逆商最重要和最有用的知识之一。

掌控感的反应层级

掌控感的反应层级（the hierarchy of control）清楚地表达了对更强反应能力的追求，并解释了为什么大多数人在逆境来袭时沟通和表现都很差。终其一生，我们都在追求更好的反应控制和个人效能，这个模型会带来新的启发。它揭示了哪些行为和反应是无效的，并构建了一种新的、更有效的方法。

反应能力

反应能力（response ability）是你逆商高低的结果展现，也是你对发生在自己身上的任何事情做出有效反应的能力。或者，更准确地说，是你在逆境中保持思路清晰、做事专注且有方向感的能力。这是一个新的概念框架，用于支持我们自己和他人致力于长期追求，而不仅仅是短期努力。

大多数人都接受过关于聆听、担责、问题解决、决策和制订计划的培训。然而，当逆境来袭时，你的同事在关键时刻能不能用好这些“软件”呢？本书通过让你准确认识到你对挑战的反应由什么组成，以及怎样才能永久地改变这种模式，来指导你训练好自己的反应能力，从而使你的操作系统在某天遭到冲击时能表现出最佳状态。

你将评估并加强你的团队和文化中的反应能力。你还将学习通过各种新的方法来评估潜在求职者的反应能力和逆商，这些方法将强化你的整体寻才和招聘过程。

LEAD 工具

LEAD 工具是一个精确的模型和工具，你将使用它来帮助你自己、他人和你的团队改变思维、提高和加强逆商。你将首先在个人层面上应用这种基于科学的方法，同时你也可以进入攀登学院（Climbing School），学习作为教练、导师和领导者如何应用这些技术。这样一来，你就能把自己的技能提升到团队水平。

重要性天平

重要性天平（the significance scale）这一工具和模型用来评估在追求更伟大事业的过程中是什么成就了一个人。它把重要意义看作人类最深层的动力，也是攀登者文化中最重要的方面之一。你将使用重要性量表来探测攀登者的内心，来指导、引导和培养他们，让他们能够做出更大的贡献，获得更大的成就感和影响力。

智慧金字塔

智慧金字塔（the wisdom pyramid）将解释噪音、数据和信息是如何产生信息迷雾的，信息迷雾可能会影响你做出明确决策和解决问题的能力。智慧金字塔将向你发起挑战，要求你将能量从知识转移、扩张到不受时间影响的真理或智慧上。

当能够加以综合运用时，这些模型和工具就可以从根本上加强你的招聘流程、培训，发展你的同事、你的团队、你的文化，以及你看待和处理所有逆境的方式。

逆商在职场的应用案例

佛罗里达水务公司几乎要倒闭了。这家私人控股公司遭受了创纪录的冬季降雨，导致客户需求严重下滑，收入急剧下降。在一个巨变时期，它威胁着企业的生存。员工们觉得他们受到了来自四面八方的打击。

对该组织逆商的初步评估显示，与业内其他机构相比，其逆商算是中等或略低于平均水平。它们的目标是加强逆商并升级其个人和团队操作系统，从而提高士气、绩效和盈利能力。我和我的团队很高兴地发现，经过用本书中的这些原则对它们进行强化培训，佛罗里达水务公司避免了迫在眉睫的灾难，并迅速实现了更大的盈利。这项训练采用了本书所介绍的攀登学院的扩展版的形式。

首先，我们测量了整个领导团队个人和团队的逆商，并检测了他们初始的反应能力水平。通过描绘出他们逆商的 CORE 各个维度，揭示出了一些他们个人的和团队的弱点与优势，这有助于我们“对症下药”。我们看到他们的反应能力立即得到了一些改善，这不仅激发了他们的动力，也激发了他们更大的兴趣，吸引了全体员工都到攀登学院来接受培训。

接下来，我们会带着这家公司的员工一起来分析研究他们自己的逆商和 CORE 解读报告，并制订出具体计划来加强他们逆商的 CORE 维度。他们要定义自己需要“攀登的山峰”，并采取具体步骤来提高他们的逆商，让自己能够克服困难不断向上攀登。在培训初期，来自水务公司的人力资源副总裁梅塞德斯·古斯曼（Mercedes Guzman）指出：“变化是非常明显的。让人印象深刻的是，大家不仅在工作中，在个人生活中也遵循了在培训中所做出的承诺。我注意到员工们的态度和担当力有所改善。在我看来，大家的逆商提高了，应对挑战的方式改进了，对公司的成功起到了促进作用。”他们现在正在加快推进变革进程，并信心百倍地表示将战胜每一个逆境。

然后，在团队层面我们开始通过应用逆商的模型和工具来加强团队的韧性，提高问题解决和决策的能力。我们的设想是创建一些攀登型团队。公司领导开始利用逆商来指导、辅导和领导攀登者。他们还应用掌控感的反应层级模型来加强他们控制自己反应和情绪的能力。他们使用重要性量表来评估和深化每个人在工作和工作场所的重要性。每个人都接受了 LEAD 工具和行动漏斗的培训，作为应对任何程度逆境的有效模式。这种方法能帮助个体改变对各类逆境的应对模式。我们帮助该公司的领导者开发了一个基于逆商的绩效评估系统，并向他们提供了在招聘过程中运用逆商的工具——所有这些内容本书后面都会提到。

佛罗里达水务公司总裁约翰·奇雷洛（John Cirello）认为，这次培训的结果可谓既立竿见影，又历久弥新。

> 这正是我们所需要的警钟和工具，对于如何应对越来越多的逆境，我们的确需要重建应对之道。在这次培训之前，我们的前景相当暗淡。但今天再看，感觉我们的前景从未如此光明。通过逆商升级我们的操作系统，我们的业务、人员和整个文化都发生了转变。

当员工在逆商攀登学院培训时，公司的战略领导团队学习、选择并实施了一系列创造高逆商文化的方法——本书也会提供。这强化了公司文化，缩小了扎营者的地盘，培养了攀登者。

总的来说，佛罗里达水务公司使用了本书中的方法来创建提升逆商的整体性方法，从而对其盈利能力和绩效产生了短期和长期的双重影响。对公司逆商持续几个月乃至几年的重新评估显示，公司的文化和员工都得到了显著并持续的提升，尽管公司收购的步伐加快、面对的法规纠缠不清，所在的整个行业发生了大洗牌，但公司仍保持繁荣。当然，公司仍然存在问题。事实上，它们面对问题的比五年前更多了。通过落实本书提供的逆商工具和方法，它们可以更有效、更高效地处理问题。在此之前，任何困难都可能让它们慢下来；今天，没有什么能阻挡它们。

但是由此取得的收获远不止表现在经济效益方面。该公司的工程师凯瑟琳·沃克（Catherine Walker）在培训几个月后被诊断得了乳腺癌。在培训的时候，她的逆商只是稍微高于平均水平。当她在项目结束后向我来分享，有哪些学到的方法可以马上用在自己身上时，我知道她真的“明白了”。我记得她特别兴奋能使用 LEAD 工具来提升自己的逆商并帮助自己来指导他人。她也承认，在生活的某些方面她已经做了扎营者，现在是时候重新开始攀登了。她相信逆商训练可以帮助她保持动力，努力去实现更大的愿望，其中之一就是跑马拉松。对凯瑟琳来说，对逆商的简单认知加上 LEAD 工具，似乎足以引发她在反应能力和整体韧性方面的显著变化，对其他许多人也是如此。现在乳腺癌这个逆境来考验她了。

我很好奇凯瑟琳会如何应对逆境，因为她的逆商有了 21% 的提升。她现在的得分处于中等偏上的范围，这会有什么不同影响吗？

凯瑟琳直接使用了逆商的 CORE 四维度。她专注于自己能够掌控的事情，主动来掌控自己的康复进程，并制定具体策略来限制癌症的影响度和持续性。她也专注于她自己选定的"这座山峰"，或者说自己的目标，知道必须把它强记在心里，以便走出当前的逆境。简言之，她是在利用逆境，利用癌症来提升自己的使命，激发自己的决心。她知道化疗会很残酷，但她拒绝让它控制住自己。她着眼于跑马拉松和为其他受害者筹款这件事。她想通过自己的行动给七岁的女儿尼克尔和同事们带来人生的启迪，这成了驱动、感召她的根本动力。

"我只是短暂地想到过死亡。然后我就定下神来，告诉自己，人们不会再死于乳腺癌了！我会挺过去的。我和其他人一样有很大的机会渡过难关。"凯瑟琳解释道。

看到逆商以如此个人化的方式，用在这样痛切的人生场合，真是令人鼓舞。我们也很高兴地看到，逆商有如此强的感染力，能促使人们用新的眼光来看待人生逆境。即使在经历化疗和多次手术的痛苦中，凯瑟琳还是坚持跑步，并以笔记和电子邮件的形式激励她的同事。有些日子她只能跑过一个街区，但她拒绝向癌症屈服。

凯瑟琳恢复得比预期更彻底，只用了预计时间的一半，她继续跑马拉松，现在身体状况已经完全缓解了。目前，她正在为迪士尼马拉松赛进行训练。回顾自己近来的经历，她说："这看起来很奇怪，但我很感激癌症。如果没有经历过这样的抗争，我永远不可能成为今天的我。我很幸运能活下来，我所经历的事情让我变得更坚强。我认为，作为工作中的领导者，人们现在更尊重我了，因为我学会了如何应对和继续应对逆境。现在，其他人也想学习面对逆境时应该怎样做。"

本书所提供的理解和培养逆商的工具，引发了许多这样的故事和群起效仿之举，这给整个工作场所带来了激动人心的影响。

好消息是，逆商不是天生的，不是只有那些“被选中者”才能蒙受雨露滋润，情况恰恰相反。一旦你了解了逆商，你就可以升级你自己、你的团队和组织的逆商——就像凯瑟琳一样，提高你应对所有挑战的能力。

具体来说，你将经历评估、绘制和理解你自己的逆商这些步骤。然后，你将学习有关逆商的实用科学，以便更好地理解这些概念并将其传授给其他人。我将指导你首先完成攀登学院的培训，然后你再来指导和带领他人。你将学习如何在招聘过程的各个方面运用逆商，以便发现并雇用到攀登型员工。随着掌握的逆商专业知识越来越多，你将能够运用进阶的技能来创建高逆商的攀登型团队和高逆商文化。简言之，你将学会以一种全面的方法来加强你自己和企业的逆商。

你将探索逆境如何激励、强化和定义人们和他们的组织，以挖掘自身最大的潜力，并实现最高的理想。事实上，这既是逆商对你的希望，也是给你的承诺。敞开心扉来学习这些内容吧，你也将有幸掌握驾驭逆境的力量。

让我们开启攀登之旅吧！

ADVERSITY QUOTIENT @ WORK 本章简要回顾

我们正面对越来越多的逆境。

- 人们平均每天要面对 23 个逆境。有 98% 的人预计未来更加困难、混乱、不确定。
- 你必须升级你的操作系统，以保持其活力和强健。

逆商定义了人的操作系统。

反应能力是人在逆境时代保持思路清晰、做事专注且有方向感的能力，它定义了你对前进路上出现的任何逆境做出有效反应的能力。

有三种类型的人类才能：

- 需求才能——一个人应对外部世界的要求所需要的能力；
- 现有才能——一个人目前拥有的技能、潜能、天资、知识和经验；
- 发挥才能——是现有才能的一部分，是当下正在使用和发挥的才能。

一位成功的领导者要释放出所有形式的才能，在当今的市场上才能保持竞争力，并进一步向上攀登。

- 山峰代表你的目标或使命。个人和组织各有不同的目标和使命。
- 攀登者是指那些坚定地向上攀登的人。他们持续努力，提升，成长，学习，扩展自己的才能。
- 扎营者是指那些停留在自己舒适区的人。他们宁愿处于一个可预测的、安稳的、变化有限的环境中。
- 放弃者是指那些放弃了向上攀登的人。他们总是感到郁闷，想逃避变化。他们当下已发挥的才能很有限。

逆商可以：

- 用来加速变革；
- 改善绩效；
- 增强韧性；
- 优化招聘；
- 降低离职率；
- 指导、辅导和引领他人；
- 强化团队；
- 丰富文化；
- 把扎营者变成攀登者。

ADVERSITY QUOTIENT

第 2 章 | @ WORK

逆商的科学

如果你能看到自然如何应对逆境，如何进行持续的自我更新，你就会情不自禁地学习。

伯尼·西格尔（Bernie Siegel），美国著名癌症外科医生、作家

利用逆境：成功的潜藏因素

我个人的逆商之旅始于 40 年前，主要是因为被两个改变生活的事件所影响。我在加州大学读本科时就开始研究商业成功这个课题，并研读了这一领域的许多传统智慧观点。我毕业后的第一份工作是在新墨西哥州的圣达菲与一位著名的风险投资家兼作家一起共事。作为他的助手，我负责为他即将出版的书收集关于企

业家的一些数据，并对他们和那些促使他们走向成功的共同的人格特征进行分析。我从他的客户和联系人那里收集了几十个案例。当独自坐在他那间历史悠久的砖土结构的办公室主房间里，翻看着自己的笔记时，我惊呆了。这些白手起家的企业家们，基本上都已经实现了他们的梦想，但他们并不符合对成功人士的传统描述。这些企业家并没有在智力、过往的业绩、平均绩点、教育、技能或成长环境方面有什么过人之处。

事实上，这些企业家中的大多数，在每一个转折点都颠覆了关于成功的传统观点。许多人在学校读书时遇到过麻烦，有些人甚至辍学了。从简历看，他们都有些离经叛道，这让他们很难找到工作。大多数人没有优越的家庭生活，没有受过极好的学校教育，也没有得到什么特权。对我来说，最令人惊奇的发现是，每一个成功的创业者在一生中都面临过一些可怕的挫折。这些挫折来自各个方面，有情感上的，如被虐待、酗酒、离异等；有身体上的，如伤残、上瘾、心脏病发作等；还有职业上的，如被解雇、生意失败等。我的老板解释道："他们每个人都曾被压得喘不过气来，都有些东西需要去证明。他们心中燃烧着一团火。"

与我遇到的任何一类专业人士相比，成功的创业者都更接近于创造和实现他们的梦想。与许多同龄人不同的是，这些人冒着有意义的风险，勇敢地生活，与可怕的风险博弈。

这是为什么呢?

在那一天，就像丢当年的高中年鉴一样，我把那些关于人类有效性的研究资料丢在了书架上，我发现以前的研究只是一种美好的记忆，但却渐渐远离了现实。我开始探索逆境在成功中的作用，我的转向坚决而又彻底，正像这些人通过他们的励志故事激励了我一样。

五年后，在博士学位快到手的时候，我在明尼苏达州北部的边界水域参加了一项员工户外拓展训练，那里简直是鸟和蚊子统治的天地。户外拓展是一个总部设在纽约加里森区的组织搞的，它们在荒野环境中设计了一些冒险性的活动，通过集体决策、任务分配和协调行动来训练团队合作精神。

在那样一个人生时刻，我和大多数人一样，发现有很多事情值得抱怨，就像任何一天中值得感激的事情一样多，有时抱怨的甚至还要更多一些。虽然相对乐观，但有时我会发现自己是在为一些毫无意义的问题而发牢骚。我经常庸人自扰，甚至没事找事，自我拖累。

就在户外拓展训练中的某一天，似乎是命中注定似的，我看到了一个奇怪的现象——这一事件永远改变了我看待生活、我的研究以及我应对日常考验和苦难的方式。

那天早上，我一直在和我的团队一起爬山，伙伴们都是正在成长中的户外运动领袖。快到中午的时候，我们决定休息一下，于是我们聚集在一片浓荫蔽日的树林里，附近有一个死水塘。当我复习有关领导力的培训内容时，一群蚊子也在“复习”我们，它们就像地狱之门上的魔云一样径直向我们袭来。起初，我们还很镇静，时不时地伸手拍打。但几分钟后，它们变得让人无法忍受，我们快招架不住了。很快，这些在户外看起来挺强悍的领导者发明出了新的驱蚊大法，他们像托钵僧一样旋转起舞，以抵御这黑压压的嗜血攻击者。随着每一次愤怒的出手拍打，当天继续攀登的前景变得越来越渺茫。我环顾四周，似乎没有人能够保持镇定，更不用说专注于手头的培训内容了，但有一个男士却是例外。

那个人是杰克，他站在队伍的一边，只穿了一件 T 恤、一条短裤和一双凉鞋。尽管蚊子同样在他裸露的胳膊、腿、头和脖子周围不停地嗡嗡，他还是在专心地做着笔记。他似乎对小组其他人的滑稽动作感到好笑，但其实是对蚊子的袭扰根本无动于衷。不知何故，杰克克服了这个逆境，呼吸着带着松树芬芳的空气，沉浸在森林深处的美景中。即使蚊子掠过他的脸，钻进他的耳朵，落在他的鼻子上，也都难以干扰他当下的学习。他似乎是以一种奇怪的方式，在这群蚊子的恼人攻击中挺了下来。杰克表现出了禅宗般的清晰和钢铁般的冷静。当我们其他人都准备挠破自己的肌肤，几乎忘记了接下来还要继续攀登这件事时，看来只有杰克准备启程了。

这怎么可能？

其他人恼怒而不解地问他：“难道蚊子没咬到你吗？难道你感觉不到吗？”很明显，我们都羡慕杰克在面对大自然的力量时所施展的这种隐藏的对抗之力。

杰克耸耸肩说：“我又不能把蚊子赶走，所以我只能让它和我不相关。”

与你不相关？这怎么可能呢？很明显，这些蚊子正一次又一次俯冲下来，攻击杰克裸露的四肢和面部，咬伤皮肤，吮吸血液。

但是杰克身上还发生了别的事情。他不仅让逆境变得与自己不相关，而且还用来它强大自己。我从他的眼神中看到了他的坚决，我们都被他打动了。如果我们都能学会让生命中的“蚊子”变得没啥了不起，那么我们每天会因此轻松多少？我们的专注力、精力和动力会变得多强大？我们都想知道他的秘密，但在那一刻，我其实想知道更了不起的事情，那就是驾驭逆境的能力。出于对如何才能驾驭逆境的好奇与探索之心，促使我开启了新的研究、事业和生活。

那些企业家和杰克的事迹，以及这对个人和组织都意味着什么，激起了我的好奇心。所以，我毕生致力于理解和改善这种隐藏的力量，以期能够提升驾驭逆境的能力。在经过 40 年的研究，以及对各类组织中超过 100 万人进行了衡量和商业应用之后，我发现，能否在工作和生活中取得成功主要取决于一个人的逆商，尤其是在逆境蓬勃的时代。

逆商的优势

我最基本的观点是，逆商是关于你如何应对逆境的一个精确的、可衡量的、无意识的模式。但逆商不仅仅是一个衡量标准，它借鉴了 40 年来一些世界顶尖思想家的智慧和科学研究成果，正在成为人类行为大统一理论的一个重要组成部分。一旦你了解了逆商是如何发挥作用的，就能够运用以下这些科学知识，揭示个人和集体奋斗的一些基本奥秘。

逆商如何成为职场中的衡量方式

几乎每个行业的竞争都变得越来越激烈了，领导者们承受的压力也越来越大，他们必须去衡量和证实他们的投入和努力能否取得成果。这在以前，只要能提供与业务相关的培训就已经足够好了，但现在你必须展示培训对企业到底有什么样的实际效果。同样的要求也适用于针对新的雇用方法或全组织范围创新举措的投资衡量上。

无论是逆商还是我们的工作，最有吸引力的一个方面是，进步是可衡量的。这是逆商真正的与众不同之处，特别是考虑到衡量的统计强度。你会发现衡量逆商的能力有着很多的用途。这里我列出了几个事例来激发你的思考。

逆商和收入

逆商可以为作为财富的预测因子。吉迪恩·马尔克曼（Gideon Markman）博士是伦斯勒理工学院的创业研究教授，他的一项研究揭示了创业发明家的逆商与收入之间的密切关系。到目前为止，其他关于逆商和企业家精神的研究表明，逆商越高的人似乎挣钱越多。

逆商和销售

在所有类型的业绩中，销售业绩是最好测量的。因此，我们经常被人要求用逆商的高低来预测销售业绩。SBC 电信公司为我的研究团队提供了三个业绩衡量的数据，包括：

1. 销售收入；
2. 销售指标；
3. 净销售额。

我们发现，逆商分值排名处于前半段的销售人员的以上三个指标比后半段的销售人员分别高出 166%、150% 和 106%。这些结果是很典型的，在不同行业中，高逆商和低逆商的销售人员之间的业绩差异可能在 90% 到 320% 之间或者更多。

逆商和业绩

德勤公司被《财富》（*Fortune*）杂志评为十大雇主之一。为了加强德勤公司作为“首选雇主”的地位，德勤公司大湖区的高管们开始探索，如何用逆商帮助他们预测新招聘的有经验的人员的绩效和未来得到提拔重用的可能性。在为期两年的时间里，我们发现，其中表现最好的人的逆商值比表现较差的人的逆商值高 17 个点（这是一个显著的差异）。而且，那些被提拔的人有着极高的逆商。对不同级别管理人员进行逆商培训的试点研究显示，经过培训，这些人的逆商提高了 18%。

逆商和招聘

像许多行业一样，金融服务领域已经被彻底重新定义了，这给那些幸存下来的参与者带来了巨大的压力，迫使他们去招聘能够在充满不确定性和各种需求的环境中茁壮成长的人。在对零售部门 278 名员工的抽样调查中，太阳信托银行发现，平均而言，高逆商员工的表现往往超过低逆商员工。太阳信托现在正着手衡量每位申请人的逆商。

可衡量的、行为可视的变化

通过应用本书提供的原则，人们的逆商平均可提高 23 分（大约 16%），个人改善幅度的分布范围是很广泛的。尽管有些人改善得多一些，有些人改善得少一些，但我发现，除了分数之外，最鼓舞人心的是较高逆商所导致的行为改变。当人们对逆境做出更有效的反应时，无疑会影响到他们生活的方方面面，并具有减轻他们负担的普遍效果。为了理解和创造行为变化，我们必须从对模式的讨论开始。

无意识模式对人的操控

我们都有内在的驱动力去理解这个世界。有时你会感到困惑，别人对事物的理解方式，以及他们与你的观点怎么会如此不同。每个人对生活中的事件都有自己独特的解释方式或模式。模式的性质决定了我们如何反应接下来所做的一切。例如，那些相信某一挫折是深远和持久的人，更可能会认为他们无论怎么做都无济于事。这种模式也被称为“习得性无助”。

我们已经花了 40 多年的时间来研究思维模式和情绪模式（如解释风格）是如何影响人类行为的，以使我们充分认识到这一点。但在对这些模式进行了 1500 多次研究之后，我们已经逐渐从根本上改变了我们对人类这个物种的看法。作为一名从学生转变成人类行为的长期实践者，我看到了这些理解和突破所能提供的具体的、可衡量的好处。

在数十位对这一研究领域做出贡献的杰出科学家中，宾夕法尼亚大学的马丁·塞利格曼（Martin Seligman）博士可谓最杰出的一位。他在习得性无助这一里程碑式理论上所做的开创性工作，开启了对抑郁、乐观、健康和绩效的大量研究。

这些反应模式或归因风格的应用并不局限于典型的工作场所。塞利格曼博士曾说过：“球员更乐观的篮球队和棒球队的表现都比预期要好，尤其是在比赛的严峻时刻。”密歇根大学的克里斯托弗·彼得森（Christopher Peterson）博士也补充道：“悲观的人总会把自己置于可能会发生糟糕事情的情景中，而这些事情最终往往还就真的发生了。”

这一领域的几十位研究人员为我们提供了对“放弃症”这一悲剧性疾病的新见解，他们也为我们提供了一些预防人们受到习得性无助影响的有效方法。

塞利格曼说过：“那些具有破坏性反应模式的人在坏事件发生时，他们极有可能会说‘这会持续下去的，会毁了我的一切，这是我的错’。”而那些认为同样的挫折所带来的影响是有限的和短暂的人，更有可能积极、乐观地应对挑战。塞利格曼等人的研究清楚地表明，这些模式是习得的。更重要的是，他们已经确认这些模式可以永久地重塑和强化。这些发现有助于我们理解逆商。

逆商是对生活事件的解释或应对方式的升级版，是对习得性无助和相关概念的最初研究的扩展，并首次将那些能最精确地预测与影响人类有效性的要素结合起来。为了优化这些模式，我们必须了解它们是如何形成的。

> 我们的性格基本上是由我们的习惯组成的。因为它们是一致的，通常是无意识的模式，习惯每天都在不断地表达着我们的性格。
>
> 史蒂芬·柯维（Stephen Covey），美国著名管理大师

重塑大脑硬连接——逆商的起源

在你易受外界影响的少年时代，当你观察到别人如何应对生活中的困难时，你的逆商模式就已经习得并在你的大脑中固定下来了。当你无意识地吸收和适应这些反应时，你就形成了自己独特的反应模式——逆商。我们通过硬连接固定了各种模式，包括讲话、声音和欢笑。

当我们长期以某种方式反应时，就会改变大脑的分子结构，这是学习的生理学。大脑最理想的状态是能够适应思维、情绪和行为的固定模式。硬连接模式是

大脑最强大的能力之一。

最近一项对伦敦出租车司机的研究显示，他们的大脑有不同之处——他们因能够不用地图导航而闻名。实际上，他们大脑的海马体中与空间能力相关的部分更大，他们改变了自己大脑的线路和结构。他们开得越久，大脑中的这个部分就越大。我相信我们在应对逆境上也是如此。随着逆商的提高，我们也会改变大脑的线路和结构。有越来越多的证据证明，我们是如何对各种模式进行固化的。

随着大脑成像和映射技术的日益成熟，神经科学家正在极大地提高人类对大脑功能和交流方式的认知。美国冷泉港实验室（Cold Spring Harbor Laboratory）的研究人员最近使用了一种新型的显微镜来观察硬连接的某些方面是如何发生的，以及大脑是如何根据其由反应模式触发的刺激而导致结构改变的。该实验室一个研究小组的三位成员米里亚娜·马莱蒂奇–斯瓦蒂奇（Mirjana Maletic-Svatic）、罗伯托·马利诺夫（Roberto Malinow）和卡雷尔·斯沃博达（Karel Svoboda）发现，与其他神经元交流和连接着的新的树突（神经细胞上的毛状末端）可以基于它们的刺激物产生和增厚，这是硬连接发生的方式之一。

明尼苏达州立大学曼卡托校区的大脑研究人员发现，有一些修女能够在 80 多岁甚至更年长的时候仍然保持敏锐和活力。修女们生前已决定，在死后把自己的大脑捐给科学家做研究，以搞清楚她们的脑力为何会如此持久。科学家们发现，修女们通过参与音乐、桥牌和拼字等大脑活动，形成了新的路径或硬连接，直到她们生命的最后几天。这种生长新树突的能力，正是这些修女在不断变化的世界中获得真正的敏捷性、灵活性和适应性的原因。

硬连接能养成习惯吗？每天，我们都会经历一系列复杂的、固有的模式，如梳洗、交流和吃饭模式，而不会去想我们是如何完成这些动作的。但如果大脑没有将这些模式固定下来，我们将不得不不断地对相同行为进行重新探索。硬连接是大脑改善、成长和适应生活需求的方式。

有些硬连接模式是高度个性化的，对我们的业绩表现不会有真正的影响。例如，我们笑的方式千差万别，但可能不会影响我们面对生活挑战的能力。然而，其他模式（如逆商），确实会影响很多因素，包括手术后的恢复时间、痛阈值、解决问题的能力、竞争力、乐观、决策、销售业绩、领导人选拔、团队绩效、应对变化的敏捷性、韧性和持久力等。

医学研究刚刚开始认识到，这些模式对患者健康的影响可能与患者接受的治疗一样大，甚至更大。马里兰大学的莉萨·阿斯平维尔（Lisa Aspinwell）博士发现，在心脏手术前那些更具积极反应模式的人，可能会更快地下床、在房间里走动，并回归正常的工作和生活。医学问题专栏作家斯蒂芬·科恩（Stephen Cohen）在一篇针对大脑相关突破的文章中总结了连接的力量：“看来，大脑中的物理路径可能决定了很多的人类行为，如果不是全部的话。”

迄今为止，作为一种特殊的、固定的模式，逆商对人类行为的影响比我们所发现的任何其他模式都更为显著，它定义了在任何特定事件和结果行为之间发生的事情。这就是为什么逆商会影响包括活力和健康在内的人类生命的各个方面。要了解逆商的整体影响，在微观层面上探索它是如何工作的将会有所帮助。

神奇的化学反应

想象一下，一名六岁的小女孩拿着棒球手套，附近有两个球，一个是红色的，一个是蓝色的。你拿起红球，轻轻地扔给她。她咯咯笑着接到了球，这个红球填满了她的小棒球手套。她叫道：“现在，扔蓝色的那个！”于是你轻轻地把蓝色的那只高抛起来。她伸出手套，看着蓝球从她手套里的红球上弹下来。她看起来很惊讶。你解释说，她必须放下红色的才能抓住蓝色的。

从科学上讲，身体的每一个细胞每秒都会进行无数次这样的接球游戏。每一个细胞都有自己的棒球手套，被称为受点（receptor sites），用来捕捉任何漂浮物。连接这些受点的信息物质被称为肽。肽是一串微小的蛋白质——氨基酸，可以增强或削弱细胞的功能。一个特定的受点“捕获”或连接的肽的类型，决定了该细胞和身体的某一部分会发生什么。一旦一个肽连接到一个受点，它就会阻止另一个再这样做。

“这就是你不能同时持有两种对立情绪的原因。”坎达丝·珀特（Candace Pert）博士如是说。珀特博士是乔治敦大学研究生物肽的教授，也是《情绪分子》（*Molecules of Emotion*）一书的作者。在最近的一次谈话中，珀特博士向我解释说，不同肽和受点的结合有着不同的效果。例如，一种肽可以增强你的免疫系统，而另一种肽则会消耗你的能量或让你患上普通感冒。

这一理论的强大反转点在于：你的思维模式和情绪模式深刻地影响着你身体中数百种肽的流动，也深刻地影响着肽与受点的连接；而很大程度上，你所经历的事件以及你对其的解读方式又影响着你的思维模式和情绪模式。因此，你所面临的逆境并不是你所遭受的后果的决定性因素，你对这些事件的体验和反应才是最重要的，将影响你身体的所有系统。

肽是大脑中最多种多样和最有效的化学递质之一。经历过抑郁的人不仅仅是精神上的悲伤，他们还处于系统性的抑郁状态。他们的整个化学反应都被抑制了，这会影响体内所发生的一切。这就是为什么抑郁的人通常不觉得饿，总是难以入眠（或者正相反，总是睡不醒），以及为什么一些看似微不足道的小事，他们似乎需要付出巨大努力去完成。

肽也会在身体的所有系统中漂移或跳跃。脑成像技术显示，脑脊液将这些信息物质从大脑沿脊柱输送到皮肤。每一个细胞都会影响身体的特定区域，这就是不同的器官对它们的受体位置有不同反应的原因。

例如，当把口渴肽（血管生成素）注入大鼠的大脑中时，它会流向大鼠身体的所有系统，影响其肌肉、神经细胞、大脑等。结果是，大鼠会把它的所有系统调动起来，开始疯狂饮水。由于肽在所有系统中流动，肺细胞会保存水分，肾细胞会浓缩尿液，等等。当肽在整个系统中扩散时，大鼠的每个方面都会受到影响。

当你对生活中的事件做出反应时，你体内也会产生同样的肽兴奋。当你体验到一种情绪时，你的肽已经在起作用了，影响着你身体的每一个系统。因此，逆商会触发你全身的化学反应。除了了解它对你的精神和体力的影响外，你还可以随着逆商的提升而影响和强化这些反应。当我们研究那些达到最佳状态的人时，我们可以看到模式的积极影响。

你身心的每个细胞的功能和健康，都受到你对生活事件的反应方式的影响。

心流体验

当一个人完全沉浸在一项任务中，以至于他失去了所有对时间的感知时，这种最佳状态就被称为“心流”。这个术语是由米哈里·契克森特米哈赖（Mihaly Csikszentmihalyi）创造的，他是《心流：最优体验心理学》（*Flow: The Psychology of Optimal Experience*）一书的作者。他解释说，一个处于心流状态的人很可能感觉到思维非常清晰，有无限的能量，内心深处非常平静。心脏在强劲地跳动，肌肉流畅而放松，呼吸深沉，头脑清醒。哈佛大学的赫伯特·本森（Herbert Benson）博士对这种“放松反应”进行了详细的研究，结果发现，这种与引发人体内诸如心跳加快、手掌出汗、血压升高和眼睛眯起来等严重压力反应的“或战或逃反应”正相反。在心流状态中，身心网络正在创造出最佳体验，正在激发人的身体，并催生出最佳表现。

显然，你对任何事件的反应模式都会影响你的整个思维过程和生理状况。从这项研究中得出的最重要的概念可以归结为：你身心的每个细胞的功能和健康，都受到你对生活事件的反应方式的影响。那么，为什么这本书不是关于好运商或快乐商的呢？事实证明，在所有的事件中，是逆境扮演着最重要的角色，因此你的逆商成了最重要的模式。

大脑的逆境偏见

对行为化学的研究表明，不良事件似乎对人脑有重大而有力的影响。例如，心理学家约翰·T. 卡乔波（John T.Cacioppo）博士发现，大脑有一种负面偏好。也就是说，即使是在大脑发育的早期阶段，我们对消极事件的反应也比对积极事件的反应要强烈得多。因此，逆境在大脑中起着主导作用，并导致肽的大量分泌。因此，好像我们听到过的逆境，比我们听到过的愉快的事情要更多一些，影响也更强烈。可以说，这就是晚间新闻报道的坏消息比好消息多得多的原因。大脑总是被逆境吸引，我们会自然而然地认为逆境非常重要，因此会让所有系统都处于警戒状态，就好像做好了抵御攻击的准备。这就解释了为什么你对逆境的反应是最重要的。

一个建设性的反应模式，或更高的逆商，可以让所有系统生机勃勃、强健，并发挥出最佳功能。一种破坏性的反应模式，或者说更低的逆商，则会导致产生短期和长期的不良后果。在短期内，逆商较低的个体会出现压力、担忧甚至恐惧等所有症状。除了血压升高、手心出汗和肌肉紧张之外，可能还有仓促的决定、逃避风险的行为及小题大做的反应等，这可能会拖累个人及其直接接触的那些人。从长远来看，一个逆商值低的人可能会遭受免疫系统衰竭、疲劳、放弃、失去希望、抑郁或更糟的情况。

大脑的偏好最终解释了为什么你对逆境的反应模式，或者说逆商会深刻地影响人体组织的功能，进而影响你的整个系统，以及你所想、所感、所做的一切。最近的突破性研究解释了这一现象，也解释了你是如何、为何被塑造的更像互联网而不是机器。

从根本上说，逆商会深刻影响你的整个人体组织的功能；反之，它又会影响你的思想、感受和行动。

人体机器之谜

我们中的许多人认为，我们的身体就是把大脑从一个地方转送到另一个地方的机器！然而，新的研究发现揭示出，身心更像是一首交响乐或是互联网。

曾有一位专家说过，大脑不仅仅存在于我们的脑袋里。你有过第六感或“七上八下”的感觉吗？《第二大脑》(*The Second Brain*) 一书的作者、纽约哥伦比亚长老会医学中心（New York's Columbia-Presbyterian Medical Center）的神经生物学家迈克尔·赫尔–肖恩（Michael Ger-Shon）博士指出，在我们的消化道中有1000亿个神经元（与大脑中的数目相同），它们是压力的信号，会影响健康。保罗·皮尔索尔（Paul Pearsall）博士是畅销书《心脏密码》(*The Heart's Code*) 的作者，他记录下一些证据，表明我们的许多决定和反应确实来自内心。而且，根据坎达丝·珀特（Candace Pert）对肽的研究，心脏和消化道都聚集了高浓度的受点。

把人体分割成独立的系统，就像把互联网看成电脑、电线、服务器和电流一样，是有局限性的。虽然所有这些组成部分都存在，但它们远远不能描述互联网的本质，互联网远远超过其组成部分的总和，正如身体的各个独立系统远远不能解释其整体性质一样。

事实上，珀特博士认为：“人体是由一个网络组织起来的……肽与网络的所有方面沟通和连接，使身体成为一个单一的功能整体。”作为多肽领域开创性的研究人员，珀特博士帮助我们重新思考大脑的作用：“大脑并不支配……没有中心……

网络可以在任何地方接入。”

脊髓周围的脑脊液与身体内的每一根神经直接相连，并直达皮肤。我们对生活事件的反应会引发某些肽，这些肽会进入大脑的脊髓液并流向我们身体所有的组织。我们确实浸泡在我们的思想和情感中。情绪分子无处不在，影响着一切。

肽和受点的这种联系也会影响我们的记忆和信仰。它们触发了记忆和信仰的特定菜单——塑造了你某个时刻看待世界的方式。也许这就是低逆商和高逆商的人会以不同的方式体验和看待世界的原因。我们每天都能在工作中看到这样的现象。当一个重大的变化被宣布后，逆商就开始发挥作用：一个人完全相信这会使组织陷入困境，而另一个人则认为这其实是一个真正的机会。

就好像你所说、所感、所想、所做的一切都会影响到你这个内部网络的方方面面，大脑并不占主导地位。你的逆商是点燃一切的火花。但尽管有了这些新的发现，有些人还是会觉得，任何提升自己的努力都无望地被令人生畏的基因力量所掩盖。

自我决定理论

出现在千禧年之交的一大反击来自基因研究者和进化心理学家，他们已经确定，我们是谁和我们做什么是受我们基因密码影响的。一些人认为，这一密码的硬连接应该可以追溯到 20 万年或更久以前，即人类在地球上起源时。

这些专家来自进化心理学等领域，他们认为我们大脑中带有狩猎采集者的古老印记，而这些印记的进化速度没有我们生活环境的变化快。仅仅在 10 000 年前，人类祖先在农业上的发明改变了我们的生活方式，但还不足以让大脑进化出新的电路。专家们认为，大脑学会了相信本能而不是相信理性，以便使我们能够对即将到来的危险或捕食的野兽做出即时反应。因为大脑生来就把情感放在首位，所以我们对失去有一种天生的厌恶，这就是为什么我们会抵制改变，或者为什么人们在受到直接威胁时会表现得绝望或恐慌。我们也习惯于就事论事，而不是通盘考虑。此外，我们的内在程序是在危险面前选择战斗或逃跑。进化心理学家认为，当我们试图把自己从这些模式中教化出来时，就是在与已经存在了数十年甚至数百年、数千年的大脑电路抗争。

遗传学家在这场争论中起着重要作用。他们现在的研究对象包括数百对从出生时就分开的同卵双胞胎，以及被领养的孩子，遗传学家相信他们可以精确地确定我们的基因对某些因素的影响程度。

例如，遗传学家认为，自信有60%是天生的，幸福有80%是遗传的，与财富、成就或婚姻状况几乎没有关系。一些遗传学家还认为，基因会影响我们能喝多少咖啡，但对我们喝多少茶没有影响；在很大程度上，体型是遗传的；总体而言，性格特征大约有 50% 是遗传的。

这些信息已经潜入我们的主流意识中，有时会带来负面后果。例如，许多肥胖的人已经放弃了健康，因为他们听说自己最终将在与基因的斗争中败下阵来。我们还发现，抑郁、暴力、幸福和宁静不仅仅是情绪状态，它们是我们遗传印记的一部分。最终的问题是，我们只是在演出一个基因的剧本，还是逆商能够发挥出作用?

我们都有一颗爬行类动物的大脑

我们都有一颗爬行类动物的大脑，这是我们最原始、最本能的一部分器官，它反应强烈，是 21 世纪最不受人类欢迎的几种反应机制的来源，其中包括暴力、性支配、自私和愤怒。虽然所有这些对原始人来说都发挥了最重要的作用，但今天它们威胁着我们社会的结构。进化心理学家认为，要改变这颗爬行类动物的大脑，可不仅仅是穿上一套西服或接受一种教育就能万事大吉的。

因此，对于我们这些在自我决定时代长大的人来说，信奉“如果你相信它，你就能成为它”，但遗传学家和进化心理学家则提出反驳：“不是这样的！”他们认为，你可以把原始人带出洞穴，但你不能把穴居人的本性带离人类。当我们在基因的操纵下扎营不前时，危险就来了——我们给放弃奋斗编了个借口，不再去追求更好、更强、更像一名攀登者。怎么能对抗遗传呢，对不对？

但是并非所有的科学家都同意这种说法，其中就包括心理学家斯坦利·格林斯潘（Stanley Greenspan）博士。格林斯潘认为：“当一个特征似乎是受基因影响时，人们会认为它是不变的。好吧，我们不能改变基因，但是我们可以改变基因表达自己的方式。我们可以改变行为。”

我们必须克服“我就是被创造成了这个样子，所以就将永远是这样”这种消极的态度，至少在行为上不能体现出这种想法。逆商是超越这些嵌入我们身体的、来自祖先的代码的工具，为了获得最高利益，逆商会做出强有力的、清晰的和自发的选择来应对任何情况。它会中断旧代码并跳出旧代码，让新的、更合适的思维模式予以接管。逆商改变了我们的行为。

遗传学家和进化心理学家给我们上的重要一课是，我们可以比其他人更容易地影响一些事情。这为我们提供了所需的信息，使我们能够将精力集中在我们能最容易、最显著地强化的部分，从而有利于我们的内部网络，最终造福于我们的世界。最具影响力的变化就是提升你的逆商。在逆商的帮助下，你可以影响自己的大脑结构。

逆商的提升与年龄无关

> 如果感知之门得以净化，世间万物就会以其原本的样子永远地呈现在我们面前。
>
> **威廉·布莱克（William Blake），英国伟大的诗人、画家**

许多人从小就相信，我们在这一生中会失去（或消耗）一定数量的脑细胞。在大学里，我被告知 30 毫升的酒精会杀死 5000 个脑细胞，这些脑细胞永远不会得到补充。学校官员确信，这能解释大多数校园行为！老年人被告知，他们不那么敏捷的回忆和短期记忆丧失也是脑细胞老化的结果。

如果大脑是一个静态的、正在走向死亡的器官，那么改变逆商几乎是不可能的。幸运的是，事实远非如此。针对大脑的最新研究发现，大脑萎缩完全是一个迷思。即使是老年人的大脑，也有能力在余下的日子里继续产生新的脑细胞。事实上，额叶皮质是人类大脑中进化程度最高的部分，直到 23 岁左右才会完全发育成熟。所以，如果你的十几岁的孩子似乎已经失去了理智，那可能是因为他还没有完全拥有理智！

世界著名的索尔克生物研究所（Salk Institute for Biological Studies）的神经学家弗雷德·盖奇（Fred Gage）博士认为，你可以改变你的大脑结构！“我们大脑的实际结构会被我们的经历所改变，”他说，“事实证明，我们对我们生理的控制力比我们想象的要大得多。”我们大脑的物理结构会被我们感知体验的方式所改变。换句话说，你对生活事件的反应塑造了你的大脑。某些思维模式发挥着强大的作用，尤其是你应对逆境的方式。这就是为什么逆商也可以塑造你的世界。

反安慰剂效应是低逆商病毒

大多数人都熟悉安慰剂效应（placebo effect）。当对某事会有积极影响的期望或信念实际上产生了积极的影响时，这种效应就发生了。几十年来，安慰剂效应在医学研究中已被充分证明。在药理学研究中，会给被试发糖丸，以观察他们对药物特定效果的预期是否强烈到了足够产生实际效果的地步。如果是，那就是出现了安慰剂效应。

最近，医生和相关从业者开始关注安慰剂效应的黑暗兄弟——反安慰剂效应

（nocebo effect）。反安慰剂效应或许是一个新名词，但你对它的作用原理应该不陌生。当脂肪替代品奥利斯特拉（一种人造脂肪）的制造商宣布这种产品可能会引起肠胃问题时，有一大群人突然开始出现这种症状。每当官员们宣布大肠杆菌又一次爆发，即在受污染的肉类中发现这种危险细菌时，患病的人要比实际感染这种细菌的人多得多。这就是反安慰剂效应，当消极的期望催生了消极的结果时，它就会发生。

在哈佛大学的一项研究中，研究人员随机选择了一些人，并将他们分成两组。A 组被试将服用一种能扩张支气管的药丸，B 组被试则将服用一种能收缩支气管的药丸。但是研究人员会对每组中一半的被试撒谎，告诉他们接受的是相反的治疗。研究发现，消极的期望和药丸的作用一样强大。那些接受支气管扩张剂，但被告知这是一种收缩剂的被试，大约有一半人经历了收缩。同样的结果也发生在另一组被欺骗的被试中。

诅咒成真

著名医生和卫生保健先锋迪帕克·乔普拉（Deepak Chopra）曾讲过发生在澳大利亚土著居民中的关于反安慰剂效应的故事。乔普拉发现，当某个部落的一个人仇视另一个部落的某个人时，就会去找他的巫医，要求对他的这个对头下咒。巫医就会走到对头面前，指着手里的骨头诅咒说："你将在两周内死去！"几天之内，这个对头果真就会生病，而且会在两个星期之内死去。乔普拉博士想去找当局阻止这种杀人行为，但他意识到西医实际上也有类似的做法。比如，医生说："吃了这个药后，你可能会感到恶心，但能帮助你缓解头痛。"五分钟后，不管是不是由药片引起的，你都会感到恶心。更严重的是，当外科医生说"你得了癌症，你还有两个月的时间"，这与说"有 83% 的患者会在两个月内死亡，但有人会活下来。我会向你分享他们的策略"的效果截然不同。每当一名医生或领导人预言死亡时，他就是在指着一块骨头诅咒。

反安慰剂效应会对一个组织产生同样可怕的后果。你可能知道有些领导或同事会直言不讳地把丧气话说出来："这次合并可能会毁掉我们的公司。""那个部门永远不会盈利。""我们不可能竞争过微软！"

这种现象是如此严重，以至于有一天医生和领导人可能要为他们如何向病人或企业解释自己的后续判断承担责任。一旦知道好的或坏的反应模式，就真的可以把他们所预言的这种情况创造出来，这个强烈启示就不应再被忽视了。反安慰剂效应和我所说的"低逆商"之间有着直接的关系，即低逆商的人会传播反安慰剂效应。因为他们更有可能相信，他们的低逆商反应和预测也会遭受由反安慰剂效应导致的现实之痛。正如你将在第 3 章中看到的，低逆商的 CORE 反应会导致某人在其人际关系、团队和组织中成为反安慰剂效应的载体。反安慰剂效应每天都在打击优秀组织中优秀人士的士气。当你的团队成员说"我们永远都不会按时完成这个项目了"，或者当你的同事脱口而出"这次收购会让我们完蛋"时，你周围的人脸上就会出现认同的表情。反安慰剂效应是一种低逆商者会产生的、可到处传播的病毒。为了避免这一后果并加强你的逆商，你必须具备响应的能力。

天地感而万物化生[①]

鉴于几十年来对反应模式、人脑以及肽如何影响细胞功能的研究，我们现在知道，人们如何应对不利情况决定着一切。考虑到大脑对逆境的偏见，你的逆商在决定你的想法、感觉、行为和成为什么样的人的所有模式中扮演着最深刻的角色。

从图 2–1 中可以看出，你的逆商驱动并决定了贯穿整个身心网络的所有内容。为了更好地理解这是如何发生的，你需要探索你的 CORE。

① 出自《易经》。

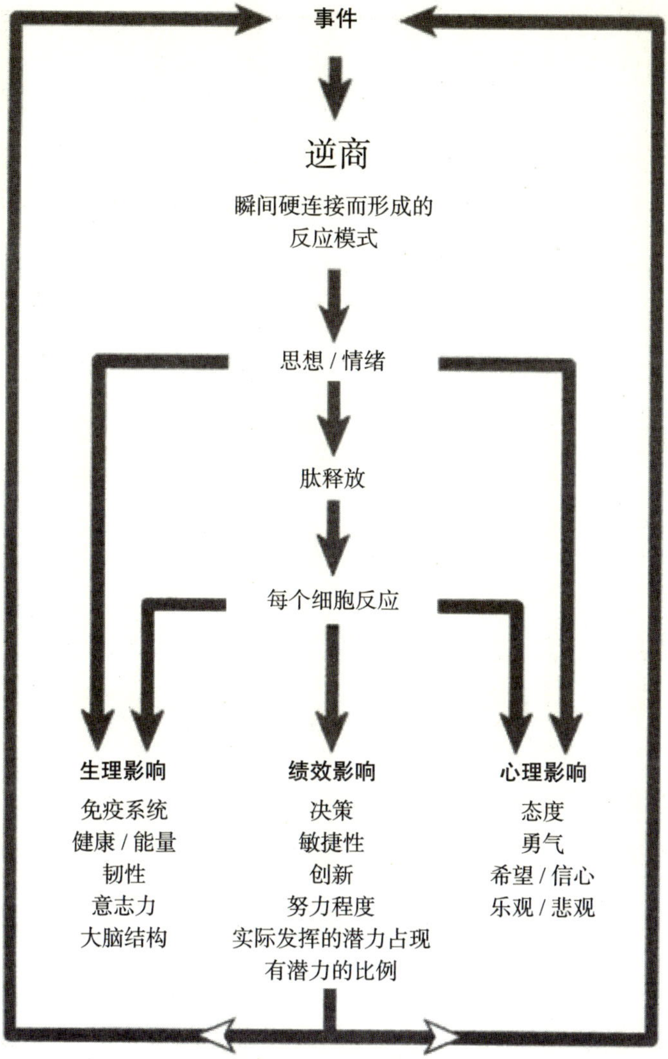

图 2–1　反应的效果

> 艰难困苦有其科学价值。聪明的学习者不会错过这些机会。
>
> **拉尔夫 · 沃尔多 · 爱默生（Ralph Waldo Emerson），美国思想家、文学家**

CORE 的起源

在第 3 章中，我们将深入探索人们对逆境的 CORE 反应。C 指掌控感（control），O 指担当力（ownership），R 指影响度（reach），E 指持续性（endurance），这四个维度构成了我们的逆商。如果想充分理解 CORE 的价值，就必须了解它们的起源。

这些维度来源于本章所提到的研究以及我们的实地调研。除了本章提到的这份名单上的研究人员之外，逆商技术还来自我们 PEAK 团队采访和 / 或调查过的大约几万名领导者和几十万名专业人员，他们构成了逆商相关研究 40 年来不断发展的基础。此外，我们的知识资源还通过世界范围内数十个与逆商相关的研究项目得以扩展。我们已经对我们的方法进行了 30 多年的测试，在此期间，我们看到了逆商新因子的演变和统计验证。

具体说来，我们知道掌控感、担当力、影响度和持续性对人在逆境中保持坚韧和乐观起着核心作用。除了本章提到的研究之外，对习得性无助、坚韧性、自我效能感、适应力、生物心理学、乐观主义和归因理论的研究最终证实，这些维度中的三个——掌控感、影响度和持续性——是人类成就的强有力的预测因素。我们对逆商的早期研究首次将这些维度结合在一起，并发现它们确实能有效预测人们的绩效和成功。

然而，在研究中，我们怀疑有一个缺失的元素，这个元素与责备和责任有关。我们早期的研究认为，人们应该把不好的事情归咎于他人，以便自己能重新振作起来。我当即对这些发现感到担忧，并对将这样的概念传授给商业领袖们持保留态度。训练人们逃避责任是没有意义的。这就是为什么一些极具影响力的企业家们会抨击较早的那些逆商测试，因为那些测试包含了对指责的研究。我们的发现是，最有效的人在处理问题时会自己承担起责任，而不论这种逆境是因何而起的。

经过进一步的研究和测量，我和我的团队发现，我们的怀疑是正确的。比指责谁更重要的是，人们会在多大程度上把责任揽到自己身上来改善现状。在新的逆商测量中也是如此，这使它达到了足够高的统计可靠性和有效性。

简言之，我们现在明白，当逆境来袭时，一个人的逆商越高，就越有可能认识到某种能影响局面的方式（掌控），自己会挺身接盘以使它变得更好（担当力），还会察觉到它的范围是有限的（影响度），时间是短暂的（持续性）。一个人的逆商越低，他感知到的掌控感就越少，在处理一个看起来影响深远、持续时间长的挫折时，他的担当力就越小。

正如统计分析和常识所证实的那样，这些 CORE 维度中的每一个都有其独特的属性。这些维度之间的相对优势，将取决于他们对你的价值体系和文化的相对重要性。其中的每一个维度，都同样会影响到逆商的总体呈现以及对它的理解。

综述

你现在明白了，从根本上说，人们如何驾驭生活受到其逆商的影响。在无数影响你行为的模式中，有些模式（如习得性无助）会让你放弃，而有些模式（如高逆商）则会让你坚持不懈。在微观层面上，逆商会影响你身体中每个细胞的生物化学反应和功能。这些生物化学信息和反应就像在互联网或内部网中一样，会在你的全身传播。

当你还是个孩子时，你就已经通过硬连接形成了这些模式，这些模式是人类行为的最强驱动力。一些科学家认为，我们注定要受原始冲动的支配；相反，通过提升你的逆商，你不仅可以超越一些原始冲动（比如情绪爆发）还可以强化你的大脑结构。

通过研究最佳状态，我们可以看到某些模式潜在的积极影响。由此，我们能看到压力对大多数人所造成的破坏性影响的另一面，例如“心流”就是这样形成的。但是，对我们大多数人来说，在生活中常会遇到逆境，而不是最佳体验。事实上，你的大脑天生倾向于感受逆境，会感觉逆境的强度要比感受好消息大得多。这种古老的生存机制，在让人保持敏锐方面发挥着重要作用，它解释了为什么在所有模式中，逆商是预测你能否成功最通行的指标。

你也知道，逆商会如何影响一个组织的基调和氛围。它决定了你扩展自己的才能以满足未来需求的能力。低逆商的领导者可能会在不经意间成为乌鸦嘴，会做出可怕的预测，结果这些预测真的就变成了现实，从而削弱了整个团队的才能。低逆商的同事则会损害所属团队的发展和业绩。反安慰剂效应是一种低逆商病毒，会感染集体的事业。幸运的是，你可以通过提升逆商来让你自己和你的组织免受反安慰剂效应的影响。

ADVERSITY QUOTIENT @ WORK 本章简要回顾

对生活事件所做出的反应，如思想、情绪和归因模式，影响着你身体的每个细胞的功能和大脑的结构，这些模式对人的业绩表现、记忆、视野、信念、健康和行为能产生深刻的影响。

你的大脑天生就对逆境有偏好。逆境比好事情造成的印象更强烈。

逆商是关于你如何应对逆境的模式，这种模式是可衡量的、准确的、无意识的。

- 在思想和语言成形之前，逆商就被激发了。
- 逆商在你小的时候就以硬连接的形式形成了。
- 硬连接可以被永久地改变。
- 终其一生，大脑都有能力产生新的脑细胞和模式。
- 逆商能帮助我们超越那些印在我们爬行类动物大脑中的更原始的、不稳定的、未开化的反应。

当某人预计到不利局面可能发生时，一个负面结果果然就发生了，这就是产生了反安慰剂效应。

- 在组织中，当低逆商的人们对变化、不确定性和各种形式的逆境做出反应时，就会产生反安慰剂效应。
- 反安慰剂效应会使让人士气低落、无精打采、万念俱灰。
- 高逆商能使人免于反安慰剂效应的影响。

可以采用逆商评估来可靠地衡量一个人的逆商，也可以采用本书中提供的工具来永久性地提升逆商。

ADVERSITY QUOTIENT

第3章 @ WORK

攀登者的 CORE

> 永远记住，自己决心成功比什么都重要。
>
> 亚伯拉罕·林肯（Abraham Lincoln）

站在 1000 英尺[①] 高的悬崖距离边缘仅 6 英尺的地方，我能听到风的嚎叫声。透过一片片浓雾，我看到海浪猛烈地拍打着海岸。从我第一次见到这片山顶的那一天起，我就意识到那里将是我的安家之所。尽管将这一愿景变为现实面临重重困难，但我知道这是注定的使命。

我想为客户和我的 PEAK 团队提供一个鼓舞人心的、轻松的环境。我设

① 1 英尺 =0.3048 米。——译者注

想把我们国际总部设在一个高房顶的露天谷仓内。然而，通往这个建筑工地的山路太陡了，在十几个承包商中只有一家有意向接下这项工程。当看到这条通向工地的山路时，几乎所有的承包商都大声笑起来。有的会说出一些外交辞令，大多数人则会突然表示歉意，因为手头正有提前几个月预定好的项目压着呢。石料搬运工、木料场、搬家公司、电工、快递公司，以及大量的供应商和建筑公司，都拒绝了这个报酬丰厚的项目。

但最后，有一个承包商的反应却与众不同。他的眼睛立刻发亮，似乎对这条路不感兴趣，也不畏惧。“让我们到山顶看看去吧。”他一边上山一边说。当到达山顶时，他惊奇地喊道：“我终于明白你为什么要在这里盖房子了！”然后，他列出了该项目中所涉及的实际步骤，就好像这只是一座普通的建筑，而不是一处位于山顶的山庄。而我想问的当然是，他对这条路的感觉如何。

他回答说：“我接受这个挑战，它并非不可战胜。”我进一步提出我所能想得到的，建设中可能面临的各种挑战，如泥石流、地基下陷、卡车运输、建筑材料、风力、洪水，等等。“哦，当然，这些都是建设过程中要考虑的问题。”他实事求是地对每一处挑战做出了回应。他也没有提出任何会让我们面临费用超支或工期延误的因素。与其他所有承包商不同，他受到了逆境的激励，并认识到要想使该项目在预算内按期完工，将取决于他的智慧。他迫不及待地想开始项目建设了。“我做过很多项目，”他解释说，“但只有这个项目令人兴奋。我希望我们能尽快开始。”

要登上这个山顶十分困难，来访者必须乘坐装备齐全的四轮驱动车辆才能一路从山下开到山顶。这里的井水虽然安全可口，但富含黏土，会堵塞我们的过滤器，并且会让我们的厕所和水槽变色。如果停电，这里将是最后一处恢复电力的地方，时间短的话需要几天，时间长的甚至需要几周才能通电。今天，一个送家用电器的人说，如果早知道要开上这样的山路，他根本就不会同意来送货的。

在这里生活和工作，可以视为对一个人的逆商进行日常的测试。因此，它可以作为一个完美的迷你实验室来评估人们如何应对这个明显的挑战。

一名客户对我说："哦，保罗，这简直难以置信！我是说真的，你疯了吗？要是发生火灾的话，你会被困在里面的，你难道不知道吗？你这整个梦想之地可能会在瞬间化为泡影，而你只能眼睁睁看着，无法阻止火势蔓延。别跟我说消防局找不到不出警的理由，那可易如反掌。更不用说，假如有一天你遇到财务危机，你永远都不可能卖掉它……"

这个人认为，逆境是范围广的、持久的、无法控制的，以至于我们的梦想对她来说就是一场噩梦。我从她发自内心的反应中认识到，正是这些因素使一个人眼中的挑战变成了另一个人无法忍受的逆境。我停顿了一下，承认她的反应暴露了她的 CORE 维度。更准确地说，她展示了任何人的反应都会包含的四个维度，这四个维度构成了一个人的逆商，并最终交织在一起，形成了人类坚韧性的 DNA 的四条中心链。和你的 DNA 一样，这些 CORE 维度构成了人的操作系统，并能在压力下发挥出最佳功能。在工作场所，我们每天都能看到人们的 CORE 表现。

在这一章，你将了解 CORE 的四个维度，并描绘出你的 CORE 状态，以便更深入、更精确地了解你对逆境的反应模式——逆商。

你内心的 CORE

根据我们在第 2 章的阐述，你知道有 CORE 四维度构成了你的逆商。CORE 包括掌控感、担当力、影响度和持续性，它们结合起来形成一个人的逆商和他对任何具体逆境的反应。你的 CORE 最终决定了你如何处理每一个最后期限、冲突、不公正、挫折、挑战和机遇，这都是日常生活的现实情况。

掌控感

掌控感包含两个方面：第一，你能在何种程度上积极地影响局面；第二，你能在何种程度上控制自己对局面的反应。

掌控感能够带来颠覆性的改变，以至于许多客户建议我们设计一个单独的工具，只评估掌控感这一个维度。通过掌控感这个镜头去观察生活，你可以永久地改变自我，并最终加强你对任何情况的处理能力。研究表明，掌控感对我们的视野、绩效表现、健康和长期成功来说，是一个关键因素，而且它的重要性正日益提高。这一要素最直接地决定了我们在某一天中，或在应对某一挑战时，付出努力或采取有意义的行动的倾向有多么强烈。

掌控感在我们努力追求效能的过程中发挥着强大的作用，而它邪恶的孪生兄弟——无助感则是人类努力的癌症。正如马丁·塞利格曼所指出的，无助感是这样一种执念，即你所做的事情根本就无关紧要，这是一场源于无能为力的危机。那些缺乏掌控感的人健康状况较差，抑郁倾向更明显，更容易变得暴力。无助是赋能的对立面。这解释了为什么那些在工作中接受了赋能“魔咒”的人，就能对它的诱惑免疫，他们同样深陷在与现代工作场所的苛求、复杂性和不确定性密不可分的流沙中，但却能够自拔。现在，我们比以往任何时候都需要尽一切努力，使我们的同事能免受这种正在肆虐的、阴险的职场疾病侵害。这种免疫是从掌控感开始的，没有掌控感，授权就会变得像对一只跛脚难行的小狗喊道“孩子，过来”一样残忍。

理解掌控感的关键是，你有能力抛开过去对掌控感的那种理解。在逆商的语境下，你首先必须清楚，掌控感不是什么。你也许觉得，掌控感是一种微妙的、经常被滥用的权力，是公开的统治，也许还是一种铁腕，甚至是一个真正值得担忧的理由。有些人认为，当某人在一段关系中存在“控制问题”时，掌控感就意味着损害，或者掌控感与你在生活中的地位和身份有关。

就我们的目的而言，掌控感并非你所想象的这些事情。当我将掌控感与你的逆商结合起来使用时，它是非常精确和强大的自由之源，而不是压迫或约束。

掌控感是指：

1. 你认为自己可以在多大程度上影响困境；
2. 你可以在多大程度上掌控自己对逆境的反应。

一个人能够以何种程度改善不利的状况，称为积极影响。它孕育了贡献、意义和行动的种子。那些拥有更高逆商的人就像熟练的金矿工人一样，会顽强地在沙泥中筛选，以找到能够提炼的金块或者说能够改善的局势的某个方面。即使在生活最基本的方面，掌控感也会对我们有影响。

乔·卡巴金（Jon Kabat-Zinn）博士是在医学治疗中引入冥想技术的先驱者，后来他被召进一项关于银屑病的新研究中，银屑病是一种常见的但常常是很折磨人的皮肤病。由于其症状是外在的、鳞片状的红色皮肤斑点，因此研究人员可以很容易监测患者的治疗效果。这种治疗很费时，患者通常需要在一个改良过的晒黑间内待上数小时并接受紫外线照射，因此对病人健康有害。

卡巴金博士还研发了一种冥想录音带，患者可以通过听录音来控制幽闭恐惧症，提高身心的舒适感，并通过听录音学会如何集中精力以促进自身的康复。由于这些患者对自己的健康有了更好的掌控，因此他们的治疗时间缩短了一半。

卡巴金博士解释说："患者所感知到的对病情的掌控感，往往能有效改善效果。"其他研究也显示了类似的结果。

早在几年前，研究人员苏珊娜·科巴萨（Suzanne Kobasa）就发现了反应能力的早期因子。她研究了构成抗压性格的因素。她的电信高管团队正面临一场全行业的重大重组。许多可以预测到的与压力相关的症状在有些人身上出现了，包括心脏病发作、焦虑和失眠等。然而，有些人似乎能够对这种逆境免疫。她发现，那些内心极其强大的高管在生活中很有掌控感。即使他们无法控制生活中的外部事件，但他们至少也可以控制自己对所发生的任何事情的身心反应。

伊利诺伊大学运动生理学教授爱德华·麦考利（Edward McAuley）所做的一项研究表明，那些对自己的体育锻炼计划控制得最好的人，最不容易感到疲劳。而那些认为自己掌控感非常弱的人，则会失去坚持下去的动力，最终会屈服于不适。他们觉得更累，也更容易放弃。

波士顿大学的流行病学教授戴维·努德斯特伦（David Nordstrom）博士，在对腕管综合征（carpal tunnel syndrome）的研究中发现，感觉对自己的工作最没影响力的被试，手部感到麻木或疼痛的风险几乎是那些感到极有影响力的被试的三倍。

正如《宁静祷文》（*The Serenity Prayer*）提醒我们的那样，认识到那些我们无法控制的事情和那些我们可以控制的事情之间的区别，是有智慧的表现。然而，把这两部分搞错则是非常危险的。逆商对你决定投身于哪方面起着关键作用：你可以选择积极参与改善现状，也可以简单地选择接受现状，即使有可能让它变得更好。正如菲律宾阿桑普森学院的一名研究生在最近的一封电子邮件中所说的那样："我认识到生活中有很多事情是我们无法避免的，但我现在意识到，我对自己的反应有着巨大的掌控感。这个启示在我身上释放出了全新的自由和责任。我做梦也没想到，这两方面是如此紧密地联系在一起的。"

想想那些我们无法控制的事情，如死亡、缴税、自然灾害、战争、天气、犯罪和疾病，这些无疑是不可控制因素列表中常见的条目。对这里面的任何一条，你可能都会摊出双手说："好吧，我对此无能为力，我能做的就是这些了。"然而，在每一个方面，我们都还是可以产生积极影响的，即使是在一些极端的情况下也是如此。

如果你所爱的人被诊断出罹患恶疾，那么你可能无法阻止她走向死亡，甚至难以对此施加丝毫的影响。然而，你可以尽情想出所有可以做的积极的事情来影响她剩下的日子，让她内心感到平静，让她为后人留下宝贵的遗产。从某种意义上说，能有机会成为掌控这些宝贵细节的人是非常有意义的。在最后的几个月、几周甚至几天里，你可以帮助她过上有尊严的日子，这让她感受到的意义可能会比在过去几年中感受到的更多。在最可怕的境遇下，一些人能够保持坚强和理智，原因是他们认为面对这一局面自己有能力至少在一定程度上产生积极影响。

你可能不喜欢缴税，但税赋对你冲击的大小、你的税务计划的优劣，以及在不触犯法律道德底线前提下你制定的避税策略是否有创造性，这些你都是可以施加影响的，这种影响是掌控感的一种基本形式。此外，你可能无法避免整个部门在工作中被淘汰，但你可以掌控你发展其他选项的速度，以及你能否利用这种逆境去做一些不同的事，去探索实现某个被深埋着的梦想。在即将到来的强劲飓风面前，你可能无法做到让你的木房子不被吹垮，但你可以在很大程度上决定飓风是否毁了你的生活、你能以多快的速度恢复，更不用说你还可以通过向邻居伸出援助之手来帮助他们，从而减轻他们的困难。你也许无法改变那些在工作中真正消极的人，但你可以控制他对你和他人的影响。这些对于自身反应的掌控都是一个高逆商者在最困难的情况下的表现。

1999 年，一些波斯尼亚难民虽然无法让同胞逃脱所遭受的恐怖，但却能极大地影响他们的健康、理智和福利。有一档新闻节目报道了一名波斯尼亚难民在一次地雷爆炸中失去了自己的孩子，其手臂被炸断后截肢，还目睹了妻子被强奸。他朝着难民营扫了一眼，对记者说：“我们会有新的生活。看看那些需要我们的孩子，他们是我们的未来，我们必须帮助他们。”

另一则新闻片段报道的是，一名年龄相仿的男子失去了家园和财产，但保住了家庭。他沮丧得连一句话都说不出来：“他们拿走了一切……一切都完了……没有办法生活……我们无能为力……我们什么都没有了。”

在这些反应中，我们可以看到有充分的证据证明，不同人对那些可怕事件的感受有着多大的差异。想象一下他们一个月后的生活：其中一个人找到了新生活的目标，去帮助其他受苦受难的人；而另一个人则被本来不怎么严重的损害烙上了“受害者”这一烙印，并悲惨地用这个烙印作为自怜和停滞不前的借口。他们经历了如此不同的命运，都源于自身做出反应的那一刻。

对那些我们在工作中无法控制的事情又该如何处理呢？这包括合并、收购、供应商、分销商、客户忠诚度、经济状况、竞争对手，等等。然而，这些业务挑战中的任何一个都可以改进。你的反应最终决定了任何特定事件的后果。

简言之，几乎总是有办法能使情况好转，这就是掌控感。把注意力集中在可以影响的事情上，而不是不能影响的事情上，这就是反应能力。反应能力不仅强化了你的操作系统，还提供了保护机制，能让你抵御恐慌、焦虑和无助感。

专注于掌控感的积极影响面，可能是一个微妙的甚至带点冒犯性的话题，因为它直接挑战了我们为自己的不作为或平庸所给出的借口和理由。你早已听到过这样的回答：

- 我跑步时膝盖受过伤，所以不能锻炼了；
- 他们这里不提拔女性；
- 好像一个受教育程度有限的少数民族也能当上副总统似的；
- 我的新陈代谢很慢，所以我总是很胖；
- 我被诊断出有学习障碍，所以不能做那些项目；
- 我从来都不擅长使用电脑；
- 我一看书就头痛，所以不能看书；
- 她脾气很坏，所以我从来不会对她说出我的感受。

你现在应该理解了！你可能认为我没有共情，因为我把你这些言之成理的困难看作给无所作为找的懦弱借口。但我能为你做的最好的事就是，阻止你为自己的弱点辩解；相反，你应该以一种积极的方式去理解、发展并影响局面。当你这样做的时候，就会缩小甚至消除那些原本可能把你束缚在平庸上的局限性。

正如 ADP 经纪服务集团总裁约翰·霍根（John Hogan）所言：“永远不要去当一名受害者。即使在最困难的情况下，一旦我有了计划，我就知道一切都会好起来的，所以我不会浪费时间去担心做不到的事情。”

让我感到惊讶的一件事是，尽管外面有大片场地可以去撒欢，但我的狗儿们却只顾待在舒适的笼子里。你是否认识这样的人，尽管有无限的机会，却安逸地待在自己小小的隔间里（无论是字面意思还是象征的意义）？诚然，蜷缩在小天地里往往意味着舒适。然而，机遇会扩展心灵。当然，机遇也伴随着逆境。这种掌控我们对逆境的反应的能力，使我们能够迎接并创造新的机会。

> 如果你总是为自己的局限辩解，那局限就会永远属于你。
>
> **理查德·巴赫（Richard Bach），美国著名作家**

有两种常见的反应控制的类型。一种是控制延迟，这是最常见的形式。你可能曾经出现过这样的情形：你生气了，大发雷霆，说一些事后后悔的话，或者在一些意外事件发生时失去控制。在爆发之后，你可能会恢复理智，并能够做出更明智的反应，这就是控制延迟。

甚至那些更微妙的肢体语言，如转动眼珠、叹息（轻蔑、恼怒和愤懑的信号），然后再做出更有建设性的反应，也都是延迟的反应控制的迹象。

从情绪爆发中恢复，即使是轻微的爆发，肯定也比完全不对伤害进行控制要好。不幸的是，最严重的损害可能发生在反应和恢复之间的时间间隙中，即使它只持续几秒钟时间。你可能还记得某些人对你说过的最伤人的话，这些话可能只是只言片语，然而对许多人来说，它们的影响远远大于冗长的歉意之词和借口。

比如，有人提出了一个想法，其同事厉声说道："你什么时候才能搞明白？"或者"你为这个干了那么久。真是瞎忙！"倦怠、忧虑、愤怒、误解和错误的假设，都是可能引起情绪爆发的高度个人化和容易找的借口，但这些都无助于消除情绪爆发可能产生的伤痕。我们有能力发展到更高层次的反应控制。

心理学家费恩·利珀特（Fern Lippert）解释了一些情绪爆发与掌控感的关系。她首先认为："习惯性的咒骂是一种不健康的心理状态的表现。当人们觉得自己无法控制局面时，他们更有可能骂骂咧咧。""他们觉得骂得越大声，自己就越有掌控力。"这种情绪爆发通常会给自身和周围的人带来沉重代价。

在里程碑式的畅销书《情商》（*Emotional Intelligence*）中，丹尼尔·戈尔曼（Daniel Goleman）将这样的情绪爆发描述为一个情感约束不太理想的人的典型表现。当然，我们不应该抑制我们的情绪，使它们发炎、溃烂，以致对我们的身心造成严重破坏；相反，情商是在某种程度上对情绪暂时的克制和恰当运用。这是情商和逆商最直接的联系点。

我的发现是，逆商越高的人情绪控制力就越强。他们更可能展示第二种类型反应控制，即自然反应控制，这显然相对更优越一些。正如其名称所表明的那样，那些能做到自然反应控制的人，能够在逆境来临时关注、思考、管理甚至优化他们的反应。

较理想的状态是，你能够在思想形成的瞬间就控制住它们。这些想法将决定你的言行。退而求其次，是能够在消极反应通过语言和/或行为释放出来之前进行抑制。换言之，在你的私人和公开自我转换之间，一些强大的事情发生了。你可能内心产生了一个可怕的想法或反应，但在它冒出来并以任何形式公开之前，你可以限制、评估和改变它。

> 多闻阙疑，慎言其余，则寡尤。
>
> 孔子

自然反应控制是控制的终极形式，要将自然反应控制视为你的操作系统中的一个特色功能，可以在新的需求、软件和逆境出现时进行自动升级。它是通往个人和人际间宁静状态的大门，也是信任、尊重和领导力的最真实的来源之一。自然反应控制在最意想不到的情况下都能被证明是有用的。

马克和他的妻子夏琳，正在前往参加一个重要会议的路上，他们以每小时 75 英里[①]的速度在州际公路上驱车前进，突然他们的车开到一大片黑色的冰上打起转来。车子在转了整整一圈后撞上了护栏，迎面而来的车辆向他们的车尾直冲过来。马克立即把车转开，避免了一场大事故，然后转向夏琳问道："你还好吧？"

"我很好。"她回答。然后，他走到前面，看到车子只是外观损伤了，回到车里后，他继续与妻子交谈，好像什么事情也没有发生过。夏琳被他的冷静震惊。"你一点也不难过啊？！"她说。

马克解释说："嘿，既然你没事，那还有什么好担心的？担心又不能把车子修好，如果我们惊慌失措，我们可能丧命，对吧？"马克是对的：如果他举起双手，因为车子转圈而惊慌失措，或者因为汽车被撞坏而大发雷霆，他们就可能会在那宝贵的几秒钟内丧命。他的自然反应控制挽救了他们的生命。

反应控制是任何人都能运用的一种力量，它不同于泰然处之，我们把后者与消极的冷漠联系在一起。反应控制也不是激情杀手。事实上，反应控制是宝贵激情的忠实守护者，当你遇到无数逆境时，这种激情会被慢慢侵蚀。激情通常被认

① 1 英里 =1609.344 米。——译者注

为是年轻人的天赋，它会像活力和所有年轻人的特征一样，会慢慢地消失。其实情况未必如此。

如果我们的目标是尽可能地不衰残而死，就必须努力在一生中保存我们年轻时的那些天赋，比如激情。快乐、活力、热情、惊奇、好奇、兴致和热情都很容易被生活中的逆境扼杀。这些情感一旦熄灭就很难重新点燃，因此自然反应控制变得更加重要。这种能力减轻了每一次逆境对你心灵的伤害，让你保留下这些基本的情绪特征。当你提高了反应控制能力，你就将加固激情、喜悦、创新、乐观和希望的情感。

对自然反应控制的真正考验是逆境。当一切都很理想的时候，建设性地思考和回应不成问题。但当你在办公室度过漫长的一天回到家，两岁的儿子走进房间，兴高采烈地往你身上和新地毯上泼了一杯黏黏的苹果汁时，或者当激光打印机被卡住，一个重要的会议被取消等事情发生时，那就完全是另外一回事了。

通过自然反应控制，你可以立即产生积极的影响。此外，你可以从你的CORE反应中汲取，甚至是选择，因为其他所有的反应都是从你的CORE反应中产生出来的。最终，这些想法会转化为语言，专注于积极影响你身边的人、你的团队或你的公司，从而营造一个强大的、充满活力的环境。

掌控感会影响随逆境而来的一切，也会影响你在面对逆境时所付出的代价。逆境越严重，潜在损失越大，积极影响和反应控制的好处就越深远。

担当力

担当力有助于我们以高度建设性的和实用的方式重新界定责任。逆商的这个维度，目的是评估你会在多大程度上利用它来改善当下的局面，而不管其原因是什么。

在调研了数百种不同的工作环境之后，我发现了一个共同的主题和关注点——责任。它对今天比对昨天重要，对未来的成功更重要。

为什么？因为在我们从扎营者转变为攀登者后，对相互依赖、灵活性和信任的要求越来越高。要成为一支真正的登山队，所有攀登者的命运都取决于彼此的专注和努力，你不仅要扮演好自己的角色，还要为整个登山队的成功担起责任；否则，这种必要的相互依赖是不可能实现的，还会导致可怕的后果。担当力意味着无论出了什么问题，你都要在拯救过程中扮演自己的角色，不管这是由错误导致的还是事出有因。如果团队里的某个攀登者犯了错误，导致自身受伤，那么不管是由于他自己干了蠢事还是其他原因，你们都必须把他从山上抬下来。如果坏天气降临危及团队，那么你们不能只顾自保，每个人都必须为团队的生存发挥作用。如果因为别人的判断错误而走错了路，现在必须改变路线，那么你们就要发挥各自的作用，让队伍重新回到正路上。埋怨于事无补，一起学习和提升对你们的成功才至关重要。

敏捷——这种快速思考和行动的能力，也会被责备扼杀。当人们都想诿过于人而不是从行为中学习并继续前进时，就会互相指责，这样的团队和组织将深陷逆境。此外，重要的资源会被浪费在探究究竟谁该负责上，而不是做出必要的调整，以避免团队犯同样的错误。

在我们的记忆里，摩托罗拉公司一直以客户的总体满意度为傲，并创造了神圣的“让顾客全面满意”（total customer satisfaction）的英文缩写 TCS。每年，摩托罗拉公司都会举办本地、地区和全球性比赛，让那些在 TCS 方面付出最大努力，且做出了可量化的改进的团队亮相。他们让我与一个创造了一些惊人成就的团队一起合作。该团队设计了一个新的福利信息传播和服务获取系统，该系统简单、优雅、用户友好、灵光闪耀，将节省人力资源成本数千万美元。

然而，在对他们做过一次走访之后，我知道这个团队注定没有赢得比赛的机会。有几个关键人物提出了这样的意见，认为现在他们的发展势头被几个低逆商的团队成员削弱了。这些人陷入了互相指责的游戏中，每当项目的任何一个方面出错时，这种游戏就会即刻爆发。他们在中途遇到的一个问题，比赛规则更改了，互相指责的游戏立刻开始。“你负责关注竞赛的指导方针，你早应该告诉我们会出现这种情况。现在我们输定了。”一名队员哀叹道。另一名队员则反唇相讥：“是的，好吧，如果你现在已经做好了视觉效果，那我们不是可以马上应变吗？可现在，我们只好重新创建整个演示文稿。”互相指责的游戏就会这样进行下去。

无论出于什么目的，责备都会扼杀敏捷性。我记得在一节攀登课上，就不幸发生了这样的情况。在三个向导的带领下，我们徒步走了几英里，用了三个小时到达了一个令人生畏的“球场”或者说攀岩路线的起点处。当他们组装登山器材时，却发现一些重要的零件不见了，于是火星四射的交流发生了：“器材是由你负责的！你到底在想什么？现在整个旅程都毁在你手里了。”

大约 20 分钟后，其中一个向导跺着脚说：“不管你们了！我要走了！”出于安全考虑，攀登被当场取消。责备往往会扼杀攀登。

信任是一种重要的人际安全感，可以让人们敞开心扉沟通、分享，然而责备则可以把信任连根拔起、彻底掀翻。如果像摩托罗拉的 TCS 团队一样，你知道当形势变得艰难时，同事就会开始指指点点，你很可能就会采取各种防御的或进攻性的计划，以确保你不会被人指责。不幸的是，这种现象在许多组织中都太普遍了。这种低担当力的文化滋生了犬儒主义、不信任、政治操纵和异化，这与我们在工作中所寻求达到的协同作用、信任、目标和热情是直接对立的。它导致了组织中的才能资源和潜力的可悲浪费。我相信你也会想起你经历过的类似事情！

另一方面，担当力促进了健康的相互依赖、更高的敏捷性和真正的信任。从根本上说，这是一种无论其原因如何都要加快步伐，主动改善局面的本能反应或理性反应。当资源、精力和努力朝着这样一个积极的方向投入时，巨大的创新、团队合作和进步通常会被释放出来。

在最近的一个逆商项目中，我和一个由 250 名安全工程师组成的小组交谈。沟通过程逐渐变得高度互动，气氛热烈。因为参与的人数众多，我站到椅子上去引导他们完成下一个活动。很快就有一名男子从房间的另一端向我走来，对我说："对不起，我们认为这是不安全的行为。这把椅子从设计上来说不是让你站上去的。你可能会摔倒受伤。为了让这次会议能够安全地进行下去，我现在必须请你下来。"

"你是这个部门的安全工程师吗？"我问。

"不，"他回答说，"但我是这家公司的员工，安全是这里每个人的责任。"他来自公司在美国国内的一家工厂。我祝贺他能亲身传达这种安全理念，大家都为他喝彩。不过，我还是得从椅子上下来了。

这种可持续的"我践行"精神能够把恐惧、愤世嫉俗和平庸排斥出去。担当力能够通过这种主动承担责任的形式表现出来，推动形成一种特定的文化认知。在上述的例子中，这位工程师就是通过自己的言行把"当有人违反了公司的安全规程时，人们需要采取行动（说或做）____________________"这个空白处填上了。这在某种程度上，人们就这个问题有了一个共同的答案，这就是文化认知。

在你的文化中，看待与逆商相关行为的一个更通用的说法是："当出了问题，或者发生了意外的挫折时，人们倾向于（此处填上你觉得人们会怎么说或怎么做）____________________。"

在拥有高担当力的高逆商文化中，对这种说法的回应可能包括"评估并解决问题""找出如何使情况变得尽可能好的方法""采取行动制止危险行为""在逆境中找寻机会""查明是什么地方出了问题，这样我们就能从中吸取教训，避免今后再犯同样的错误""让他们拿出最好的主意来"等。

在逆商更低的文化中，人们的反应则可能是"互相指责""把责任推给上面的管理层”“为没完成找理由”“甩锅给别人”，缺乏担当力显然损害了相关人员和他们为之所付出的努力。

信任、学习和改进都来自归属感，它们比语言更为深刻。如果说掌控感是通往宁静的大门，那么担当力就是敬业的催化剂。有了担当力，人们就会投入解决方案、改进、创新以及任何事情的长期成功中去。

通过逆商并借助逆商评估等工具，人们可以评估和强化自己的担当力。在后面的章节中，我们将探讨如何提升你自己、你的团队和你的组织的担当力。

> 在我的生命中有一些糟糕的时刻，其中有一些还真噩梦成真了。
>
> **马克·吐温**

影响度

影响度探讨的是，你让逆境在多大程度上影响你的工作和生活的其他领域。影响度决定了你对问题大小或明显程度的判断。从逻辑上讲，出现的问题越大，其诱发恐惧、无助、冷漠和无所作为心理的可能性就越大。挑战越小，越容易管理，你越不容易被它的存在吓倒，在解决或克服任何障碍方面的影响力越大。

对归因理论或解释风格的研究，描述了你对某些事件的归因模式如何决定你是否对逆境做出了像对灾难一样的反应。当你遭遇灾难时，你会让逆境像野火一样肆虐，放任它在被控制之前覆盖你大量的心灵空间。这可能在瞬间发生。

有一次在伦敦，我乘坐火车时，旁边是阿莫科（Amoco）公司一位还比较乐观的系统分析师，他看起来应该是在和妻子度假。我带了一份《华尔街日报》（*Wall Street Journal*），它的头版宣布了英国石油公司和阿莫科公司合并的消息。显然他还没有看过这条新闻，因为一看到标题，他立刻就举手大喊起来："我们整个部门都没了。现在他们要裁掉几千人！这真是一场灾难啊。"他转向妻子说道："阿莫科把咱们整个假期都毁了！"

如果你确实面临越来越多的逆境，那么把其中任何一个逆境灾难化都会使你无法对任何逆境采取行动。任由逆境发展到非必要的程度，会带来很严重的损耗。但想象一下，如果这位分析师有更强的反应能力，那他逆商潜意识可能就会让他转成这样的回应：

> 这当然是个大新闻。好吧，谢天谢地我们恰好在度假。在回去之前，我们还有大把时间来想办法解决问题。我想等我们回去时，可能会有更多的事情要处理，让我们先享受眼前每一刻的度假时光吧。

这样的回应会带来很多好处，比如，让他的身心状况保持健康、心态乐观。他的假期将毫发无损，他和妻子的关系可能会因为她对他的尊重和他对她的感激而变得更加亲密。他们在一起的时光将因为未来的不确定性而变得弥足珍贵，他将对公司合并可能带来的机遇产生积极的期待。

逆境的影响度也是导致人际关系紧张的一个常见来源。有人可能会认为，一个新项目是令人振奋的挑战，它将考验和加强该部门的勇气；有人则可能会认为，该项目是不可能完成的，可能会毁掉整个部门。由此产生的冲突可能会损害他们合作的能力。

这两个人听到的可能是同一条关于新一轮经济衰退的电视商业报道。一个人可能会把这次经济衰退当作一个当下发生的变故而做出实事求是的反应，而另一个人则可能会将其视为大崩溃的开始，可见这一阴险的病毒将慢慢吞噬他们充满活力的企业经济肌体。

就像逆商其他的 CORE 维度一样，影响度是高度个人化的。首先，逆商的最初触发发生在大脑和细胞内部。其次，出于对社会规范的尊重，我们在内心中更容易产生崩溃感，但较少说出来。通常，人们在思想变成语言之前已经进行过自我检测或过滤。当然，有些人会比其他人做得好一些。这种自我过滤的强度可能会受到工作场所或社会文化的影响。有些人会认为，逆境的影响将是深远的，但他们可能并不表现出来。尽管如此，其影响可能是巨大的。有人甚至可能有很强的自我控制力和延迟的内部反应，但由于他们在影响度方面得分太低，他们的内心世界更可能会被摧毁。

最近，我参加了一场商业性演讲活动，身旁坐着一个新加坡人。演讲人用了意第绪语[①]“kvetch”抱怨了一下。她转过身来问我：“拜托，能告诉我‘kvetch’是什么意思吗？”我向她做了解释。她停顿了一下，回答说：“我认为这个词在新加坡不存在是有充分理由的。因为人们不常抱怨，以免示人以弱。”然而，在新加坡文化中，人们可能是把对逆境影响度的判断藏在心里了，以避免尴尬，但这种认为逆境影响深远的反应，其后果仍然是一样的。

请记住，逆商不是让你对自己或他人微笑，说些快乐的话。它是要改变你的反应模式，这是对你的大脑进行硬连接重塑，你的言行就会成为自然而积极的高逆商反应结果。要提高逆商，首先要消除或至少减少遇事抱怨的倾向。

影响度决定了一个特定的逆境可能会吞噬或破坏多少情绪资产。也是从这个维度，我们能最清晰地看到自我实现预言的力量，及其给生活带来的显著影响。那些预测计算机崩溃意味着一场彻底灾难的人，比那些认为灾难只是有限烦恼的人，更容易真正地经历灾难。前一种看法会激发无助的心理，后一种看法则会激发行动和潜在的决心。

作为顾问和培训师，我和我的团队经常出差，总是有些随之而来的延误和麻烦需要处理。对每一次航班延误或取消，我们的口头禅总是“总会有办法的”。再

① 是犹太人用自己的母语希伯来语字母包装的德语。——译者注

说一次，这并不是一些刻意背诵下来，需要时就念几声给自己打气的咒语，这是高逆商团队和高逆商个人的自然行为表现。他们以在逆境中无所畏惧为荣。这变成了一场游戏。他们的高逆商限制了逆境的影响度，激发了更多行动来提升积极结果的可能性。

影响度也是最能唤起恐惧和忧虑的维度。恐惧和忧虑是亲兄弟，它们都基于对当前事件的消极假设。那些认为逆境影响深远的人，往往对可能（或“肯定会”）发生的所有糟心事充满恐惧和惊慌。让人觉得既可悲又有讽刺意味的是，人们由于对一件事担忧而失眠，这比大多数事情本身的破坏力要大得多。长期的恐惧和忧虑会削弱一个人，使他无法采取最佳行动。

当某客户办公室的电话系统崩溃时，接待员说，她气得丢下了手中的笔：“我想我的午休时间这下泡汤了。每个人都会责怪我，我告诉你，如果这件事不尽快解决，我们就没法干活了！”电话系统崩溃后的每一时刻，我都能看到她的思想像一台电脑正卡在一个损坏的文件上，正在计算这一次不幸带来的新的灾难性后果有多大。

相比之下，我给正在修建我们公司办公大楼的承包商去了电话，了解工程进展的情况。“哦，总体还好吧，”他笑着说，“木材厂打电话来说，因为山路难走，他们拒绝送货。我还给每个天然气供应商打了三次电话，他们也都不愿意送货。窗帘摇杆到货晚了三天，并且他们不回我的电话，做屋顶的人拿错了材料。噢，对了，电工还差点滑进峡谷里。我想他短期内不会回来了。总之，每天都有新的挑战，”他的语气轻松，“不过，没有什么问题是我们解决不了的。”从他的话语中，很容易看出他的 CORE 是如何帮助他在预算内按时实现工作目标的。

这两个例子形成了鲜明对比。那位接线员，就因为发生了一次小事故，满脑子想的全是即将来临的厄运；而反观我的这位承包商，他面临的挑战要大得多，他仍然乐此不疲，而且随着逆境的不断增加，他的决心也越来越坚定。这种反应是核心，其他一切都是从此生出的涟漪。你对于逆境影响度的认知在很大程度上影响了涟漪的扩散范围。

> 境由心生，一念天堂，一念地狱。
>
> 约翰·弥尔顿（John Milton），英国政治家

持续性

在20世纪初，英国探险家欧内斯特·沙克尔顿（Ernest Shackleton）组建了一支探险队，这是有史以来第一支乘坐狗拉雪橇和滑雪板到南极洲并穿越整个大陆的探险队。他们的“坚毅号”木船永久地陷在浮冰中沉没了。面对随时可能死亡的危险，沙克尔顿和他的船员被迫勇敢地在浮冰上扎营度过南极的冬天。探险队的科学家托马斯·奥德斯·利斯（Thomas Ordes Lees）根据所有可用的数据，精确计算出他们难以逃避的命运。他的推断是有根据的，但他并没有考虑唯一能打败概率的人类精神这一因素。

对逆商的研究表明，船员对逆境持续时间的认识会影响他们实际坚持下去的时间。沙克尔顿有坚持不懈的乐观精神和预见逆境终将过去的能力，尽管所有的“证据”都与此相反，但他们还是抓住看似不可能的机会生存了下来。

沙克尔顿拒绝屈服，他想出了一个计划。在南极的冬天，他们驾驶一艘小型救生艇在地球上最大的海域中航行了700英里。有时船上结满了冰，甚至开始下沉。他们被狂浪袭击，水墙围住小船。他们的皮肤被盐水泡裂了，上面长满了疖子，喉咙因缺水而肿得不能吃东西。他们的衣服不断地被海水浸湿，不断磨损，17个月沉浮在海上使他们处于精神错乱的边缘。但一路上，沙克尔顿热切地相信并告诉伙伴们，他们终将摆脱困境。

他这种能看到似乎延绵不绝的逆境终会过去的能力，使得逆境的实际持续时间被尽可能地缩短了，所以他们才能活下来给世人讲述这个故事，迄今为止，这被认为是所有探险队曾讲述过的最英勇和最令人震撼的死里逃生的故事。当他周围除了绝望什么也看不见的时候，他的目光能越过当下的噩梦，想象到有一天他们终将回家。

沙克尔顿在最后一个 CORE 维度上展示了非凡的力量，这个维度评估并描述了一个人对逆境将持续多久的看法。那些低逆商的人更可能认为逆境是持久的，而那些高逆商的人则拥有一种几乎不可思议的能力，即使是在最可怕的情况下也能看到逆境终将过去。显然，这种高逆商倾向在逆境恶化时最为有利。

与 CORE 的其他维度一样，持续性有其自身的结果，包括好的和坏的。新斯科舍省达尔豪西大学最近的一项研究发现，女性比男性更容易沉溺于疼痛之中，因此她们的疼痛阈值较低。但当男性和女性参与者都把注意力集中在“我能挺过去”这样的新想法上时，他们对疼痛的耐受性就会显著增强。看到痛苦结束的前景使他们变得更加坚强了。

人们在集中营幸存者的经历中也发现了类似的故事。无论现在多么令人沮丧，它都会改善，或者“这终归会过去”的看法，对他们在噩梦期间和之后的恢复能力至关重要。

那些认为逆境的影响将绵延不绝的人，常常把他们的理由建立在过往证据的基础上，证明过去在类似的情况下，事情就是这样一拖再拖的。事实上，那些中等逆商或低逆商人群预测变故将持续下去的主要依据，就是因为过去曾经如此。而高逆商的人们会从历史中学习，但也能认识到现在不必被过去所困。只有假定逆境是短暂的，他们才能有这样的心态。它是关于今天、现在，以及之后发生的事情。沉湎于过去或害怕未来不会促成行动。

人们不是只有在极地冰盖上面临死亡考验，才能看到逆商持续性这一维度的重要性。在某些方面，在日常生活中那些更平凡的逆境中，同样可以深刻体会到它的力量。

我的一家客户最近失去了三个关键人物，而其业务又处在前所未有的增长之中。他当即产生的反应是："看来，接下来的三个月会很吃劲。撑过这段时间，我们的新团队就应该就位了。"他的决心显而易见，他的乐观情绪具有感染力。他限制逆境影响持续性的能力使他能够保持乐观和坚定。这就是持续性的意义所在。如果他的回答是"唉，这可是走上末路了"，或者"我们永远无法从这次损失中恢复"，那么他的话很可能是一个自我实现的预言。

你在职场中的 CORE

逆商的 CORE 是你所做的和想实现的所有事情的核心。它是池塘的中心，其他的一切涟漪都从这里荡漾而出。要真正培育和保持某些美德，如勇气、坚韧、精通和纪律，你就必须了解自己的 CORE。如果你想减轻烦恼、压力、绝望、疲劳和冷漠的困扰，你就必须从 CORE 开始。如果你想努力保持你的提升、表现、敏捷和创新，那么也要从 CORE 出发。或者，如果你想指导别人提高自力更生意识、责任感和决心，你就需要从 CORE 着手。如果你试图带领他人度过越来越不确定的、困难而混乱的时期，就要从 CORE 起步。如果你希望了解团队和文化的一些基本规范，CORE 可以为你提供帮助。你也可能会将这些启示应用到你自己，以及你工作范围内外的人际关系中。加强你的 CORE 将使你看到逆商在工作中的影响力。

> 如果这是一种祝福，那么它当然是经过精心伪装的。
>
> 温斯顿·丘吉尔

选择你的 CORE

从人类历史开始发端，我们就对那些把我们与动物王国区分开的特征感兴趣。逻辑、爱情、一夫一妻制、自我意识、尴尬和骄傲通常被认为是人类特有的特征，尽管说其中任何一种特征专属于人类都有可能受到质疑。除此之外，还有一种品质超越了所有其他品质，那就是不屈不挠的人类精神。

虽然大多数生物只是为了生存的必要性而努力，但人类却是出于选择的。而且，因为在奋斗中必然面对挑战，所以这个选择就要从 CORE 开始。与其他灵长类动物不同的是，我们的前额叶皮质是大脑中过滤所有有意识行为和负责决策的区域。因此，我们可以在很大范围内做出选择，也能决定在多大程度上追求目标实现，无论这是宏伟的目标还是平凡的目标。当我们能够不屈不挠时，那是因为我们选择要这样做。然而，这并不像想要坚定就能坚定，或选择坚定就能坚定那么简单。人的操作系统的 CORE 定义了我们如何应对每一个挑战，以及我们需要为此动用哪些资源和能力。我们应对这些挑战的 CORE 反应决定了我们将前进多远，挖掘多深，攀登多久。

归根结底，要改善外在表现，我们就必须理顺自己的内心，同时让自己对逆境的阴暗面免疫。乔·米德（Joe Meade）就是一个活生生的例子，他向我们展示了可以如何选择对所发生的任何事情做出自己的 CORE 反应。作为南加州的一个小男孩，乔过着田园诗般的生活，热爱户外运动，热爱世界所赐予的一切。

> 1976 年 3 月 21 日是个阳光明媚的日子，乔和他高中时的女友去山上野餐。在河边放松过后他们就开车回家，可是在路上，他的吉普车前轮陷入了深深的泥泞车辙中，车子慢慢地翻了个底朝天。乔和他的女朋友从吉普车上被甩了下来，车轮压过乔的身体，压碎了许多骨头，脾脏被压破了，眉毛以下的整个脸都毁了。他的视神经也被切断了。
>
> 为了保住性命，他做了几次持续时间很长的大手术。随后，一名医生以

一张乔高中时的照片为准，重建了他的头骨。医生们无法复原的是他永远失去的视力。他入院时身体健壮体重165磅[①]，出院时身体虚弱，体重只有95磅了，根本不知道如何在黑暗的新世界中重新起航。尽管乔对生活一直抱着乐观的态度，但他最初还是认为自己所有的梦想都已被失明摧毁了。但是他母亲劝他用一种新的方式来考虑逆境。他出院回家的那天，她让他在花园里干点活。当乔因为看不见，完成任务有困难时，母亲就在他脚边放了一根浇花的水管来引导他的脚步，又给了他一把铲子，对他说："你能干好的。"其实她的教诲更多的是关于如何重新开始生活，而不仅仅是干好花园里这点事情。乔的母亲和他一起否定了那种认为失去视力就意味着失去生命的结论。乔开始学习她找来的那些鼓舞人心的高逆商者的事迹，重新调整自己对逆境的反应。乔没有深陷于自己的局限性中，而是学会了专注于自己能掌控的事情，拒绝让挫折毁掉自己的梦想，并为成为社会的贡献者而承担起责任。

作为美国林业局负责西南部地区休闲、遗产和荒野资源的主管，乔帮助管理这片他从小热爱的土地。他这个角色要负责西南部2100万英亩[②]的国家林地。他做的土地保护利用规划在全国范围内起到了示范作用，乔在总统内阁这一级获得了四项最高荣誉，最近一项是美国农业部在政府再造方面的最高荣誉——银犁奖。

乔完成了攀登学院的逆商计划，在那里他专注于他的CORE状况，并利用LEAD方法进一步加强自己的逆商。今天，他的高逆商（173分）体现在他所讲的话里：

随着时间的推移，我发现，对我来说，它不仅是将挑战转化为机遇，而是让思想的力量战胜物质的力量。通过逆商，我了解到，我们日常生活中的

① 1磅 = 453.59克。——译者注

② 1英亩 = 4046.856平方米。——译者注

许多东西，差不多都是由我们的思维定式和我们对任何特定事件的态度决定的。在日常生活中与慢性疼痛做周旋并选择不让它来控制我的日常活动，这让我强烈意识到，在日常事件中，我们可以赋予大脑多少力量。什么关口你都可以闯过去。我用逆商提醒自己，我们经常做出一些过于初级的选择，让事情影响我们，影响我们如何感受，而这其中有很多事情都可以回到我们的掌控之下。

在乔的回应中，你可以听到很好的掌控感（有很多事情都可以回到我们的掌控之下）、担当力（我们经常做出一些过于初级的选择，让事情影响我们……），以及影响度和持续性（将挑战转化为机遇……处理慢性疼痛的日常任务……让我强烈地意识到……你可以战胜任何事情）。

衡量和重新改造一个人应对逆境之道这一理想，仅仅是所有人类努力的基础。它解码了人的操作系统，因此外界对你提出的所有要求，你都能以最佳的效率完成。它精确地指明并启发我们最终应该选择的着力点——CORE。

> 事情就是你所赋予它的意义。
>
> 迪帕克·乔普拉

鲑鱼给我们的启示

你不必训练鲑鱼溯流而上，它的操作系统的DNA来自内心深处，它的坚韧不拔超出了人类的理解。面对不可逾越的困难为自己的命运而搏斗，并最终走向死亡，这比我们对他人或我们自己的期望要高。然而，我们钦佩鲑鱼以确保其基因延续为目的的纯粹坚持和崇高追求。这样的坚毅精神，在你或与你一起工作的人身上表现出来的概率有多大？如果你的回答是“比我所希望的要少得多”，那么让我们考虑一下原因。

每一条鲑鱼的 DNA 中都有向上游游动的基因，而我们人类却被赋予了选择的福气和诅咒。当你还是个孩子的时候，你除了上学别无选择，所以很可能你上学了。然而，一旦上学被视为可选项，入学率通常会急剧下降。对于大多数人的奋斗来说也是如此。与鲑鱼不同的是，很少有个体会在水流变得湍急时选择坚持，或者在局面和势头不太理想时继续迎头而上。在大多数国家公园里，离主营地和游客中心越远，小路就越难行，也更加人迹罕至。尽管周围车多噪声大，但大多数人还是选择待在拥挤的旅游区，从而错过了人迹罕至处壮丽的风景。

为什么大多数人在担当任事时，尤其是当实现目标是用回报来衡量时，不会表现出像鲑鱼一样的坚韧，这是一个谜。我们经常把这种行为合理化，认为这是由事情本身的重要性决定的。比如，对许多人来说，从游客中心多走几英里并不算什么事。你可能会说，把我们自己比作鲑鱼公平吗？我们所做的事情哪有像鲑鱼洄游产卵这样事关物种生死存亡的重大使命。所以，为什么要那么拼命呢？除非它真的很重要！显然，让我们的选择任由我们看待目标的重要性所驱使，这是有隐患的。

我们把重要性作为免责条款，为自己没有尽心尽力打掩护，这成了人们普遍接受的流于平庸的理由。许多人被迷惑了，发自内心地认为："如果这真的重要，我就会尽我最大的努力，但是……" 其实，普通的挑战、挫折和逆境才恰恰是体现一个人真实本性的时候。当我们面对日常逆境时，自身操作系统的局限性会变得最为明显。当面对迫在眉睫的龙卷风时表现出勇敢，要比面对日常的要求、困难、挑战、挫折和烦恼的冲击时，展现出的勇敢无畏容易得多。我们这种在戏剧性的情境下所激发出的勇敢精神，我们在日常生活中其实最需要。

那些总是拿"这事不够重要"当挡箭牌的人，会陷入一个让各种事情都变得越来越不重要的螺旋中，从而在生活和工作中失去了许多原本可以获得的欢乐和激情。当他们正在从事的工作对其他人来说其实很重要时，这也会产生冲突。如果事情的重要性是你积极性的基础，那么你或者你的同伴将很难，甚至不可能全身心地投入并尽最大的努力去承担。仅靠老板的要求很少能使你发挥出最佳水平。

一旦陷入了选择的陷阱，在你的挑三拣四之下，值得你尽最大努力去做的事情会越来越少，这样你可能就会错过大多数机会，你这是已经决定扎营了。另一方面，攀登者们会有一种不可思议的倾向，那就是把那些平凡的东西变得更有分量。他们将普通的任务提升为崇高的任务，并且在这个过程中激励着其他人。

我们必须明白，一种努力并不比另一种更重要。我们根据某件事情与我们要攀登的这座山峰，或者说个人追求的相关性来赋予它意义。它对我们认为最重要的事情来说有多重要？换句话说，重要是一种选择。那些在冷漠中扎营的人，让大部分日常生活的意义都黯然失色了。

我们对任何事情的 CORE 反应，决定了我们赋予其积极意义的能力。一个人的逆商越高，就越有可能给一个具体的事件赋予积极的意义；一个人的逆商越低，就越有可能给同一事件赋予消极的意义。这就是为什么你的 CORE 揭示并决定了你在被烦恼包围时向前进的趋势。当你提升了你的逆商并强化了你的 CORE 后，你就会做出更好的选择。如果我们愿意攀登，那么是我们的 CORE 反应决定了我们愿意攀上多陡的山。它使我们能够拥有鲑鱼那样的品格，而又不必面对它们那种不幸的结局！

领导者与逆商

最近有篇博士论文，比较了教育行业领导者（如校长等）和企业领导者（如高管和经理人）的逆商。其一项发现表明，教育行业领导者的平均逆商明显偏低。需要注意的是，如果没有适当的意识和培训来加强自己的 CORE 和反应能力，那么逆商既不会随情境而变，也不会随年龄而变。

对这一结果的一个解释是，这与他们最初的职业选择有关。那些逆商较低的人倾向于选择那些他们认为自己将面临更少的逆境和更多扎营机会的职业。他们凭直觉知道，自己不太适合那些充满挑战的职业。然而，那些具有更高逆商的人也不一定愿意选择更具挑战性的生活。许多高逆商的人选择进入教育行业，是因为他们想有一个目标更明确、回报更高的职业，这与他们的追求更吻合。根据我们对教师流动状况的分析，我们发现许多逆商水平相当高的人，后来会发现在一个官僚化环境中实施变革是多么困难。因此，一些攀登者改行从事其他职业，这可能会降低那些留下来的人的总体逆商值。我们在一个案例中发现，一些低逆商的人可能已经意识到，他们的操作系统不具备高逆商者那样的能力，所以他们会去寻找一些他们认为要求不那么苛刻的工作，但却发现其实教育行业中也充满了挑战。或者，在另一种情况下，教育机构会被人们视为一个中转平台，那些逆商更高的攀登者会以此为跳板，去寻找属于他们的更高的山峰。逆商可以从根本上影响一个人的职业选择（不分行业）、对工作的热情、愿意去面对的困难以及对现状的耐性。

> 我们镇有一个每周开一次的农贸市场，每逢这一天，整个城镇中心在那一整晚都是市场的范围。这个市场的特色是最有着美丽的鲜花展、新鲜的农产品、美食和音乐，人们可以在五个街区之内逛到所有这些摊位。有一个星期，在装满篮子后，我和妻子朗达看到一个女人在卖花束。从她饱经风霜的皮肤和苍白的马尾辫来看，她大概已有 60 多岁了。她热情地向我们打招呼。我漫不经心地问她，卖花是业余爱好还是谋生。她告诉我们，21 年来，她就是靠“每周在农贸市场为人们的生活带来欢乐”为生！后来我才知道，她在一场可怕的火灾中失去了丈夫和他们的牧场，但她似乎有着百折不挠的精神。
>
> 在 20 码[①]之内，就有六个摊位上摆着同样的或更名贵的鲜花，竞争非常激烈，但她的花几乎卖光了。我立刻知道了其中原因。从她的眼里，我看到

① 1 码 = 0.9144 米。——译者注

了她对花的爱。她把每一朵花都描述成一个活生生的奇迹，并帮助顾客像她一样欣赏鲜花，从而将它们卖掉。她说："这是一种非常特别的秋海棠品种。你见过这样的橘色和粉红色在一起的花吗……摸摸这些向日葵，是不是很柔软？闻闻薰衣草的味道，醉人吧？"在我们社区，仅仅靠卖花维持生计是极其困难的。然而，我猜测，高逆商所形成的人生态度显然是在创造一个自我实现的预言。她尽了最大努力使这不可能成为可能。结果，她成功了。对她来说，鲜花、顾客、陈列、微笑都很重要。她的激情是有感染力的。

当你强化了 CORE 后，也就强化了自己无论遇到什么样的困难，都能在所做的任何事情上收获快乐的能力，并能对周围的人产生广泛的积极影响。

了解自己的 CORE 和逆商的最好方法之一就是，学会在别人身上发现它。你要学会在你遇到的每个人身上去寻找他们的 CORE 与逆商，倾听其发出的声音。

有一次候机时，我旁边坐着一位老气横秋的营销经理。他看上去也就 30 多岁，但举止却像个年龄比他大两倍的人，他手里还拿了一份客户档案。我们的航班延误了，于是我们开始聊天。我问他要去哪里。"哦，有个会议。"他叹了口气，对这个会议的态度，听起来就像是想挥手赶跑苍蝇。我们聊了几句后，话题逐渐深入，他告诉我他要去参加在丹佛召开的紧急客户会议，这次会议关系着公司 25% 的业务量。这显然是一个成败攸关的大事件，因为这家客户曾明确威胁要把业务转到别处去。他此行就是要冒着枪林弹雨去保住这家客户，如果他失败了，他的奖金就没了，他甚至可能会丢掉饭碗。他带着疲倦和无奈的语气解释了这项任务，就好像有人要他用手把整个飞机跑道擦一遍。他并非因为出师不利而被炒了鱿鱼，而是在起飞前就明显落败了。

当航空公司宣布取消我们这趟航班时，就好像有人让他泄气了。他几乎瘫在了椅子上，深深地叹了口气，似乎暂时连动都不能动了。他的"硬盘"好像已经冻结了。过了一会儿，他把大衣搭在胳膊上，慢慢地转过身去。我问他要去哪里，要不要让我找的旅行社帮他看看有没有其他航线能飞过去。“算了，”他说，“不管怎样折腾，他们（客户）可能还是会踹了我们。”当我听到他的 CORE 时，我听到了一个典型的低逆商者的反应——低掌控感，没有担当力，他的那家客户算是丢定了！

无数的念头同时闪过我的脑海。首先，10 年前他是什么样子的？他是一直那么相信宿命，愿意认输，还是多年来的逆境磨灭了他年轻时的雄心？这通常发生在中等逆商的人身上。另外，如果这个人在挑战面前准备认输，而此刻在一个站满有价值客户的房间里他本可以有所作为，他的老板会怎么说呢？这显然对某人来说是关键时刻！最后，我想，即使是在这样的“关键”时刻，有些人也没有动力去克服下一个逆境，以达到新的高度。他的操作系统根本无法承受额外的需求，顾不上什么“重要”不重要。他的 CORE 太弱了。如果他是鲑鱼，他会在完成自己的使命之前就死去。但因为他是人，所以他必须选择是最终强化自己的 CORE，还是作为一个放弃者度过余生。

逆商和 CORE 最重要的观点之一是，它们能帮助你了解在生活中付出的代价，度过在工作场所面临的挑战。你的逆商越高，越有可能被某个具体的挫折强化，越有可能去向上攀登。你的 CORE 越弱，挫折对你的幸福、绩效和性格的影响就越大，你就越有可能去扎营，甚至放弃。

例如，虽然担当力和掌控感具有不同的维度，但它们是直接相辅相成的。当你以更多的担当力来处理所发生的事情时，你的掌控感可能也会相应地提高。同样地，你感觉你的掌控感越强，你就越觉得必须找到解决办法。你掌控得越多，想转移责任就越困难。

影响度和持续性之间也存在类似的相互作用。你越是认为逆境的影响范围深远，就越是认为逆境更有可能持续下去；反之亦然。而且，逆境持续的时间越长，导致错误的可能性就越大。担当力和掌控感结合起来，可以决定你是否卷入了某个情境。影响度和持续性决定了逆境影响力的严重程度。

很明显，你感知到逆境的量级（影响度和持续性）越大，你就越不可能认为自己可以对这种情况施加积极影响。一个各个维度的水平都比较低的逆商结构，就像一个结构薄弱的房子：一旦一堵墙倒塌，其他的墙也会随之倒塌，中间的屋顶就会塌下来。幸运的是，高逆商的 CORE 正好相反。每面墙或者说 CORE 的维度，都有助于加强整座建筑的结构完整性。

伊恩 · M. 伯奇（Ian M. Burge）提出了与当前挑战最相关的核心维度。伊恩负责万豪国际加拿大的新组织，这是莫特北美的一部分。他的逆商得分是 183 分。当面对几年内要企业价值翻番的前景规划时，他的反应是："我看，我们总有办法把事情做好。我的工作是确保能找到最适合这份工作的人，并确保我们能够掌控并看到我们的道路，能越过我们还无法预见的障碍。没有什么是我们不能应对的，我们只是需要在前进的过程中学习得更多一些。"他的反应表明，他们拥有强大的掌控感和担当力，同时限制了有可能出现的任何逆境的影响度和持续性。通过逆商训练，伊恩学会了运用 CORE，培养自己的反应能力，以影响团队的逆商以及他们如何应对每一个新的挑战。

当伊恩在为客户运送产品的过程中遇到一些重大事故时，他会召集自己的团队一起研究，并立即制定出具体行动策略，防止问题演变成灾难，尽快渡过这个难关，并通过学习来探讨如何避免将来出现类似的问题。这种 CORE 反应极大地影响了他们让业务重回正轨的能力。

大多数人的 CORE 都既包含分数相对较高的维度，又包含分数相对较低的维度。在你克服挑战的过程中，这种不平衡可能产生反作用力。例如，高的掌控感和持续性，再加上低的担当力和影响度，可能会给你带来一些乐观的情绪，但是你的勇气会被低影响度所产生的泛化影响而消磨殆尽，认为应由其他人来为逆境负责。同样地，高的担当力和影响度再加上低的掌控感和持续性可能表明，你觉得有责任改善一个受限制的局面，但你觉得对此没有什么掌控感，这种局面肯定会持续下去。这些硬连接的思维模式对你的行为倾向会有很大影响。

因此，在逆境中保持韧性，并不是在人们内心感到幻灭的时候发表“我们会生存下去”这种政治正确的演讲，更不是简单地向自己或他人奉上鼓舞人心的话语。拥有高逆商的人对世界的看法是不同的，他们强烈认为自己能对任何情况产生积极影响，因此愿意承担起这份责任，同时控制逆境的影响度并限制其持续性。这就是激励他们采取实际行动的原因，也是攀登者与扎营者和放弃者的区别所在。当你强化了你的逆商，你就将拥有攀登者的心态和视角来看待世界。

显然，每个领导人都必须做到不伤害他人。这意味着你必须避免在你的组织内传播反安慰剂效应（见第 2 章）。当你将从本章节中获得的 CORE 力量与后面章节中提供的方法结合起来使用时，你将有选择权和能力来确定你愿意自己的反应在多大程度上对他人产生积极或消极的影响，或被他人影响。

因为我是逆商理论的构建者，所以人们常常认为，他们可以或者应该把消极情绪发泄到我身上。他们的信任让我感到荣幸。然而，当他们放弃对自己反应的警惕性，放纵他们的低逆商倾向，把抱怨和怀疑堆积在我身上时，情况就会变得很困难。就像他们说的：“嘿，你是高逆商的人。如果我不能向你发泄，还能向谁发泄呢？”

在做了 20 年与逆商相关的研究之后，我认为我有足够的能力过滤掉自己情绪上的烟雾。消极主义就像是二手烟，而且就算是我自己的大容量洗涤器也会被堵塞。换言之，当过度为他人服务时，他人的情绪垃圾会在我这里越积越多，特别是当人们宁愿沉浸在痛苦中，也不愿改变自己的命运时。尽管我非常关心每个人的幸福，但当人们只想抱怨，而不是努力解决他们的困境时，我也会感到厌烦。你可能会面临类似的挑战。强化你的 CORE 不会让你完全免受他人消极情绪的影响，但它会让你有力量献出同情心，使用辅导工具，以克服抱怨，帮助他们解决自己的问题。

第 2 章中关于习惯形成的大脑研究，证实了我们的常识：改变始于意识。意识真的能够终止人们原来的固有思维模式和由此产生的涟漪效应。在掌握了以下工具以后，当面对逆境时，你就可以强化你自己以及你所做出的选择。希望学完这一章后，你能更深刻、更准确地认识到 CORE 维度在从你的人生观到克服个人和职业挑战的坚毅和能力等各个方面所起的作用。我相信我们已经揭示出了人的操作系统的真实运行原理，它使一些人的能力能够得到更大提升并充分发挥出来。现在，我们可以集中精力升级你的操作系统了。

ADVERSITY QUOTIENT @ WORK 本章简要回顾

CORE 构成了你的逆商，以及对任何特定的不利刺激的反应。

掌控感

- 你认为自己可以在多大程度上影响困境？
- 你可以在多大程度上掌控自己对逆境的反应？

反应能力可以这样强化：

- 延迟控制；
- 自然反应控制。

担当力

你会在多大程度上承担起改善局面的责任，而不管其原因是什么。

影响度

你会让逆境多大程度上影响你工作和生活的其他领域

持续性

你认为逆境会持续多久？

你在哪个 CORE 维度上得分最高？

你在哪个 CORE 维度上得分最低？

关于你如何应对逆境，你的 CORE 说明了什么？

ADVERSITY QUOTIENT

第4章 | @ WORK

培养有反应能力的攀登者

> 千里之行，始于足下。
>
> 老子

逆商不是让你摆出一副乐观的假象，也不是让你刻意去想那些快乐的想法。为了提升你的逆商，你必须重新构建对逆境的反应模式。虽然有些改进可以马上发生，但升级你的操作系统需要我们称之为“攀登学院”的帮助。反应能力是一个终生的探索，以便让你能更有效地响应任何事情。攀登学院是你的起点。

强化你的反应能力，并借此提升你的逆商需要一套严谨的方法。在本书中，你可以把攀登学院作为一个私人化的教程来体验，但其课程设计是针对群体的。一套完整的攀登学院课程，可以培训多达几百人的团体。在教授过成千上万人如何强化他们的逆商之后，我们得出的结论是，每个人都是逆商攀登学院的潜在候选人。

本章将重点介绍“攀登学院”课程中CORE部分内容。攀登学院将分为两个部分。在第一部分中，你很有必要了解一下为什么大多数培训工作都失败了。这将有助于你调整学习方法，以培养有反应能力的攀登者。第二部分提供两个层次的培训，来强化你的反应能力，提升你的逆商。

为什么传统培训经常失败

在美国，个人和企业培训行业每年大约有2500亿美元的收入。在全球范围内，这个数字更是高达数千亿美元。再加上那些投入在非正规培训中的时间和资源，这一数字还会大大增加。

正因为关系到如此大的资金投入，人们很难承认，培训的最终结果并不能保证对个人和组织产生可测量、可定义的影响。基于我们30多年来进行的一项非正式研究，我们确信，在改善个人或组织方面有实际成效的培训仅在1%到20%之内，5%是最常见的比例。

培训收效比例较低的原因之一是，大多数培训针对的都是大脑的新皮质这一认知区域的。他们不承认大脑的硬连接模式在允许或阻止新的知识和经验生效方面所起的作用。大多数训练忽略了把逆商作为一种强化所有学习的方法。尽管认知培训提高了关于产品信息等方面的知识，但它并没有创造大多数培训所需要的持久影响和模式改变。

> 如果我眼中的你是你当下的样子不会改变，那我可能会让你变得越来越糟；如果我眼中的你是你可能成为的人的样子，那我将有助于你成为那样的人。
>
> 约翰·沃尔夫冈·冯·歌德（Johann Wolfgang von Goethe）

软件 VS 操作系统

就像你想让电脑做的每件事都有一个软件解决方案一样，同样地，你需要的、期待的或希望从同事那里学习的每一个技能、特长和贡献都有一个培训方案可以帮你实现。领导力发展、团队建设、销售技能、管理技能、指导技能和计算机技能都是人类软件的形式，但是你必须确定哪家供应商能提供最好的相关培训，或者希望将哪些软件加载到你的硬盘上。过多的软件或错误的软件只会使系统停滞或超载，从而影响其性能和价值。

软件（培训）可以提供非常棒的功能和许多实际的好处。但是，如果你的操作系统（逆商）不足或超过上限，计算机（人）将无法访问，更不用说运行新的软件。每次当我们添加新的软件（甚至升级它）时，我们就会让本已超载的操作系统负担更重。

对于 80% 到 95% 的人来说，新的技能或升级正在加载到自己已经负担过重的操作系统上。这就是为什么会有这么多人说，绝大多数培训资金都是浪费的原因。很少有人能够处理这些需求，更不用说优化机会以提升做事的能力、反应的速度和熟练程度。那么，当一个低逆商甚至中等程度逆商的人接受了更多的训练后会发生什么情况呢?

最好的状况是，逆商较低的人学习了所有的知识和技能。换言之，他们可以通过熟练度和理解力水平测试。这可能会让培训师错误地认为，培训是成功的。然而，仅仅理解了所学内容与实际运用新的技能和想法之间还有很大的差距。将大多数新思想和新技能付诸实践，本来就是一件困难的事情，尤其是当它们会挑战根深蒂固的文化规范时。一个人的反应能力决定了他能多容易冷静接受挑战，或在多大程度上会让挑战成为一个真正的障碍。

在新技能成为你的硬连接之前要运用它们是很困难的，因为在它们成为你的反应系统之前，你需要付出比之后更多的努力。当一个低逆商、反应能力差的人运用新技能遇到困难，再加上每天遇到的其他 23 个逆境，他很可能会从挑战中退缩。即使这个人意识到新的技能可能会对他有所帮助，他多半也不愿意为此付出额外的努力。他知道努力是正确的，但思考和行动是两码事。即使是中等逆商的人，也不太可能坚持应用，更不用说去掌握新的技能了。

即便如此，我们知道任何有价值的事情都可能是困难的。无论你面对的是来自客户、同事或老板的阻力，还是文化的冲击，将改进后的或新的信念、行为和流程融入你的工作，从来都不是一件容易的事情。你将面对逆境，你的反应能力将决定你如何将新的方式植入于你的大脑，并应用到工作中。

对于反应能力较差的人来说，新软件在他们的硬盘上会损坏。这是由于它被不够理想的逆商感染了，它们的所有功能都会如此。当操作系统中存在的病毒足够强大，即使是最好的软件也可能被破坏或失效。因此，新的软件最终可能会使系统卡顿，使其整体效率降低。

联邦快递的质量和流程改进董事总经理霍利·思里特（Holly Threat）认为，“自发的努力”是一个人为实现预期的结果所必须额外付出的努力。培训通常是为了从一个系统中获得更多自发的努力。但是培训那些对新技能和新知识反应能力较弱的人，可能是一个两败俱伤的主张。受训者根本无法成功地将新的做法全面付诸实施。就像那句老话：“别去教猪唱歌了，这会让老师沮丧，也会让猪恼火！”同理，当你让员工接受了越来越多的培训，而组织的业绩却停滞不前，公司往往会为自己的投入感到不值，受训者也会觉得自己是失败者，逆商较低的人甚至可能会因此而失去希望、尊严和自我价值。

运行彼此竞争的程序

当新软件被加载到已经有竞争程序的系统上时，培训也会失败。我们在成长过程中的经历塑造了我们的期望、信念和习惯，这些是我们的旧程序。它们可能会和新软件，也就是新的知识经验互补或竞争。

短期的技能培训很难克服这种由硬连接形成的根深蒂固的倾向。如果你曾经有过一段让你久久无法忘怀的恋情，分手之后她好像阴魂不散地一直在你脑海中，你就会知道过去的程序有多么顽固。像许多程序一样，它们是在潜意识中运行的。

最近，一位客户把我拉到一边，向我表示了她对新一轮情商培训的担忧。不幸的是，这种培训并没有公正对待情商科学，只不过是用情商包装的传统冲突管理培训而已。当培训师要求学员们练习与那些和他们发生了冲突的人对视时，她感到很惊愕。他们要用毫不掩饰的语言直截了当地表达沮丧和担忧。我的客户以前得到的教导是，要以更婉转的方式处理冲突。她以前形成的程序使她无法接受新软件，即使新软件优于旧程序，"升级"也会因为已存的设置而被拒绝。这种现象发生在大多数我们接受的培训中。

最重要的资本是人

在新经济时代，任何一家公司的主要资产都是其人力资本。今天，任何一个组织的市值都可能远远超过其财务资本或账面价值，而且往往是巨大的倍数。这一点在科技股和互联网股的价格中体现得最为显著。因此，传统的会计或财务报表不再能够表现真实的财务价值。目前的会计范式已有 500 多年的历史，也许是时候为新时代重新思考了。我们需要重新审视我们对员工和组织的价值认知。

斯坎迪亚银行（Skandia Bank）的智力资本主管、《智力资本》（*Intellectual Capital*）一书的作者莱夫·埃德温松（Leif Edvinsson）也认为，一个组织价值中缺失的一部分是其智力资本。组织的智力资本会把结构资本（技术、流程）和人力资本（人才、创新、思想、知识、智慧、经验等）包含在内。人力资本是那些下班关灯后走出公司大门的人，或者是当有人离开你的组织时你会失去的东西。

一家挪威的保险和银行公司爱康证券（Eicon Securities AS）希望出售其证券经纪公司。公司的 62 名员工愿意出价一亿美元收购这家公司，但管理层并不满意，转而寻求其他买家。这个过程花了很长时间，员工们（证券经纪人）很不高兴。后来 62 人中有 61 人辞职，公司只剩下办公桌和个人电脑。最终购买这家公司的行动变成了挪威最昂贵的办公家具采购，因为当人们离开时，公司最重要和最有价值的资产也就随之消失了。

但在计算人力资本时，重要的不仅仅是员工的身体。人力资本很大程度上受到其反应能力的支持，即员工个人和集体有效地应对任何事情的能力。如果没有反应能力，大部分技能和潜力都会被浪费，人力资本也就无法实现。

在新经济中，一个人接受的任何培训，无论其职位、任期或可能的借口如何，都应直接对组织的市场价值做出可量化的贡献；这不仅仅是一种利润驱动的商业战略。所有组织，包括非营利组织，都有市场价值，它的计算不仅限于其财务报表的范围，还表现为组织对社会的贡献以及它们利用资源实现最大潜在影响和完成其使命的能力。

将人力资本的发展与组织的市场价值联系起来，可以加强和确保每个人的重要性。每个人都能分辨出自己在整体价值方程式中的位置。当你审视你的公司的市场价值时，你应该可以看到你在哪里产生了多大的价值，以及你能做些什么来进一步扩大你的价值。

培训是帮助每个人变得越来越有价值的一种重要手段，当组织对人力资本这种组织价值进行重要而有意义的计算时，培训可以强化员工在其中的影响。当攀登者认识到培训的这种重要性，就有动力积极参与培训。这有助于他们进一步发展能力，以便做出贡献，实现成长。他们乐于知道自己能在哪里发挥价值，如何发挥以及能发挥多大的价值。

一个人的逆商越低，他就越有可能对日益增加的责任和人力资本计算对他们的需求感到不堪重负。因此，这样的人不太可能直面挑战，去更好地完成工作任务和提升其自身价值。每个人提升自身价值的过程都充满逆境。因此，反应能力较低的人更容易被过程中对其努力的无情考验所吓倒。

培训失败的另一个原因是，培训往往缺乏相关性和及时性。其结果是，关于培训的大部分记忆很快就从每个人的短期记忆库中消失，因为人们会清理旧的记忆，以接收每一天的新需求。很少有人会翻开笔记本去回顾几周前学的那些东西。

因为认识到互联网的强大力量，以及受到许多培训专业人员的提醒，越来越多的组织转向了即时培训，这种培训是在其作用能够即时发挥出来的情况下开展的。虽然这有助于减轻一些学习效益的折损，但缺乏反应能力仍然会削弱上述培训方式的价值，阻碍其有效实施。

我们发现，当培训能解决一些难以解决的痛点时，效果最好。如果每次当你想接收电子邮件时，计算机都会死机，那么当有人培训你解决这个问题时，你就会很渴望这样的培训内容，而且不会忘记这个过程。如果你的竞争对手，通过有竞争力的销售演示多次从你手中赢得业务，你可能就会很愿意参加演示技能培训课程。痛点越强烈，需求就会越强烈，培训就越有可能取得成功。

要优化培训，就必须使培训能够得以及时、切合实际的实施；必须把人力资本的开发与组织价值的提升联系起来。首先也是最重要的是，它必须由逆商来支持和加强。

传统培训经常遭遇失败的四个原因是：

1. 使人这一操作系统负担过重；
2. 同时运行彼此竞争的程序；
3. 没有明显的培训与价值的联系；
4. 缺乏相关性和 / 或及时性。

升级逆商，适应新经济的需要

攀登学院通过帮助每个人永久性地增强他们的逆商和反应能力，来升级人的操作系统。一旦人的操作系统实现了升级，你就能够采用新的软件和应用程序，让你能在速度、容量和能力方面实现有意义的改进。

攀登学院也可以用新的、更有效的程序取代那些旧的、过时的程序。基于新的研究和更灵活的提升能力的方法，攀登学院教授的技能可以帮助一个人从旧路径切换到基于反应能力的新路径上。在此之后，反应能力即便不是彻底清除，也将主导你在早年和成长过程中获得的许多旧程序。不过，我们做不到完全重新开始，我们都有自己的包袱。但即便如此，这项培训也能对从根本上重装和恢复人们的内置程序大有帮助。

攀登学院关注的不仅仅是逆商可以提升利润这个事实，它还设法解决培训与价值的联系问题，这也是增加人力资本所必需的。是的，高逆商的人销售业绩更好，也往往更有远见，更加大胆、灵活、坚持不懈。他们也更坚韧、更有弹性、更顽强、更专注。然而，攀登学院的真正价值主要体现在提升员工士气、问题解决和决策制定等这些无形的方面，也对组织文化产生不可名状的影响。

任何提高逆商和反应能力的培训，都会增加组织的财务和智力价值。它更新了人力资本，提高了人力资本的能力、绩效、创新、灵活性、决策、决心和乐观精神，所有这些都对智力资本和市场价值做出了有意义的贡献。一家公司的财务估值越来越多地基于这些因素。

最后，攀登学院一般会让人们感到一种巨大的紧迫感。一旦人们了解了逆商和反应能力的本质，并能看到其可靠的预测能力，他们就会认为培训能够解决当前的迫切需要。攀登学院可以帮助人们提升他们的逆商，并使其变得更具反应能力。这些技能一旦学会，就可以应用于人们可能面临的下一个挑战、困难或烦恼。攀登学院从这个非常实用的层次出发，提供切实的相关性。这是通过向你、你的团队和你的组织提供攀登技能，帮助你们克服困难并从中学习来实现的。

在早期的研究中也有证据表明，那些逆商较高的人比逆商较低的人学习得更好、更多。升级后的操作系统可以更快、更有效地吸收和利用更多的信息。这是合乎逻辑的。这可以帮助每个组织重新思考其培训策略，并显著提高所有学习的价值。

> 关于问题解决最重要的一点不是一些人比另一些更擅长，而是它是可以习得的。而通常情况下，人们无法习得它的原因是没有人教他们。
>
> 约翰·D. 布兰斯福德（John D. Bransford）和巴里·斯泰因（Barry Stein），
> 《理想的问题解决者》（*The Ideal Problem Solver*）一书的作者

攀登学院的三级培训课

攀登学院的关注焦点是提升人们的逆商、反应能力和整体攀登者文化。攀登学院的第一级培训课程的重点是让学员具有 CORE 意识，并加以提高。正如我们在第 3 章中所做的一样，它包括衡量和描绘出你的逆商和 CORE，以及一些加强你的 CORE 的新方法。

攀登学院的第二级培训课程是教给学员一种简化版的 LEAD 工具。在这个层级上，你会看到三个海拔高度，或者是大本营，难度和价值逐个上升。这么设计的目的是为你提供一条路径和一组目标，以提高你在使用 LEAD 工具方面的专业水平。此外，第一级和第二级课程内容在后面的章节中也会再次使用，我们将它们应用于辅导和引领攀登者以及发展攀登者团队。

第三级培训课程是本章的拓展内容，其重点是进行正式评估，然后打造高逆商文化，来培养攀登者和攀登行为。它相当于创建一个新的环境，让你的新操作系统可以充分发挥作用并得到蓬勃发展。我们将在第 9 章详细展开。

攀登学院的缘起

攀登学院这一培训模式在过去 30 年里不断发展，并在全世界成千上万人中得到应用。大约 27 年前，我们偶然发现了宾夕法尼亚大学的一些研究项目，并产生了兴趣。莉萨·杰科克斯（Lisa Jaycox）和她的研究团队承担了一项艰巨任务——让青少年获得抑郁症免疫性。项目结果 50% 的成功率给我们留下了深刻印象。更重要的是，有进一步的研究表明，在培训结束后这种改善持续了很久，并且变得更加明显了。杰科克斯和她的团队设计并使用了一种特殊的方法，被称为“认知辩论”，它包括敏锐的意识、辩论和对给定事件的反应的重置。这意味着人们正在努力硬连接新的学习收获，并实现了根本和持久的改善。

我们 PEAK 团队提出了一个提升逆商的模型和方法，该模型和方法建立在本研究的基础上，产生了类似的结果和改善。我们为结果成功设立了三个标准，即必须是可测量的、有意义的和可持续的。起初，我们可以看到这三个标准都有些达成的迹象，但对其程度并不满意。这还不够好，我们知道我们可以做得更好，所以我们努力设计下一个层次的改善。

此后，我们对所有这三级的课程进行了改进，使培训能够可靠地提高个人、关系和团队层面的逆商。在针对第一级培训课程的测试中，我们看到学员的逆商提高了 5% 到 15%。当我们实施第二级课程培训时，在某个团队中，这个数值平均提高 20% 到 25%。第三课程稳定持续这些提升。你会发现从第一级自然进展到第三级，攀登学院是一个自然过渡的过程。

我们与 ADC 电信公司销售团队的成员们一起经历了所有这三个级别课程的培训。他们的结果能够体现你的期望。最初，他们作为一个团队表现一般，他们负责的是美国电话电报公司（AT&T）的业务。虽然当时美国电话电报公司并非其主要客户，但现在已经成了 ADC 的顶级客户之一。他们的攀登带头人、负责全球美国电话电报公司客户销售的部门副总裁菲尔·斯蒂伦德（Phil Styrlund），将逆商视为“所有其他培训和学习的巩固者和促进者。这加强和扩大了所有其他发展举措的影响力，并且创造了持久力”。现在，ADC 的整个销售团队都需要学习逆商。公司的高管们认为，团队逆商提升对于公司的年收入从 30 亿美元增长到 100 亿美元起到了至关重要的作用。

总的来说，攀登学院促进了他们利润的提升。1998 年，我们在这个团队工作的第一年，他们实施了一级和二级培训，他们的财务成果超过了目标的 203%。后来，目标就翻番了。在他们实施攀登学院课程培训的第二年，当我们专注于二级和三级课程时，该团队超出了更高目标的 170%。这些都是实施和完成攀登学院培训所收获的成果。

如今，已经有超过 100 万人完成了逆商培训，他们的逆商和反应能力有了显著的提高，操作系统得到显著升级。随着这本书的出版，来自世界各地的新领导人、组织和社区正在接受攀登学院的挑战，以应对正在出现的挑战和需求。你也可以这样做。最终，逆商将升级你的员工，并为你的组织带去实质性的价值。

攀登学院第一级培训内容：CORE 觉察

CORE 维度：

C= 掌控感

O= 担当力

R= 影响度

E= 持续性

大脑的运作方式优雅而有力。在第 2 章中，你了解了大脑是如何将行为和思想的模式硬连接起来的。我相信一个人的逆商在 12 岁之前就基本上已经硬连接完成了，在 16 岁时已经变得相当牢固。但直到在 23 岁左右大脑完全发育成熟时，这些模式也才完全成熟。要使逆商得到提升，就必须使一个人敏锐地觉察到自己的逆商和应对逆境的 CORE 模式。换句话说，我们必须先了解操作系统的当前配置，然后才能实现正确的升级。

通过最初的测量，一个人对他如何应对生活事件有了新的见解。鉴于这些模式的重要性，大多数人都想尽可能多地了解他们的逆商。

要动摇这些根深蒂固的模式，需要觉察和渴望。简单地说，当逆境来袭时，你会更清晰地觉察到它的存在，并理解你对任何一种具体逆境的 CORE 反应，你已经在第一个层次上体验一些变化。觉察也会改变你反应的生理机制，为你打开一扇通往提升的大门。你对逆商和 CORE 的认识越深，这种转变就会越深刻。通过学习从围绕在你周围的信息流中识别你的 CORE 各维度表现，你也将发现强化你的逆商雷达是很有价值的。下面是一些精进技能的小贴士。第一级课程建立在你在第 3 章（你的 CORE 的细节）所学内容的基础上，为你提供一些成为 CORE 专家的具体方法。

强化逆商雷达的六种方式

提升逆商的第一步是发现并识别 CORE 四个维度。首先，要测量你自己的逆商并绘制出你的 CORE 图，这让你对自己的反应模式有个初步的认识。然后，加强倾听观察自己和他人 CORE 的能力是非常有价值的。下面我们给出了六种方式来精进这些技能，这也是我们逆商攀登学院的培训练习和作业。

方式 1：从电视剧里发现逆商

当你在观看电视剧或情景喜剧时，听听角色们在面对逆境或小挑战时是怎么说的，他们逆商的每个 CORE 维度如何，从他们面对逆境的反应情况判断是低逆商、中等逆商还是高逆商。

- 他们的反应又是如何影响其他角色的反应的？
- 他们的反应会让你喜欢他们多一些还是少一些？
- 根据他们的反应，你认为这些角色接下来会有什么样的行为？

方式 2：从广播中发现逆商

当你通过广播收听脱口秀和新闻节目时，要密切注意人们在描述或应对灾难、挫折或危机时所说的话。从他们的言语中了解其逆商的 CORE 维度，以及他们的逆商是低、中还是高。

- 当面对同一问题时，人们的反应在什么样的范围内？
- 他们的逆商是如何通过他们的语调表现出来的？
- 某个人的 CORE 反应是如何影响其他人的反应的？

方式 3：从交谈中发现逆商

在开会、打电话和闲聊时，打开你的逆商雷达，留意人们如何描述他们一天中遇到的挑战，以及他们对各种大小困难的想法、说法和行动。从他们的言谈举止中判断其 CORE 维度，并从他们的反应判定其逆商是低、中还是高。

- 人们的面部表情、姿势和举止如何反映他们的逆商？
- 他们的 CORE 反应对他们的希望、动机、表现和解决问题的可能性有什么影响？

方式 4：从阅读中发现逆商

当你阅读报纸、杂志和书籍时，可以留意一下文中的人物在面对逆境时的一些具体说法。注意他们言语的 CORE 维度。

- 他们的 CORE 反应在多大程度上塑造了他们的现状？
- 每个人的反应都一样吗？
- 对逆境的不同反应是如何影响故事结局的？

方式 5：从艺术作品中发现逆商

当你在观看舞蹈等表演、欣赏绘画及雕塑作品时，可以寻找其中传达出的有关逆商的 CORE 维度的信息。注意英雄和反派是如何应对逆境的。寻找逆境在隐含信息中所扮演的角色。

- 在绘画和雕塑作品中，光、色、表情、背景和角度的运用是如何影响你对希望的感知的？作品中所营造的氛围是什么？你认为它在讲什么样的故事？
- 在一场表演中，逆境在某些人物的发展轨迹中扮演了什么角色？人们对逆境展现出的反应范围有多大？谁的逆商更低或更高？谁的表现最好？
- 舞蹈讲的是什么故事？表演者正面临什么样的挫折或挑战？
- 表演者的身体是如何传达他们的逆商的？哪些表演者的逆商较高或较低？

方式 6：从网络中发现逆商

当你在网上冲浪时，可以研究一下网上的广告，并分析人们在解释他们的业务和他们自己时所用的文字。注意某些网站是如何给予你掌控感和担当力的，以及某些网站是如何处理可能出现的逆境的。

- 你觉得哪些网站最鼓舞人心？是什么激励了你？
- 在获取所需信息时，哪些网站给了你最大的掌控感？
- 当出现问题时，这些公司是为故障负责，还是责怪这项技术？他们是如何面对逆境的？当搜索或购买出现问题时，不同的公司和个人是如何处理的？他们是否有一个内在的机制来限制逆境的影响度和持续性？还是一直让你自己想办法自己解决？

了解自己的 CORE 维度、提升对 CORE 的觉察是攀登学院第一级培训课程的内容。成为一名 CORE 专家可以带来可衡量的实质性好处。你可以通过我们 PEAK 团队设计的一些额外方法做出进一步的提升，这些方法旨在打造你的觉察，并进一步加强你的 CORE。这些角色提供了有用的语言和有价值的视角，你也可以由此评估你周围人的 CORE。它们对你自己和辅导他人都很有用。

现在，你已经成为一名 CORE 专家了，准备好通过学习攀登学院的第二级培训课程来进一步提高自己的逆商、CORE 和反应能力，以期尝试登上代表专业水平不断升级的三个大本营。

1. 做一名侦探。当困难局面出现时，如果不能掌控的话，至少能立即发现一个你可以影响的方面。
2. 做一名律师。静静地或口头质疑那些说“好吧，我们无能为力”的人，找出具体的方法来证明他们错了。用真实的证据来证明你的看法。
3. 做个法官。对于那些预示你一定对某些逆境缺乏掌控，或其影响度和持续性必然会扩大的结论，进行中立性的思考，根据事实做出判断。
4. 做个先行者。无论是不是由你造成的，都要第一个站出来应对困难的局面。选择一个时机，通过宣布你要承担的责任和你的应对计划，踏上有担当的征途。
5. 做个审时度势者。扪心自问，在接下来的 24 到 48 小时内，在某个特定的局面中，肯定会发生什么情况。选择那些你觉得最有必要去展现担当力并采取行动。
6. 做一名消防员。当逆境来临时，立即采取紧急行动以控制“火势”，防止它影响到你生活的其他方面。当情绪的野火烧起来时，要立即把它浇灭。
7. 做一名外科医生。当困难出现时，要马上“夹住受损动脉，对受损组织进行修补甚至移除”，防止其影响你的业务、人际关系和生活的其他方面。
8. 做一个有远见的人。不管挫折有多严重，想象一下挫折过去以后的生活吧。要强迫自己站起来，透过逆境看向未来。在脑海中描绘逆境过后生活将会如何不同。
9. 做一名会计。创建一个资产负债表，在一边列明当你无法掌控、没有担当力，让逆境持续影响你的各个方面时可能造成的结果。在另一边，列明当你感到有一定程度的掌控感，有充分的担当力，并让逆境的影响范围小，持续时间短可能造成的后果。针对当下的情况，或以后可能遇到的困难，运用这种分析方法。

10. 做一个催化师。只要采取哪怕一点点的建设性行动，当你恢复了掌控感，有了担当力，或者能限制逆境的影响范围和时间时，你就会立即开始看到逆境似乎没那么可怕了。

攀登学院第二级培训内容：LEAD 工具

这一级的攀登学院培训课程侧重于一个高度精确、有效和富有同情心的问题解决模型，我们称之为 LEAD 工具。你会发现它在各种类型、程度的挑战中都很有用。它将帮助你加强专注力、清晰度和决策能力。在每一个海拔高度或大本营，你都将面临更高层次的挑战。

在我们探索如何应对逆境之前，先考虑一下你目前的反应模式。你可能有很多典型的反应模式。在第一个反应中，你的逆商会触发一个特定的 CORE 反应，从而导致各种各样的后果。这些后果会形成涟漪效应，影响你的思维、创新、情绪、问题解决、决策、方法和信念，更不用说你的态度和健康了。你的反应就是中心，其他一切都是由这里生发出来的。

通常，你的 CORE 会马上对当下的现实情况做出判断，你会立即接受这个你自己想象的“现实”，然后做出相应的反应。这就形成了所谓的“真相”，你毫不犹豫地让它遍布你的世界。所以，如果你的逆商不太理想，你可能会觉得逆境影响太过深远，会超出你的掌控。这种反应决定了你的行为，导致你举手投降，为即将到来的不利结局忧心忡忡，并且还力图让他人也相信局面实在糟糕。

大多数的培训都试图让你改变结果，但它并不要求你思考为什么你会做出当下这样的反应。常规的做法是向你发出战斗的召唤，鼓励你“勇敢”“承担更多的责任”“永不放弃”“积极思考”，并“深入挖掘，以找到新的解决方案”。这些鼓舞人心的口号比变革的战略更适合挂在墙上。但你不能期望通过告诉抑郁的人“振作起来”就能让他们不再抑郁，也不能期望通过告诉一个逆商中等或较低的人“全力以赴”“不屈不挠，追求完美”，来让他们战胜逆境。

让我们探索一种方法，首先对我们的反应进行深入的分析，以改变这种涟漪效应。LEAD 工具的每一步骤都需要不同海拔高度或大本营的知识技能。你可以从较低的高度开始，努力向更高的专业水平迈进。

L= 倾听你的 CORE 反应

倾听：海拔 3000 米的一号大本营

这是倾听你的 CORE 的最基本的方法，它包括简单地倾听你的逆商反应。你在直觉层次上完成了对 CORE 的快速读取，但还没能评估其每一个维度。当你完成了第一级内容的学习后，你就成了这方面的专家。你可以在反应中识别出 CORE 的每个维度。例如：

> 这真是一场灾难（**影响度**）。我们永远也摆脱不了这个困境（**持续性**）。好吧，我们现在无能为力（**掌控感**）。我希望高层管理者知道它在做什么（**担当力**）。

我们很容易低估上述看似简单的步骤。然而，仅仅通过倾听你的反应，你就可以提醒你的大脑直接将专注点转到你的逆商和 CORE 上，从而切断你的反应模式。你还启动了一个生物化学变化，它允许大脑有意识地改变所发生的事情。这就像把车库门从自动切换到手动，这样你就可以调整轨道了。

倾听：海拔 4000 米的二号大本营

要上升到第二级，你需要更精确地调频到每个 CORE 维度。在第 3 章和上述练习的帮助下，你已经学到足够多的技能了，可以立即做到这一点。这些方法可以让你的大脑从一个终生性的模式中走出来，用客观观察者冷静的目光来加以分析。这为有效解决问题和更新视角打开了大门。

你不需要通过问下面所有的问题来倾听你的 CORE。恰恰相反，只需要很少的练习和敏锐的注意力，你就能立刻感受到你的逆商水平。你可以从一个比文字更深的层次去感知它，而文字是用来解释你的心理活动的。一旦你聆听了这个全身的反应，你就为 LEAD 工具的第二个步骤做好了准备，从而继续学习攀登学院第二级的课程。

以下这些问题是为了帮助你有效地倾听自己对逆境的 CORE 反应。这是 LEAD 工具，也就是攀登学院的第二级课程的第一步。

当逆境来袭时：

- 你是否觉察到了自己或低或高的逆商水平（基于 CORE）？
- 你的反应中体现了多少掌控感来改善现状？
- 为了改善现状，你主动承担的程度？
- 根据你的反应，逆境的影响会有多深远、会持续多久？
- 当你通过身体感受到自己的反应过程时，你的感觉如何？它使你感到更有力还是更无力？为什么？
- 哪些 CORE 维度在发挥着最重要的作用？
- 如果其他人观察你的非语言表达（面部表情、手势、姿势、眼球运动等），他们会如何描述你的逆商？

E= 负起责任

这一步能给你力量，让你站起来直面逆境。这是内心在呼唤你准备战斗，这是一种做正确的事情的崇高要求。你知道什么时候事情是对的，你知道在 LEAD 工具的这一步骤上取得的任何进展对所有相关人员来说都是积极的、向前的推动力。

假设一个大客户打电话来，因为他担心自己要的东西不能按时交付。以下是对此的反应：

> 真是一团糟。我们肯定会失去这个顾客，他显然已经下定决心了。很显然，当消息传出时，很多人都要倒霉了，我肯定是第一个被裁掉的。我的两个孩子都还在上大学，我的财务状况会大受打击，尽管这么多年我省吃俭用。好吧，我无能为力，我们现在肯定达不到我们的业绩目标了！

为了负起责任，你的目标与你的猜想的正相反。你可能猜测这一步需要你自己承担去解决或处理整个问题。事实上，这样的反应可能会产生反作用，而且可能真的让你难以承受，这取决于逆境的严重程度。这就是许多好心的领导和管理者都会出错的地方。他们知道担责是神圣的，他们觉得有责任引导员工去承担所有的问题。攀登者有可能在额外增加的重量下仍然会生机勃勃，也有可能最终会像世界上最牛的夏尔巴人一样，被领导者加给的额外重担压死。

你的目标不是接下整个问题，而是确定你要对问题的哪一部分负责，哪怕是很小的一部分，不管有多小都行。责任大小不重要，承担起一些责任才重要，因为即使一个简单的行动，如站出来说“这部分我负责”，就能强化掌控感，创造出一种指向行动的内在动力。“这部分责任”有多大并不能用来衡量它所带来的好处。

一旦你明确了自己的责任，你就会建立起一种内在的契约和崇高的追求，去“尽我所能地改善现状的某一个方面”。很难想象有什么问题是这种契约解决不了的。当然，无论你面对的是什么逆境，只要你勇于承担责任，哪怕只是整个挑战中的一小部分，你也会因此对逆境产生影响。

负起责任：海拔 3000 米的一号大本营

在最基本的层面上，你可以考虑以下问题：

- 在你刚才描述的整个情况中，如果你选择其中的一小方面来改进，哪怕是最微小的改进，那会是什么呢？
- 你可以画一个大圆圈，然后问，如果这代表了整个情况，你最想帮助改善的是哪一部分？

这就敲开了担当力的大门。

负起责任：海拔 4000 米二号大本营

如果你更喜欢用一种更公式化的方法来负起责任，那么这里有一些问题供你思考。让我们从刚刚对客户的反应开始。询问：

1. 在所有你刚刚提到的将要发生的事情里，你确信会在未来 24 到 48 小时内发生的会是什么？

问这个问题的目的是，让你把自己的思考限制在一个特定的时间范围内，并把注意力集中在你确定将会发生的那一小部分问题上。这能让你甩掉最初的大部分负担，专注于那些你想让自己负责改善的部分。

2. 在你认为肯定会发生的事情中，哪些是你觉得最不需要你负责改进的？或者，在你清单上的条目中，你最想做哪一个？

这样，你就可以训练自己选择一个具体的、基于现实的问题来改进。当你承担责任时，你会创造出一种内在的动力，这种动力极具感染力，它让你感到既有责任感又有反应能力。

当其他人看到你站出来处理问题时，他们更可能群起仿效，这就使真正的解决方案能更快出现。领导力从你自己开始，LEAD 工具的这一步可以帮助你更有效地领导他人。这也是在建立和加强你的掌控感，以积极地影响事件，无论它有多么严重。这只是一个为视觉导向的学习者准备的替代策略，帮助你们开始负起最初的责任，这样你们就可以进入 LEAD 工具的第三步骤了。

A= 分析事实依据

这可能是 LEAD 工具最强有力的一步。它清楚地将事实与导致任何低逆商反应的假设区分开来，并清除了通往有意义行动的所有障碍。好消息是，即使你是第一次尝试使用这个步骤，也很可能体会到一些真正的好处。然而，只有通过专注和反复的努力，你才把这一步练成一种炉火纯青的技艺。当你上升到更高海拔的技能时，你就可以在反应和事实依据之间形成一种节奏，这种节奏会动摇所有不太理想逆商产生的有害假设。它也使 LEAD 工具感觉像不经意的谈话一样自然，而事实上，它是讨论和提高你的逆商的一个非常精确的方法。但还是让我们从一号大本营开始，用前面所描述的相同情境和反应举例。

分析事实依据：海拔 3000 米的一号大本营

这个层次涉及最基本和一般性的问题，这几个问题很容易记忆和使用。

1. 有什么证据表明这必将是我无法掌控的？
2. 有什么证据表明这必将影响广泛？
3. 有什么证据表明这种情况一定会持续很长时间？

LEAD 工具的第二步负起责任（E）涉及担当力。现在这第三步分析事实依据（A）中，我们将讨论其余的 CORE 维度，即掌控感、影响度和持续性。最基本的策略是针对每个维度都提问，这是非常有效的，但你可能会感觉不太自然。当你向更高的海拔高度进发时，你将体验到更自然的感觉。

在 LEAD 工具的这一部分中，一个最强大的方面是，每个问题的答案都是“没有”。

分析事实依据：海拔 4000 米的二号大本营

下面还是前面提到的那个例子，再回答一次吧：

真是一团糟。我们肯定会失去这个顾客，他显然已经下定决心了。显然，当消息传出时，很多人都要倒霉了，我肯定是第一个被裁掉的。我的两个孩子都还在上大学，我的财务状况会大受打击，尽管这么多年我省吃俭用。好吧，我无能为力，我们现在肯定达不到我们的业绩目标了！

1. 有什么证据表明你在本组织的职责或角色必将终结？
2. 你说情况已经变得一团糟了。有什么证据表明情况必将变得一团糟？
3. 你说这会在经济上毁了你。有什么证据表明这必将在财务状况上摧毁你？
4. 你说这件事你无能为力。有什么证据表明任何一种改善局面的努力都必将失败呢？

这些问题承载着一号大本营的力量和其他好处。当然，答案总是“没有”。它们反映了卓越的内心倾听技巧，通过针对实际反应而定制的问题实现。当你使用它们来探索内心时，它们会迫使你在你的反应通过快速触发的神经通路逃脱之前，检查你对这些反应的精确语言表达。在之后的章节中，你将作为一名领导者、团队成员、教练和导师来探索对这一点的进一步使用。

分析事实依据：海拔 5000 米的三号大本营

这一级的学习内容吸收了在二号大本营学到的所有优势，并增加了一个重要的工具——重新聚焦问题以获得正确答案的能力。这一级会防止你因为误解上面的问题而偏离轨道，或者未能以问题精心设计的方向来回应它们。这些技能适用于许多情境，包括自我的和人际关系的。例如，当你问自己，有什么证据表明你在本组织的职责或角色必将终结时：

1. 你在回应时可能会想，有很多原因会导致这种结局吧。上次我们经历过这种情况，老板说情况看起来很糟糕，而且……

2. 是的，你是对的。事情的结局可能会和上次一样，但是有什么证据表明这将是你职业角色的终结呢？或者，我知道以前是发生过这样的事情，但是有什么证据表明，这一次也一定会如此呢？

没有。

3. 你说得对，这可能会导致你财务困难。但是什么证据表明它会彻底毁灭你的“钱途”呢？

没有。

这种更高层次的认知辩论方法有一种类似合气道（aikido）的节奏，这是一种古老的武术。在合气道中，你吸收对手的能量并返还给他，但不会伤害到自己。所以打出一拳变成了“抛出一拳”，或者踢出一脚变成了“晃出一脚”。在这一级的 LEAD 工具中，你接受了所有反应——这是导致事情可能是可怕的、持久的、不受你控制的所有原因。然后，你用一个微小的措辞变化来回应它们，把“可能”变成“必将”，这样你的大脑就可以很容易地抓住不同之处。

从某种意义上说，你是在强迫你的大脑在第二次听到同一个问题时能有不同的感受。这可以释放出更高的反应能力。在你对这些问题的最初回答中，你正在释放某种可能会阻止你走出困境的程序。LEAD 工具在这一更高海拔的应用，让你能够清除旧程序，以便可以直接与操作系统的 CORE 对话。

D= 采取行动

这一步旨在越过一个初始的、常常是令人不堪重负的行动清单，进入你必须采取的具体步骤，以解决逆境中你最关心的那些方面。

从最基础的开始。在完成 LEAD 工具的前三个步骤后，尝试以下问题。

采取行动：海拔 3000 米的一号营地

这个基本层级帮助你提出一些与 CORE 相关的具体问题，促使你列出与每个维度相关的具体行动。

1. 具体来说，你能做些什么来获得更多的掌控感？
2. 具体来说，你能做些什么来限制这种逆境的影响度？

3. 具体来说，你能做些什么来度过这个逆境？

采取行动：海拔 4000 米的二号营地

当你登上下一个营地时，再次思考这个例子：

真是一团糟。我们肯定会失去这个顾客，他显然已经下定决心了。很显然，当消息传出时，很多人都要倒霉了，我肯定是第一个被裁掉的。我的两个孩子都还在上大学，我的财务状况会大受打击，尽管这么多年我省吃俭用。好吧，我无能为力，我们现在肯定达不到我们的业绩目标了！

你需要做的是，问一些精确的问题，这些问题会刺激你的思维和敏感度。

1. 具体来说，你能做些什么来减少自己丢掉这份工作的可能性？
2. 具体来说，你能做些什么来减少混乱？
3. 具体来说，你能做些什么来确保你不会陷入财务困境？
4. 具体来说，你能做些什么来继续追求你的绩效目标？

这一层级超越了一般的 CORE 问题，直接与你的话语和关注点联系在一起，提高了你想出匹配当前局面的行动的可能性，并对局面的改善做出有意义的贡献。

采取行动：海拔 5000 米的三号营地

在这个层级，你促使自己写下的行为更加精确和具体。以下是你辅导自己的方式：

1. 具体来说，你能做些什么来减少失业的可能性？
2. 我想我可以和我的老板朱莉娅谈谈。
3. 具体来说，你会和她谈些什么呢？对话的目标是什么呢？
4. 我想努力搞清楚到底发生了什么，以便我制订最详细的行动计划。
5. 具体来说，你想问些什么问题？
6. 我会问她："对目前这种情况我们可以肯定的是什么呢？根据你目前掌握的事实，

你预测会发生什么情况呢？”我还会问她：“是否建议我开始另找工作呢？”

7. 具体来说，你能做些什么来避免问题变得更糟？
8. 我可能会做些事情来确保我们不会在这个过程中失去其他有价值的客户。
9. 具体来说，你会怎么做呢？采取什么样的具体行动最有可能帮助你留住重要的客户呢？
10. 我需要给他们打电话，让他们对正在发生的事情有所准备，这样当他们在报纸上或在新闻上获得这个消息时，就不会做出负面反应了。
11. 具体来说，你会先给谁打电话？你会怎么说？你想用怎样的措辞来传达信息以实现这个目标呢？

诸如此类的提问

学习更高海拔上的知识和技能的意义在于，帮助你更精确地思考，以确保你不会用听起来不错但在关键时刻可能难以应用的模糊答案来走捷径。人们很擅长逃避。强迫自己遵循这种精确的思考模式需要内在的自律，但是如果你这样做了，你最终会有一个更清晰、更好的应对逆境的策略。

LEAD 工具的一号营地

L：倾听你的 CORE 反应

1. 逆商是高还是低？
2. 你在这个反应里听到了哪些 CORE 维度？

E：负起责任

1. 在你刚才描述的整个情况中，如果你选择其中的一小方面来改进，哪怕是最微小的改进，那会是什么呢？
2. 在所有你刚刚提到的将要发生的事情里，你确信会在未来 24 到 48 小时内发生的会是什么？

3. 在你认为肯定会发生的事情中，哪些是你觉得最不需要你负责改进的？或者，在你清单上的条目中，你最想做哪一个？

A：分析事实依据

1. 有什么证据表明这必将是我无法掌控的？
2. 有什么证据表明这必将会影响广泛？
3. 有什么证据表明这种情况必将持续很长时间？

D：采取行动

1. 具体来说，你还能做些什么来获得更多的掌控感？
2. 具体来说，你能做些什么来限制这种逆境的影响度？
3. 具体来说，你能做些什么来度过这个逆境？

行动漏斗

在《逆商：我们该如何应对坏事件》一书中，我介绍了一种从 LEAD 工具的"D：采取行动"这一步中引导出精确行动计划的方法。我把这个提炼出来的方法称为行动漏斗，它最适合那些在回答 LEAD 工具最后一步的问题时，喜欢列出他们可能采取的行动的人。它也可以很好地帮助你避开许多传统行动计划的陷阱，因此它将使你能够投入到你最想采取的行动中去。

从你的潜在行动清单开始，考虑以下基本问题。

1. 在这些可能采取的行动中，你最想采取哪一个？或者，具体来说，你希望首先采取什么行动？
2. 具体来说，你将在何时完成这项行动？或者，如果你要为完成这项行动设定一个绝对的最后期限，你会设定在什么时候？这里指特定的日期和时间，而不是“下周”这样模糊的时间。

3. 你会寻找什么资源来帮助你完成行动？

现在你已经完成对 LEAD 工具的一次运用，它帮助成千上万人对逆境的反应进行了重新联结。这不仅是一种升级操作系统的科学方法，也是一种效率很高、成效显著和富有同情心的问题解决模型。

最初，你需要 5 到 15 分钟来完成这个过程，但随着时间的推移，它将成为你的第二天性，你将发现如何才能从 LEAD 工具中抽取一些方面，来最好地解决特定挑战或挫折。

有客户反馈说，运用 LEAD 工具给了他们更大的内在灵活性，让他们在逆境来临时能保持韧性。领导者们发现这加强了他们对其追随者的尊重和信任。

你可以通过绘制一个 90 天的远足旅程来制订自己的行动计划，这个计划要规定好每周的行动足迹，提醒你适时停下来并评估你使用 LEAD 工具的进展。你可以根据自己的日程系统规划你的旅程，其主要组成部分包括：

1. 规划和思考你使用 LEAD 工具来强化他人反应能力的具体情境；
2. 明确你想在哪一个海拔高度使用 LEAD 工具；
3. 明确你可以做出哪些具体的改变来增强你领导他人的能力。

当逆境袭来时，这会增加你对 CORE 的理解。与我们目前正在客户端使用的，可以跟踪每个人的进展的在线加强版学习项目相比，“90 天远足旅程”更具自主性，也不需要涉及技术问题。“90 天远足旅程”能让你对自己的提升负责，这样你就可以在接下来的章节中作为教练、导师和团队领导开始使用一级和二级方法。在第 9 章中，你将学习提升逆商额外的战略层面——第三层面的内容，以加强逆商文化。

用 LEAD 工具引导他人

考虑具体的情况，你可以使用 LEAD 工具来培养有反应能力的攀登者（如示例所示）。你可以通过完成下面的空白部分来具体化和跟踪进度。

示例

局面：向老板展示我的想法　　涉及的人：我的老板　　日期：8月2日

下次我将通过以下做法来改进：要记住，LEAD 工具是要提出问题，而不是给出答案。我需要到达下一个高度。

反思

当我们让低逆商的人发泄出他们的情绪，并且接收了他们的反应，这就是在传播他们的不良情绪。人们不想被负面的猜测拖累。LEAD 工具的措辞是精确的，并且我越是坚持其呈现出来的方式，我就做得越好。

第一周

状态：________　涉及的人：________　日期：________

下一次我将通过以下方式改进：________________________________

反思：____

第二周

状态：________　涉及的人：________　日期：________

下次我将通过以下方式改进：________________________________

反思：____

第三周

状态：________　涉及的人：________　日期：________

下次我将通过以下方式改进：________________________________

反思：____

诸如此类。在某些时刻要停下来，并提出以下问题：

- 未来我该如何运用 LEAD 工具？
- LEAD 工具一直以来是如何发挥出最大作用的？
- 到目前为止我学到了什么？

ADVERSITY QUOTIENT @ WORK

本章简要回顾

人力资本（知识、技能、潜能、天赋）是一个组织市场价值最重要的因素。培训能够增强人力资本的价值。

传统培训失败的四个原因：

1. 使人这一操作系统负担过重；
2. 同时运行彼此竞争的程序；
3. 没有明显的培训与价值的联系；
4. 缺乏相关性和 / 或及时性。

各个层级的攀登学院可以帮助你优化你的培训投资：

第一层级涉及深化 CORE 觉察；

第二层级涉及 LEAD 工具专业知识的三个海拔高度（大本营）。

LEAD 工具

L= 倾听你的 CORE 反应

- 这个反应是不是体现较高或者较低的逆商？
- CORE 的哪些部分最强？最弱？

E= 负起责任

- 在当前局面的各个方面中，哪个是你想首先改善的（即使用最微不足道的方式）？

- 哪一个方面你最想负起责任？

A=分析事实依据

- 有什么证据表明，这必将超出你的掌控？必将影响广泛？必将影响持久？
- 有什么证据表明，这些假设中的任何一个必定会成为事实？

D=采取行动

- 具体地说，你可以做些什么来增强掌控感？
- 具体来说，你可以做些什么来限制逆境的影响度？
- 具体地说，你可以做些什么来限制逆境的持续性？
  - 在这个行动清单中，你会首先承诺去做哪一项？
  - 具体地说，什么时候完成或者开始这项行动？
  - 需要哪些帮助？

ADVERSITY QUOTIENT

第5章 | @ WORK

教练和指导攀登者

就像大多数领导者一样，你可能确信你周围的人拥有巨大的潜力。你知道每天，尤其是当逆境来临时，人有多少潜力被开发了吗？其实，指导他人扩展其所有形式的潜力，从而成为高逆商、反应能力强的攀登者比你想象的要容易！本章将向你展示如何运用一级和二级逆商提升技能，来教练、指导和领导他人。你将帮助人们向上攀登，逐一通过一系列的海拔高度（大本营），让每个人对提升各自的逆商充满希望。

对于那些有天赋的教练、导师和领导者，本章将提供新的工具来加强、引导和激励他人。对于那些在扮演这些角色上虽然天赋不是很高，但仍可发挥积极作用的人，本章将提供一个结构化的流程，通过遵循该流程就可以帮助他们来指导他人提高反应能力。

任何人都能当教练吗

教练、导师和领导者是那些引导和激励他人向更高、更有意义的山峰攀登的人。广义而言，任何人都可以担任其中一个或多个角色。然而，管理者之所以被推荐或自己选择某一岗位，往往是因为他们对流程而非对人的管理更专业。当他们担任教练这个角色时，手头往往缺少有效的工具。

理想情况下，领导者能帮助他人把工作与其优势匹配起来，因此他们可以利用自己的天赋为所有人谋福利，畅销书《目标的力量》（*The Power of Purpose*）的作者理查德·J. 莱德（Richard J. Leider）将这种工作中感受到的心流称为“自然生产力”。

帮助他人加强操作系统并不需要高超的人际关系技巧，只需要真正关心他人，并对本书接下来即将展开的内容稍微投入地学习一下即可。

经常有人问我，扎营者能指导登山者吗？我通常会回答：“可以，这跟那个病态肥胖的医生一样，他当然可以建议你在锻炼和饮食方面更加自律一些。”领导力始于自我领导，这包括解决你自己的问题、达成目标和应对挑战。你必须使用第 4 章中提供的攀登学院工具来加强你自己的反应能力，以便在你教练、指导或领导他人时能拥有真正的威信。有时，企业文化并不能支持你做出有反应能力的行为，反而会像前方悬垂着的巨石，阻碍企业的发展。

在我们所有人的内心深处都涌动着思想和能量的源泉，不到紧急关头，人们对此是不会察觉的。我们常常发现要想让自己的能力提升 1~2 倍相对容易，取得的成果也能让我们大吃一惊。别人为我们设定的目标往往可以激励我们超越自己的挑战。不管什么年龄的优秀领导者都是那些善于设定目标且不断去实现的人。

老托马斯·J. 沃森（Thomas J. Watson Sr.），IBM 公司创始人

用逆商去指导、教练和领导

要成为一名有效的逆商导师、教练或领导者，你必须考虑某些标准，其中许多标准适用于那些试图帮助他人提升的人。如果你想在帮助他人增强反应能力和应对挑战的整体能力方面发挥重要作用，这些标准尤为重要。

导师可以在组织内外进行正式的分配或安排。我们的一些客户有正式的导师制项目，其中某些人是被精心挑选和配对的。在其他情况下，一个人可能会寻找某个特定的人，邀请他担任导师，或者你甚至可以在没有被邀请的情况下担任导师。在这些情况下，导师只是提供引导、智慧、反馈和投资，以帮助他人成长和提高。

尽管方法各不相同，但教练往往是一个更具指导性的角色，通常能提供更直接的指导，而且比导师更具规范性。教练也可以起到激励的作用。他们通常有一个特定的专业领域，比如销售，这是他们技能教练的重点。有的还可以是人生教练，为人生层面的选择和发展提供更广泛和更深入的指导。

领导者可以是教练也可以是导师，简单地说，他们就是会帮助你去做一些你本来不会去尝试的事的人。他们会帮助你发挥你的主观能动性，帮助你从优秀走向卓越。领导者可以是正式任命的，也可以是非正式的。

就逆商的目的而言，导师、教练、领导者是可以互换的，这三种人都可以被描述为那些致力于让他人提升的人，他们在提升他人的逆商方面可以发挥出重要作用。正如你希望从一个熟练的小提琴演奏家那里学习小提琴演奏一样，在理想情况下担任这些角色的人应该至少有中等水平的逆商，因为这会影响他们推动他人发展的视角和方法。你也会希望你的登山向导有能力和技能帮助自己走过一条令人生畏的攀登之路。

有效的逆商导师、教练和领导者具有以下特征：

- 帮助他人培养其自我价值感；
- 专注于提问而不是告知；
- 致力于他人的提升；
- 实时努力加强他们自己的逆商；
- 了解 CORE 和逆商的原则；
- 帮助引导他人得出自己的结论和决定；
- 对自己的目标（要攀登的山峰）和努力持开放态度；
- 发现帮助他人的重要性；
- 愿意投入时间带领他人；
- 是支持性和非评判性的；
- 以解决问题为导向；
- 与其他人一起前进，帮助他们走上正轨；
- 致力于帮助人们发展所有三种形式的才能（需求才能、现有才能和发挥才能）。

弥合潜在的才能差距

要成功地教练或指导任何人，你都必须考虑第 1 章中介绍过的所有三种才能——需求才能、现有才能和发挥才能。你可能还记得，需求才能是你为了满足日常要求所需要的才能：现有才能，则决定了你能交付和创造什么；而一个人实际施展出来的是当下已发挥的才能。

你的大多数同事（也许你也是）在潜力方面可能都有两个差距。第一，他们现有才能与发挥才能之间的差距很可能是明显的，特别是当逆境成为一股强大的影响力量时。第二，对许多人来说最具破坏性的是，他们的需求才能持续超过他们的现有才能和发挥才能时，就会出现差距缺口，即他们在这两方面所能做出的与已做出的贡献的差距。这些差距会让人感到压力，士气会因此变得低落，导致许多潜在的攀登者扎营不前。最终的结果是带来沮丧和惊慌，不仅对你个人而且对所有相关的人都会有负面影响。

当期望与现实相互作用时，就会导致人们的需求才能、现有才能和发挥才能之间的差距越来越大。根据逆境法则："我们身处的系统越复杂，我们在努力过程中所必须面对的逆境就越多。"

简单地说，随着山上天气愈加恶劣，更大的混乱、不确定性和挑战对我们的要求越多。换言之，我们的需求才能在加速膨胀，而与此同时，大多数人的操作系统迫使其现有才能和发挥才能不断萎缩。可悲的是，大多数人的操作系统（逆商）实际上阻碍了他们去面对不断扩展的各种形式的潜在挑战。一个超负荷的系统无法处理或扩展技能、知识和能力。因此，清晰地定义和提升逆商对扩容各种形式的才能至关重要。

大多数人缺乏逆商和相关的反应能力来满足这些需求。当他们面对逆境时，他们的反应模式会导致他们的才能在最需要扩展的时候却萎缩下去。我们在商店职员身上看到，他被各种各样的问题、请求和要求所包围，而这些问题、请求和要求都未能令人满意地得到解决。或者，我们在中层管理者身上看到，他无法表现出其曾经拥有的冷静和果断。

随着我们的世界变得更具挑战性，"理想逆商"的标准可能会提高。这就像我们正一只脚踩在码头上，另一只脚踩在漂流的船上一样，两腿间的距离越大，就越痛。教练、导师和领导者之所以是如此强大的角色，其中一个原因是，他们能够和他人建立联结，并在多个层面上影响他们。这是用全面的方法来升级个人和集体操作系统的重要组成部分。在这一章中，我们将特别关注前两个层次的逆商提升。

从山峰开始

在衡量任何人的逆商之前，你必须解决人类动机和努力的基本要素这一问题，这两个要素都可以提升一个人的自我认知及其能力定位。它们定义了人生的山峰，赋予它们目的或意义。有效的逆商教练、导师和领导者致力于提高他人在工作和生活中的价值感。

这本书贯穿着一条重要的线索，因为它触及了攀登者的动机和追求的本质。它在教练、指导和领导他人方面发挥着至关重要的作用，同时也在协调各种形式的潜力，从而使一个人的自然生产力得到充分的优化。杰出的教练、导师和领导者有助于发挥、加强和维持他人的意义感和目标。这是他们与众不同的特点之一。

人生教练专家理查德·J. 莱德解释说：

> 许多人把工作看作他们要攀登的山峰，他们攀登这座山是为了赚钱，或者他们的目标与工作的组织目标不一致。简言之，许多人在工作中与他们正在攀登的山峰没有很深刻的联系。人们非常需要把“我是谁”与“我以什么谋生”联系起来。

目标不仅仅是精心设计一份动人的个人使命宣言，并将其作为你一生追求的提醒。实际上，目标是关于我们每个人内心更深层次的“为什么”。这是我们做我们所做之事的理由，最终，这也是为什么我们每个人都会在这里的理由。我们经常被问到这样的问题：

- 你为什么接受这份工作而不是那份工作？
- 你为什么要住在那里？
- 你为什么会做这行？
- 为什么这对你很重要？

尽管答案是高度个人化的，但它揭示了一个人的价值观。这就引出了目标的终极本质，即目标就是最终的那个“为什么”。

目标决定了你要攀登的山峰，决定了你沿着它的斜坡向前和向上走的距离；它决定了你最终成功的程度。归根结底，它决定了什么才是真正重要的。没有其他衡量成功的标准能比这更加清晰和真实了。

意义就是与目标相关的重要性。意义是有目的的体验。“你是谁”“你做什么”的感觉和现实才是重要的。在我们最基本的需要之外，意义是人类最强大的动力。感觉自己重要的动力是如此深远，以至于它激发了我们所有重大的人生决定。虽然看似虚无缥缈，但每一天都有实实在在的意义。我们对职业、老板、项目、配偶、社区、生活方式，甚至是物质财富的选择，都是基于它们对我们意义感的贡献。这种对意义的追求推动了我们不断攀登。

意义的力量如此强大，但令人震惊的是，很多领导者对此关注不够，有多少人在工作中因感受不到自己的重要性而遭受着不必要的煎熬。假设你的同事们是完全诚实的，当他们被问到“如果在 1 到 10 分的范围内打分，你觉得你在日常工作中的重要性如何？”或者“自你在这里工作以来，你觉得自己什么时候最重要？”你觉得他们会如何给自己打分呢？

当人们体验到强烈或者更高的意义感时，他们往往充满活力、健康、专注而且坚强。我们深受意义的鼓舞，也深受那些有意义的人的鼓舞。我们从他们的眼中、工作、关系和日常决定中看到了这一点。意义让人真实而深刻地不断向上。

相比之下，感觉自己无关紧要是一种狡猾而强大的病毒，一旦传播开来，就会使你的操作系统崩溃，同时也会带来各种可怕的后果。那些缺乏意义感的人会变得易怒、怨恨，在极端情况下还会变得暴力。他们可能会变得身体不适、抑郁、冷漠，甚至出现机能障碍。一些人完全放弃了，感觉自己无足轻重就像是在流沙中挣扎。它削弱了生命活力、生产力和参与感。这种无关紧要的感觉可以在整个文化中传播，危险地扎根于其规范、假设和信念中。无足轻重扼杀了挖掘和发展任何人潜能的能力。

和许多国家一样，在美国，大多数政府机构正在经历一场根本性的变革，想变得更加灵活、成本效益更高、更以客户为中心，美国林业局也不例外。

当我被要求与环绕亚利桑那州和犹他州大峡谷（the Grand Canyon）的凯巴布国家森林公园（the Kaibab National Forest）管理公司的工作人员一起工作时，该公园刚刚聘用了一名新的森林主管康妮·弗里希（Connie Frisch）。康妮和我清楚地意识到，这里的人们已经非常厌倦过去的这些年一直与不太有效的领导者打交道。变化和新倡议来了又走了，就像一场小型森林大火，最终在发挥巨大威力之前就燃尽了。

公司各个层级的人都在怀疑，一个受国会摆布的政府机构能否做出有意义的改变。我的第一个行动是做一个重要性检查。我询问了领导者和各层级人员，当他们提出建议和想法时会发生什么？大多数人说了些冷嘲热讽的话或报以冷笑。他们一致表示，他们觉得额外的努力、想法、倡议、创新和承诺都是徒劳的。他们觉得自己微不足道。结果，凯巴布国家森林公园管理公司充斥着内斗、正式投诉，人们各种请病假，一副习得性无助的样子。一位领导者把公司比作“一艘在海上失去方向舵的船”。他反问：“当潮水的力量比你划桨的动力还大，你为什么还要白费劲呢？”

康妮努力证明自己与众不同，她打算在不触犯法律的情况下，最大限度地影响他们的赋权和有效性。她采用了很多策略，包括从领导团队开始，让所有员工接受逆商培训。但她的日常策略是通过明确每一个角色，并阐明团队成员对愿景和使命的贡献，从而在团队内建立起一种意义感。

意义也是员工离职的主要预测因素之一。人们在工作中感觉到的意义越少，他们就越不可能坚持下去。大多数人员流动都是由于感觉自己缺乏意义。凯巴布国家森林公园管理公司的许多成员只是投入时间，几乎不投入其他。随着时间的推移，当他们的意义感变得清晰，他们就变得更加敬业了。

三年后，凯巴布国家森林公园的工作人员在人们眼中成了敏捷和创新的典范。康妮·弗里希在建立、沟通和尊重每个人的重要性上的投入以及她在凯巴布向上攀登过程中扮演的角色取得了回报。

如果没什么意义，为什么还要攀登

无意义感是被攀登者拒绝的，他们认为这是一种不可接受的状态。然而，扎营者可能会为了稳定和安全而舍弃对自我价值感的追求。无论从哪个角度看，人们感觉自己越重要，就越有可能利用现有的能力为自己的工作付出最终的努力。这就是为什么教练不能低估自我价值感在招聘、指导和领导方面的重要性的原因。

我定期会问各行各业中的人："你们中有多少人接受并坚持这份工作是因为你们清楚知道自己是谁，并且觉得自己正在做的事情很重要？"所有人的手都举起来了。"如果你所做的事情的重要性翻了一番，但你的工资却被削减了 25%，你们中有多少人会留下来？"所有人又都举起手来。"如果你的工资翻番，但在六个月内你能很肯定地知道自己是谁以及你在这里做什么并不重要，而且可能永远也不会变得重要，你们中有多少人会长期留在这里？"所有人都没有举手。

钱很重要，但它重要的原因可能和你想的不太一样。金钱是意义的一种价值尺度，它象征着你在一个组织中的重要性。从意义的角度看金钱，它的象征价值就变得显而易见。就以我最近在一群 MBA 学生中听到的一段对话来谈谈这个问题。

"嘿，我听说你接受了邀请！"

"是的，我不能拒绝那么高的底薪。他们甚至还给一辆车！"

"我听说你的收入超过 14 万美元，是真的吗？"

"如果谈得顺利的话，还能再多点！"（说这句话时还微笑和眨眼）

"哇，他们一定求贤若渴！"

"我就是这么想的。所以才会答应！"

这个人的收入是 14 万美元还是 12 万美元，她的生活其实并不会因此而发生实质性的改善。这个数字代表了她被追求和需要的强度，这才是她做出决定的根本因素。通过给这个学生 14 万美元的薪金，公司是在说："你对公司真的很重要。"它传达了这个人的价值，并量化了她的贡献的重要性。

好消息是，货币不是意义的唯一尺度。因为作为一名领导者，你试图释放所有形式的潜能，你可以通过"重要性天平"来衡量你的言行（如图 5–1 所示）。

图 5–1　重要性天平

这架天平的两端分别代表着那些让你觉得重要或无关紧要的事情。天平最终朝哪个方向倾斜或者倾斜到什么程度，取决于一个人如何解释他在每个时刻和一段时间内听到、看到和经历的事情。

一个常见的错误是，一名领导者并不关心这个天平，除非他想从员工那里得到一些东西。任何把对员工价值感的认可攒起来引而不发的做法都会被视为不够真诚，可能还会起到反作用。意义是靠日常表达认可与日俱增的，而不是等到最后一刻再拿出来说事。因为意义可以强有力地激励和挖掘潜力，所以它常常被用来操纵他人的善意和努力。这可能会在短期内奏效，但从长期来看肯定会适得其反。如果你想挖掘、发展和维持你员工的最高潜能，就必须在日常工作中让他们不断体会到自己的意义，而且必须真诚地表达，否则还不如不做。

意义定义了我们所谓的“好老板”或“有效的领导者”。我还记得菲尔·斯泰兰德（Phil Styrlund）离开美国西部（US West）电信公司加入 ADC 电信公司的那一天的情景，感觉就好像有人去世了一样。

> 我最后一次到美国西部电信公司他的办公室拜访时，来到他所在的楼层，从电梯里一出来，先遇到了一位接待员，她正情绪失控到说不出话来。斯泰兰德的助手眼里满是泪水和深深的失落。男人和女人都在毫不避讳地哭泣和拥抱。我问为什么会这样，是有人去世了，还是发生了什么悲剧？“真不敢相信他真的要走了。我的意思是，这当然对他有好处，但看到他离开真是太难过了，”他的助手解释说，“我们再也找不到像他这样的人了，他就有这种独特的能力，能让这里的每个人都觉得自己如此重要。这与头衔或等级无关，而是因为他这个人。我肯定会想念他。我们都会想念他的。”
>
> 看过菲尔和人们互动后，我明白了他们为什么会掉眼泪了。不管情况如何，他总能想办法指出一个人的价值。我记得有一次我们开完一个长会后去吃晚饭。当侍者不遗余力地为我们提供了优质服务后，菲尔把账单递给他说：“饭菜很棒，但服务真的更难忘。”
>
> 这位侍者笑了。菲尔接着说：“我是认真的。这个地方很拥挤，你本可以忽略我们，但你没有。没有多少人会为了取悦顾客而这么努力工作。你看起来真的很喜欢你的工作。谢谢。你很快就会再见到我们的！”菲尔日常从未虚情假意地强调大家的重要性，但他总是能注意到每个人能够做，而且真的做了的那些事情。

作为一名教练、导师和领导者，你也可以极大地影响他人的重要性天平。这样一来，你就会影响他的忠诚度、驱动力和潜能。除了金钱或利益这类有形的东西之外，无形的东西更能使天平倾斜。

首先，领导者需要对自己诚实，并确定每个职位在组织中的重要性。如果你确定某个职位根本不重要，那么就应该取消该职位，以保持担任该职位的人员和与该职位互动的人员不会感到自己低人一等。每一个职位都应该对本组织的使命和成功具有明确的意义。这对组织向上成长很重要，也对任何接受该职位的人至关重要。

其次，领导者需要确定每个人衡量意义的价值尺度。对一些人来说，这可能是一句真诚的感谢，对另一些人来说，这可能为他们提供一种具体资源，或是让他们看到自己的一些想法被很好地采纳。

我的团队在意义这方面做了大量的工作。我们问过很多人："人们在这里做的、说的或提供的哪些东西，帮助你变得重要？"或者"人们是怎么让你知道你在这里有多重要的？"他们给出的答案让我们发现，在提高员工的意义方面存在着一些通用的做法。

最后，如果你能花时间帮助别人建立他们的重要性，你和他们都将获得丰厚的回报。意义推动潜能的拓展，促进向上攀登。强大的意义与逆商相结合将是一种强大的力量。

为了帮助个人保持他们的意义感，加强他们的反应能力，你应该引导他们通过第 4 章中的两个层级的攀登学院课程训练，在这里采用一对一的方法加以应用。因此，你的下一步是帮助其他人加强他们的 CORE 觉察，以便他们理解并以此作为开始建构并发展他们的逆商起点。

以下是增强或表达一个人的重要性的方法：

- 表示赞赏；
- 提供资源；
- 表达尊重；
- 保持公平；
- 倾听；
- 放手让他做决策或试错；
- 提供支持，特别是当他失败时；
- 提供联系、交谈、学习的时间；
- 表达体贴；
- 认可他做出的贡献；
- 相信他能够承担非常重要的责任；
- 给予物质奖励；
- 给予福利；
- 给予他珍视的自由；
- 注重结果而不是规则；
- 让他与品格良好的人交往；
- 关心他的生活；
- 为他的成长和进步投资；
- 提供机会；
- 在工作以外对他投资；
- 告诉对方他很重要；
- 指出他的贡献；
- 公开承认他及其成就；
- 非功利地关心他。

反应能力第一级：CORE 觉察

领导者们要注意的是，觉察会在人脑中产生强大的生理变化。你在前面的章节中了解到，当你觉察到你逆商的某一个模式时，就可以对其进行重新联结，从而创造系统的改变。重塑逆商既需要了解当前的反应模式，也需要一些可行的方案来达成更有效的替换。要培养对任何可能出现的情况做出有效应对的能力首先需要你对自己的逆商和 CORE 有觉察。当对此有了清晰的认知，你的逆商就能被升级了。当然，要有效地做出反应，你必须知道对给定事件可能的反应清单。在理想情况下，你的清单上应该是各种最有益健康的、最具建设性的高逆商的可能反应的集合。

作为一名教练，你的工作不仅仅是帮助他人简单地衡量他们的逆商，或是教一些让他们面对逆境时变得更有勇气的快速诀窍。首先，你让他们进行逆商测评。测评的目的是让他们了解测评结果的含义，并真正予以理解。你可以教授他们逆商的概念，以及其在释放自然生产力方面所起的根本作用。指出逆商在他们认为重要的方面所起的作用。除此以外，要将他们的测试结果与过去特定的行为联系起来，这样他们才能体会到逆商是如何影响他们的反应能力和最终的行为有效性的。帮助他们深入了解逆商在他们的人生中以及想要达成的目标上所扮演的角色。你花在提供这些见解上的时间是很值得的。最终，当他们意识到基于逆商的操作系统是如何影响他们生活的方方面面时，这样的见解就会在他们体内产生一个音爆。

逆商并不是唯一一个随时伴随着我们的硬连接模式。另一种你可能熟悉的是笑声，或者更确切地说，是我们每个人发笑的模式。因此，将人的逆商和 CORE 等同于发笑这样的行为是一个好方法，帮助他们认识到事物既是硬连接的，又是可改变的。如果你的生活取决于你发笑的方式，那你就会改变你发笑的模式。认识到这个模式是可以改变的，也可以减少因为逆商得分低而给人带来的羞耻感，逆商得分并不是像文身一样不可改变，它只是一个起点，这几乎和描绘发笑模式的曲线一样。

你可以通过使用第 4 章中的一些增强 CORE 敏感度的方法来帮助人们进一步强化他们对 CORE 的觉察。此外，下面提供的与 CORE 有关的具体行动也将开始动摇 CORE 反应模式，也就是动摇他们的逆商。这可以在反应能力方面带来一些早期的具有鼓舞性和启发性的收获。在提供了这种觉察之后，你现在就做好了协助进行第二级逆商指导的准备，也就是使用 LEAD 工具进行指导。你会发现，这个过程应用在领导 – 下属或导师 – 导生关系中特别有效。

随着你越来越擅长使用 LEAD 工具，你会希望每一个步骤都能够上升到更高海拔的大本营。当你帮助他人向上攀登时，这些更高海拔的技能虽然稍具挑战性，但也更丰富，回报更大。

加强他人的 CORE 反应

下面列出了在应对任何挑战时，可以加强个人初始 CORE 反应的可能步骤。

C= 掌控感

你认为自己对事件的反应有多大的掌控感？你能在多大程度上对当前事件产生积极影响？

1. 专注于你的 CORE 反应，尤其是在紧张、困难的时刻。
2. 掌控你的反应、语言、肢体语言和语气。
3. 深吸一口气，退后一步观察当前的局面，专注于能做些什么来改善现状。
4. 你能从哪些方面对情况产生积极影响？

O= 担当力

你能在多大程度上对改善局面负起责任？你能在多大程度上为并非由你

造成的困难负起责任?

1. 无论是谁或是什么原因造成了目前的困难，哪一部分情况是你愿意负起责任，努力去改善的?
2. 养成一个习惯，当出了问题时说“这部分我负责”，或者说“虽然这并非因我而起，但我仍然愿意为此负起责任”。
3. 帮助他人提升主动去改善困境的意愿度。这是极具感染力的!

R=影响度

这个困境在多大程度上影响到了你生活的其他方面?

1. 限制逆境的影响范围。坚决不要让某一个领域内的困难波及其他区域。
2. 将灾难化假设扼杀在萌芽状态。不要总是去想最糟糕的场景，除非情况真的已经危在旦夕，你不得不去考虑。
3. 将逆境分类。对各个类型的逆境不能混为一谈，互相之间要有防火墙。
4. 从逆境中退后一步，转移自己的注意力，当你感觉精神振作、精力充沛时，再来重新审视逆境。

E=持续性

这种情况会持续到什么时候? 你会让困难持续多长时间?

1. 强迫自己越过逆境，看向未来。想象问题过去之后的情况。
2. “这总会过去”或“它不会永远持续下去”，要习惯这样想、这样说。
3. 要采取具体行动，来限制逆境持续的时间。
4. 创造性地与他人一起解决问题，尽快渡过难关。

反应能力第二级：用 LEAD 指导他人

指导他人需要你使用在第 4 章中学会的，应用于提升自己反应能力的 LEAD

工具，并将它应用到人际互动中。LEAD 工具是解决问题、澄清思路、决定有意义的行动和维护尊严的有力工具。如果合理地加以使用，它就可以为你的逆商带来实质性的、可衡量的改善。

当别人的忧虑、消极的假设或担忧威胁到他的动力和采取有意义的行动时，你就会想到要使用 LEAD 工具。无论你的头衔或担任的角色是什么，你可以指导并带领他人获得更高的反应能力。在应对几乎每一个挑战时，假设可能会阻碍一个人的行动或消耗他的能量，你就可以使用 LEAD 工具。一旦你正确地运用了 LEAD 工具，那些你教练、指导和领导的人都将会感激你有洞见的指引。

LEAD 工具的每一步都有 2~3 个大本营，而且越往上走困难越大。随着你掌握方法的个中奥妙，你的目标是从较低的海拔高度开始，向更高的大本营出发。

L= 倾听反应

倾听反应：海拔 3000 米的一号大本营

最基本的应用是要倾听一个人的反应，以确定你是否听出了能明显证明其逆商高低的特征。这为采取 LEAD 工具的第二个步骤提供了一个即时的起点。同时这也在大脑中产生了根本性的改变，使大脑的重新连接得以发生。

倾听反应：海拔 4000 米的二号大本营

上升到二号大本营，你要调频到 CORE 的每个维度。试着在对方的反应中，识别掌控感、担当力、影响度和持续性。当你在这方面变得更加熟练时，你将能够辨别一个人的反应体现出了他 CORE 的哪些方面。你也将看到哪些维度可能增强或削弱他的反应能力。

接着，你可以选择利用第一级培训课程来帮助那个人提高其对自己反应的觉察。我要再次向你介绍第 4 章中介绍的工具。你能给予任何一个跟随者或团队成员最丰厚的礼物之一就是他对逆境的反应的敏锐觉察。有了这种觉察，改变随之而来。这就是潜力和韧性的增长公式。当向此人提供了对其逆商和 CORE 的概况后，你就可以问他一些有帮助的问题，例如：

1. 当你对这种逆境做出反应时，你如何看待你自己表现出的逆商？
2. 你的逆商是如何影响这种情况的？其潜在的涟漪效应是什么？
3. 你听到或注意到了哪些 CORE 维度？
4. 哪些 CORE 维度能让你变得更强？哪些会削弱你？
5. 这些 CORE 维度对与你有关的人或事有什么影响？
6. 如果能重来一遍的话，你理想中的应对方法是怎样的？
7. 为什么这会是一个更好的反应？与你最初反应的涟漪效应相比，这个反应的涟漪效应如何？

这些问题的目的不是让人们像新编程的机器人一样开始编写自己的脚本，而是帮助他们认识到，有了觉察就有了选择。很难高估反应觉察的潜在好处。通过你的指导，他们也开始更仔细地思考他们的反应，这是加强逆商和反应能力的积极的第一步。

E= 负起责任

你现在的目标与你可能猜想的相反。你的目标不是把整个局面的责任都堆到人们的肩上，而是让他们展现出哪怕是最小的担当力都能改善局面。当他们向前一步展现其担当力时，他们就加强了掌控感。这将带来更具反应能力的行动和更深入的解决当下挑战的承诺。

负起责任有多种方法。在做过这里的练习之后，你也可以开发出自己的方法。虽然有多种方法，但我的建议是选择一个或两个对你最有用的问题，不断使用和改进它，然后始终遵循它。没有必要把这个过程复杂化。

负起责任：海拔 3000 米的一号大本营

我最喜欢的方法之一是让对方选择他首先想要改善的部分。以下是一些有用的问题：

1. 如果你能描绘出整个局面，你最想改进的部分是什么？
2. 你明白这是一个相当大的问题（挑战、灾难等）。很明显，如果要你自己把所有事情都承担起来，即使真有这种可能，那也将会不堪重负。但是，如果你能哪怕选很小的一部分去改善，你会选哪一部分呢？
3. 如果你能够选择将在哪里投入精力，你最想帮助改善的是当前局面的哪一个方面？
4. 如果每个人都必须在挽救这种局面方面发挥作用，你想发挥什么作用？

负起责任：海拔 4000 米的二号大本营

你还会记得，另一种方法是专注于事实，并从那些你知道在短期内肯定会发生的事情中获得责任感，而不是假设随着时间的推移会发生什么事情。这有助于人们将情况缩小到一个更易于管理的时间段内。以下是这样做的一些选项。

1. 你知道在接下来的 24 到 48 小时内肯定会发生什么事情吗？还有什么事情也可能发生？
2. 在你提到的那些事情中，你觉得对哪一件最想负起责任，以帮助改善局面或解决问题？
3. 你至少要在哪些方面为改善局面分担责任？你说过整个项目都会被扼杀，我们再也不会有这样的机会了。你可能是对的。但让我们把难题分解开来，从明天的行动开始。你知道在接下来的 24 到 48 小时内肯定会发生什么事情吗？

你应该还记得当我们之前在第 3 章中讨论担当力的时候讲过，这与追责无关。然而，这个人可能会从谈论追责开始。或者他可能会误解你的问题，认为你是在试图找出是谁的错。低逆商的人通常会把坏事情内化，认为自己是造成灾难性和持久性后果的唯一原因。他们觉得自己是“罪魁祸首”。这种聚焦可能对他们自身和解决问题的过程都有很大的破坏性。

追责会损害敏捷性、信任和相互依赖，并且通常发生在最需要这些美德的时候。追责也会让人士气低落、感觉难堪和失去动力。

你的任务是帮助这个人保持在学习区分，也就是追责的程度以他可以从中获得学习为准。除此之外，让他承担任何指责都是完全没有必要的，而且往往具有破坏性。同样，以下这些问题可以帮助你达到这个目的。

1. 大多数事件都有多个产生的原因，列出你能想到的造成这种情况的所有原因。
2. 你在这里列出了（此处填写个数）原因。它们合在一起承担了 100% 的责任。你作为其中一个原因所占的百分比是多少？
3. 就这些原因对造成这一局面的影响或重要性而言，如果从最重要到最不重要进行排序，你会怎样排序？
4. 很明显，你对一个可能的非常严重的局面感到不安。你会采取什么不同的措施来防止这种情况再次发生呢？
5. 如果你有一个朋友也将陷入同样的境地，你会给出什么建议，以确保他尽可能避免这种情况的发生呢？

这里的重点是要有效地、敏锐地进行指导，让他获得实际的经验教训，而不是让一个人陷入羞愧、难堪或指责中。诸如“你怎么能做这样的事？”或者“你为什么会这么做？”这样的问责都是没有必要的。还有那些刺激情绪的话，像“你显然会因此感到很糟糕（内疚、羞愧），你怎么会这么想呢？”或者“造成这样一些灾难性的后果，你想必很难过吧。”虽然表达了同情心，但这些刺激性言语可能会在无意中加深和固化一个人的低逆商假设，这样说无异于煽风点火。

负起责任：海拔 5000 米的三号大本营

当一个人觉得他完全没有任何责任时，你就需要用更高层级的技能来引导他负起责任。这一方法就是将情况的覆盖面尽可能扩大到想要说完全没有责任是不可能的。这一技巧可以用在较低海拔高度的 E（负起责任）。具体方法是这样的：

“在刚刚所描述的整个局面中，如果让你选择其中一个小的方面进行改进，哪怕是最微小的改进，你会选择哪一个方面？”

“没有。这不是我分内之事。”

“也就是说，你对发生的任何事情都不用负责任？”

“当然。与我何干？他们才是做出所有决定的人。”

“因此，当你环顾所有客户和整个业务时，你觉得自己对让我们正在做的事情成功没有一点儿责任，也不承担任何角色？”

“那倒不是，我想我还是承担一些角色的。”

“哦，真的吗？不管大小，那你承担的角色是？”

“我为我们的一些客户服务。”

“明白。所以，虽然知道自己不能把所有事情都担起来，听起来你至少对你的客户负起了一些责任？”

“是的，我想是的。”

我发现，当把这个局面的所有方面都算在内的话，几乎没有人能够否认，自己对改善局面负有一定责任。

另一个重要的是，我们注意到“责任感”这个词可能会让一些人感到厌烦；当他们觉得有人这么说是想让他们负责解决整个问题时，就会变得很戒备。这就是为什么我会使用诸如“你能在其中扮演什么角色”和“你有没有改进的责任”这样的语句和措辞的原因。这些都是“责任感”的有用替代词，可以帮助你实现让他人认识到其在改善局面中承担的角色这一目标。

还要注意到，对于一个人来说，即使是能够不那么热心地甚至是不情愿地承担责任，那也算得上差强人意了。你指望他对整个局面承担起责任，在向前推进问题解决的同时还热诚地向这项工作致敬，这是不现实的。通常情况下，你会帮助那个人意识到，他在改善局面方面至少能起到一些作用。

一旦你已经选择使用上面的这些工具来负起一些初步的责任，你就可以将事实与假设分开，让一个人能自由地采取有意义的行动。

A= 分析事实依据

这一步的作用很深远。你可以将其应用于任何情况，从与烦心的客户或沮丧的员工打交道到指导你正在教练、领导、指导的人。这将让他人不断有顿悟的感觉，并深化真正的赋权。

分析事实依据有几种方法。人们在应用 LEAD 工具时常犯的一个错误是，不遵守这种经过严格打磨的方法，而开始自己随心所欲。要小心，即使是细微的词汇变化也会产生截然不同的结果。我的建议是，在你改变方法之前，要先把这套方法严格执行一段时间。

分析事实依据：海拔 3000 米的一号大本营

以下是一些你可以用来分析事实依据的问题：

1. 有什么证据表明这必然是你无法控制的？
2. 有什么证据表明这必将影响广泛？
3. 有什么证据表明这种情况必将持续很长时间？

最基本的策略是，除了担当力之外（这在前面的步骤中已经解决了），要针对每个维度提出问题。使用这个基本的应用方法非常有效，但是与在更高海拔的大本营上所应用得更加自然流畅的方法相比，它可能会让人感觉不自在。当你攀登得越高，所采用的策略就会越自然流畅。

分析事实依据：海拔 4000 米的二号大本营

要到达二号大本营，首先要看对方的反应。下面有这样一个例子：

“好吧，整个项目就要这么泡汤了，我们再也遇不到这样的机会了。如果你持续下去就好了。我希望高层管理人员能找出一些办法，很显然我们现在对此无能为力。”

1.“有什么证据表明这个项目一定会因此夭折？”
2.“你说再也不会有这样的机会了。有什么证据表明这一定是真的？”
3.“你说你现在对此无能为力。有什么证据表明这必然完全超出了你的掌控范围？”

完成二号大本营学习所获得的益处在于，它包括了很强的倾听技巧，这可以建立尊重和加强关系。在这个高度上，你可以根据每个人的叙述定制问题，就像把每个假设都像靶子一样排起来，再将其一一击倒。刚刚开枪击倒这些假设的人，不是你而是学员自己。

分析事实依据：海拔 5000 米的三号大本营

这个高度超越了以前所有的课程。在三号大本营，当你使用额外的策略来克服潜在的误解，同时重新聚焦互动时，这种交流会变得更加自然。举同样一个例子，看看你如何指导某人分析事实依据并更有效地处理他的逆境。看一下以下互动的示例：

当回应你的第一个问题——“有什么证据表明这个项目一定会因此夭折？”时，这个人可能会说：“上次发生这种事时，我们所有的项目都当场被否决了。”

你这样回答：“那么，很明显，它会再次扼杀这个项目，对吧？”

“对的。”

“好吧。就算它可能再次被否决，但你有什么证据表明它这次必定会被否决呢？”

“我没有什么证据，但它可能会被否决。”

“所以，是你认为它会被否决，但没有证据表明一定会这样，对吧？”

“是的，没错。”

“好吧，我还想问你一个问题。你说过你再也不会有这样的机会了。有什么证据能证明必然如此吗？”

“这是一笔一次性交易，特里甚至说这是一个特殊的项目。人们那么努力工作想让这次项目成功。不可能有人想再重新再来一次。”

“所以，有很多很有说服力的理由可以解释，为什么你可能看不到另一个像这样的项目，对吧？”

“当然！”

“说得很好。现在告诉我，因为这些原因所以它会是一个一锤子买卖，那有什么证据表明不得不这样呢？”

“嗯，没人说必然如此。”

“好吧，这是一个很好的澄清。但你说你现在对此无能为力。有什么证据表明这完全是你无法掌控的呢？”

“哎，在这儿我不是所有项目的决策者。我只是做技术性工作的。我对接下来会发生什么没有话语权。”

“所以你对这个项目没有任何权力？”

“没有。”

“所以你不能掌控这个决策，对吧？”

“就是这个意思。”

“好吧，假设这都是真的，有什么证据表明，你对这个项目及其未来哪怕最微小的方面都完全没有影响力呢？”

“嗯，倒也不至于连一点影响都没有。”

“很棒。这真的有助于我更好地了解情况。似乎没有证据表明该项目必然被终止，或者这一定是最后一个。你觉得你一定也能影响某些方面，至少是一些小的方面。是这样吗？”

“是的，我想你说的这些都是对的。”

“那太好了。”

现在你已经准备好了，要通过采用 LEAD 工具的第四个步骤，让这个人立即采取有意义的行动。

D = 采取行动

这一步的重点是，使用精确的语言来避免在指导一个人采取行动时可能出现的许多典型陷阱。这些陷阱包括听起来有意义但难以实施的模糊行动，以及模糊的或不存在的最后期限、没有备份计划、内容过多的行动计划表或不切实际的计划。这些陷阱可以通过一些精确的语言和问题聚焦加以避免。

在 LEAD 工具的这个阶段，你的目标是帮助他人创建一个潜在行动的列表，从中他可以选择做什么以及什么时候去做。在理想情况下，还应该有一个备份计划。三个高度不断上升的大本营提供的专业知识和技能也逐级上升，需要和提供的精确性和清晰度越来越高。

采取行动：海拔 3000 米的一号大本营

一号大本营是基于 CORE 层面的问题，例如：

1. 具体来说，你能做些什么来获得更多的掌控感？
2. 具体来说，你能做些什么来限制逆境的影响范围？
3. 具体来说，你能做些什么来度过这段逆境？

考虑到你在上述第一层级的 CORE 觉察步骤中所提供的指导，此人应该对这些问题已经有了一些相当具体的答案。即使在一号大本营，他也应该能够列出一些有价值的想法。这些想法可以在二号大本营得到加强。

采取行动：海拔 4000 米的二号大本营

这一级别针对人们在应对逆境时使用的具体语言。它将行动与他们的确切担忧和假设联系起来。因此，它是对一号大本营的一个有意义的提升。我们仍以前面的例子加以说明：

“好吧，整个项目就要这么泡汤了，我们再也遇不到这样的机会了。如果你持续下去就好了。我希望高层管理人员能找出一些办法，很显然我们现在对此无能为力。”

以下是一些有助于引出有意义的行动的精确问题：

1. 具体来说，你能做些什么来降低项目失败的可能性？还有什么能做的？
2. 具体地说，你能做些什么来增加参与另一个与此相当的项目的机会，或者更好的机会？还有什么？
3. 具体来说，你能做些什么来改善这种状况（哪怕是最细微的改善）？还有什么？

关键是要收集一份完整的可能行动的清单，所有这些行动都是那个人自己构想的。重要的是，要知道有些人在这一步上有困难，需要你的帮助来理清他们的思路。

扫清道路

有时候，人们就是难以想出解决办法来让局面好转，以便能继续攀登。为了让他们通过这些崎岖山路，你可以问以下问题：

1. 如果你真正关心的人处于同样的情况，你会建议他采取什么具体行动？
2. 你可能采取哪些具体措施来防止这个项目流产？
3. 我明白或许你同样不知道该在行动清单中再添加什么。不过，如果你真知道的话，你认为你会建议做些什么事情？
4. 你所知道的最有效的问题解决者会做些什么来改善这种情况，并确保这些担忧不会成为现实？
5. 既然你现在想不出任何答案，在这种情况下，你想做什么来感受到至少一些积极的动力？

二号大本营能给你更大的灵活性，并且更有可能创建一个有意义的行动清单，尽管在此过程中可能会被卡住。但当你处于三号大本营稀薄的空气中，你会发现最大的回报和结果。

采取行动：海拔 5000 米的三号大本营

为了在 LEAD 工具中实现最高的灵活性和一致性，你应该努力向三号大本营进发。要达到这个高度，你必须仔细倾听并提出精确的问题。它有很多应用方式，能帮助人们在面对各种挑战时选择有意义的行动。下面是其发挥作用的方式，可以从前面的例子中截取出来。

“具体来说，你能做些什么来减少这个项目被否决的可能性呢？”你这样问。

“好吧，我想我可以和老板谈谈。”

“好主意！你介意我把这个想法记下来吗？”

“不介意，您记吧。”（写下来）

“如果想把这个项目盘活，你还能做些什么呢？”

“你想让我把这添加到行动清单上吗？”

“当然，为什么不呢？”

“具体来说，你将如何收集这些信息？”

“我想我会问问那些当时在场的人。”

“比如说，问谁？”

“比如洛伦佐，也许还有坦尼娅。他们可能会有一些想法。”

“你希望把这些也列在行动清单上吗？”

“好的，可以。”

“具体来说，你怎么才能得到另一个跟这个项目一样或更好的机会呢？”

“我不知道啊。”

“如果你正在指导的是像你这样聪明能干的人，而他也处于同样的位置，你会给出什么具体建议呢？具体来说，你建议他做点什么来确保这不是最后一次机会？”

“我想我会告诉他要去创造机会。”

“他能采取什么具体行动来实现这一点？”

“我想，他可以跟科技达人谈谈即将发生的事情。”

“他具体会问什么？”

“一些诸如‘当你展望6~12个月以后，你觉得将会有哪些项目出现并会塑造我们公司未来几年的发展？’‘如果你只能实施其中某一个想法，那会是哪一个，为什么呢？’等问题。”

“好吧，那么具体来说，你会如何处理这些信息呢？”

“专注于其中最引人注目的一个。创建一个初步计划并将其提交给他们的团队，以开始制定一个建议的项目。”

“这对其他人有用吗？”

“是的，有用。事实上，我们大多数项目都是这样决定的。”

“太好了！你想把这些问题也加到你的行动清单上吗？”

> 当我们不能指导一个人帮助他自己时，建议只是我们退而求其次的无力替代品。
>
> 佚名

行动漏斗

行动漏斗为你提供了一个精确的方法，能让人们关注在特定期限内必须采取的具体行动，而不是一个可能会把他们压垮的行动清单。在这里不赘述其微妙之处，其基本步骤如下。

1. 在这些可能的行动中，最吸引你去做的是哪一项？或者，具体来说，你想先采取什么行动？

2. 你将在什么时候去完成这个行动？或者，如果你要为完成这项行动设置一个绝对的截止日期，具体来讲，你希望为自己设置什么日期 / 时间？
3. 完成这项行动需要哪些资源？或者，在合情合理的范围内，我能帮上什么忙吗？

作为一名教练，你需要仔细检查并与你的员工一起完成这一过程，以确保他们的行动是具体的、明确的，并且要在准确的期限内完成。缺少这些元素中的任何一个都可能导致失败。你可能还希望制订出备用计划。你只需问一些基本问题就可以做到这一点，例如：

"所以，你决定在周一结束之前和洛伦佐谈谈，是这样吗？"

"是的，周一下班前。"

"太好了。如果他不能提供你所需要的信息，那具体说来，你有什么样的备用计划？"

"我想我得让坦尼娅参与进来，甚至可以从我们的公司内网上下载实例分析。"

"你希望什么时候得到信息呢？

"最迟在 12 日。"

"所以，换句话说，如果洛伦佐不来，你就要和坦尼娅谈谈，要不迟于 12 日从公司内网上下载实例分析，以确定你能掌握所需要的信息？"

"没错！"

对别人使用 LEAD 工具，能够帮助人们提升反应能力，从而开发和扩展他们的潜力。这就是为什么在世界上那些最有活力的行业中，这个方法被应用得越来越广泛，并成为它们竞争优势的源泉。

赛普拉斯半导体公司的销售经理们将 LEAD 工具作为一种教练模型来指导其销售人员。在一个更正式的导师制项目中，它也是问题解决和思维训练的模板。赛普拉斯公司必须要为公司注入更高的敏捷性并专注于高绩效的超级明星。市场开发总监达瑞尔·卡森（Darryl Carson）和培训经理玛丽·席利（Marie Schilly）认为，在竞争激烈、瞬息万变的行业中，反应能力是任何销售人员的 CORE 核心竞争能力。卡森认为：

> 在我们行业，成功的一个关键是我们能够迅速评估市场变化，做出决策，并实施新产品开发计划或对公司业务流程进行系统性变革。重要的是，我们的员工必须具备反应能力，才能应对这些变化。这就是为什么我们要评估、解释，并在赛普拉斯半导体公司教授逆商的原因。它加强了我们优秀员工的 CORE 能力，是我们正式的导师制项目的基石。逆商不仅是我们优秀员工的竞争优势，也是我们整个员工队伍竞争优势的重要来源。

显然，LEAD 工具能提供即时的价值和结果，它将帮助你引导员工从他们的担忧和假设转向有意义的行动。你用得越多，它就会变得更加好用、自然。你将很快学会欣赏它的清晰、高效、富有同情心和始终如一的效果。当你能更好、更自如地使用它时，你就会发现它实际上也是无懈可击的，你会体验到它独特的力量，让人们感到帮助自己是必须的。这将有助于他们扩大现有的和已实现的潜力，以满足当今不断扩大的需求。很快，LEAD 工具就会成为你教练工具的不二之选。

> 助人先助己，这是人生最美好的回报。
>
> 拉尔夫·沃尔多·爱默生

评估你的成果——衡量不同时间点的逆商

看到自己的进步，看到自己实实在在的收获，这是非常令人满足的。那些你用一级和二级课程指导过的人很有可能看到显著的效果。既然攀登永不结束，你会想要帮助你的攀登者们变得更加强壮。当扎营者们开始攀爬时，他们将重新点燃内心的坚持不懈的火种，这将激发他们的好奇心和对进步的追求。基于这些原因，你需要在初次评估之后的几个月，重新衡量每个人的逆商。第三次评估可以在下一个六个月之后。

当你第二次或第三次衡量逆商时，重点应该放在总体收获以及与 CORE 相关的具体变化上。认可这些收获，并帮助每个人认识到需要额外改进的地方。

这些课程可以通过与实际行为或具体情境联系起来而得到深化，例如某人在某一会议上所说或所做的事情，或他如何处理某一具体挑战。

重复衡量的有效性

常有人问我，复测在多大程度上是有效的。PEAK 团队和我们聘请的独立统计师仔细研究了这一问题，发现复测在统计上是合理的。几年前，我们设计了一个复杂的后测试版本 AQP，用于在初次 AQ 测评数周、数月和数年之后再次进行测量。当我们将卷积测量的结果与使用同一工具进行两次测量的结果进行比较时，发现两者之间没有统计学差异。使用同样的方法被证明是同等有效的逆商复测的方法。我们对这个结果非常吃惊，因为我们认为人们可能会“作弊”，会只是圈出他们认为应该打圈的选项，而不是从他们真实的反应出发。然而，随着成千上万的人第二次、第三次或第四次完成 AQP，我们开始明白为什么这些额外的测评是有效的。

如果你能在测评中有效地应对逆境，那么当真正的逆境来临时，你应该能够同样有效地监控自己的 CORE。如果你仍然不喜欢重复使用同一方法，我们也会采用其他版本来衡量改进。

延伸的教练

不管你的角色是什么，你每天都在指导人们扩容他们的才能；否则，你就不会读这一章了。我们大多数人认为，你所开展的教练和指导只是针对为你工作的人的、正式或非正式的过程。然而，无论是出于利他的还是纯粹商业的原因，我鼓励你能扩展一下你的思维。

想想那些在你通往成功的道路上对你产生影响的人，每一位客户、供应商、利益相关者、同事和竞争对手。如果你只是每天利用“重要性天平”和“LEAD工具”在这个星球上闲逛会怎么样？在每一次互动中，你要关注他们并真正地提供一笔重要性的存款，也就是让他们感受到自己是谁以及他们做的事是重要的。每当忧虑、担心或消极的假设出现时，你就从 LEAD 工具中提取相应的部分加以运用，巧妙地解决手头上的问题。其影响将是巨大的。首先，像菲尔·斯泰兰德在美国西部电信公司一样，你会获得非常忠诚的追随者和同事，他们会远远超越自己的工作职责范畴，去帮助你完成任务。其次，离职率会大大下降。谁会愿意离开一个能被听见，备受尊重，并且能够接受有同情心又有技巧的指导的地方呢？谁会放弃一个能学会如何解决问题，能被你用 LEAD 工具引导获得智慧的地方呢？我对来自世界各地的人进行的调查发现，大多数人愿意为一份让自己感觉更有意义的工作少拿点薪水；反之，他们则不会长期留在目前的工作岗位上。发现挑战要比发现一个能够获得充分重视的工作环境容易得多。真正的攀登型团队仍然很少见，但这些模型将帮助你开始创造你自己的攀登型团队。

最后，随着其他人的操作系统被不断提升的逆商所强化，他们可能会得到发展并释放出更大潜力，他们也将体验克服更大障碍的自然喜悦。然后，你的员工将能够访问更多的“软件”，这将让他们把更多的培训和学习所得，以及自己的经验和才能运用起来。

你呢？当你真正持续地使用了这两个模型后，你的一天会发生什么变化呢？重要性产生意义。

龙达·比曼（Ronda Beaman）博士是北亚利桑那大学的一位特立独行的教育学教授，她被授予了第一届全美教育协会教学艺术奖。她患有多发性硬化症。她使用 LEAD 工具和逆商的知识来保持自身的强大，继续着她的向上攀登。她专注于她能掌控的疾病的一些部分，承担起她的担当力，并尽其所能限制疾病在每一阶段的影响度和持续性。她现在把锻炼看作物理治疗。即使在最糟糕的情况下，她也只是“偶尔有些天不好过”，在确诊后的十年里，几乎看不出她有病在身。

作为一名教育企业家，比曼博士指导她手下这些未来的教师掌握 LEAD 工具，并使用“重要性天平”帮助他们透过障碍看向未来，提升他们的使命感。作为一名攀登者，比曼博士因在一个臃肿的官僚机构中使用创新性的新方法而闻名全美。比曼博士知道，官僚主义会导致许多有潜力的教学人员成为扎营者。在学校的各个专业中，她的学生的初始逆商是最低的。然而，通过灌输意义，她实现了自己的目标，这些未来的教师毕业时会启发他人，并向上攀登去迎接新千年的挑战。虽然她的专业是教育，但她使用的价值尺度是意义：

> 这是千真万确的，你给予什么就得到什么。帮助别人变得有意义使我的生活和工作变得更有意义。我知道我所做的对这些年轻的老师和他们有朝一日会影响的学生来说是很重要的。他们如何应对每一个逆境，将决定他们拥有多少坚韧度，来坚持从事教育这项最崇高的职业。这让我感觉心里满满的。

每一个互动都能体现重要性。在培训的第一天，比曼博士首先要给每名学生进行录像，这样在第二天她就能记住所有 350 名学生的名字。如果你怀疑意义的力量，你应该看看第二天会发生什么情况。人们都彻底惊呆了，有些人感动得流下了眼泪。“我在这里四年了，”一名眼睛湿润的学生解释道，“我想我的任何教授都不会费心记住我的名字。而比曼博士一天就做到了，而我们班是学校里学生人数最多的班级！她只是让你觉得自己很重要。这让每个人都非常刻苦学习，尽自己最大的可能，学习，学习，学习。”

但比曼博士知道，这些未来的教师将在过程中面临前所未有的挑战。因此，她在学期初就让他们学习逆商。她让他们接受在本章介绍过的攀登学院一级和二级的课程。所有的学生都会衡量并描绘出他们的逆商。他们学习了一些 CORE 层面的技能，她运用 LEAD 工具来指导大家超越抱怨和责备，采取敏捷的问题解决和有意义的行动。整个学期她都采用这些方法来帮助扎营者成为攀登者。

对比曼博士的回报不仅仅是每年来自学生和他们的父母的数以百计的信件、留言和礼物，感谢她改变了他们的人生，让他们感受到自己的意义。在每一节课上，她都会拉伸学生的潜能，她喜欢看到他们深入挖掘，尽自己最大的努力。夜晚，当她躺在床上思考时，她知道，自己所做的工作会让数以百计的教师和数以万计的孩子的生活得到改善，会让他们觉得自己更重要。

潜力、意义和逆商的成长会强化人类的操作系统，并最终创造出自然生产力。当你披上“领头的攀登者”的斗篷时，这些就是你获得的奖励。成为领头的攀登者并不总是意味着你是第一个，你的使命是激励人们向前走得更远一些。

> 几年前，当纳尔逊·曼德拉走过村庄上方的山丘时，他回忆起他年轻时得到的一个教训。“当你想让牛群朝某个方向移动时，”他说，“你就让那些劲头足的牛在前面走，你站在后面，其余的牛自然就会跟上。”他笑着补充道：“这是一位领导者应该做的工作。”
>
> 摘自理查德·斯坦格尔（Richard Stengel）
>
> 所著的、刊载于《时代》杂志的《领袖的塑造》（*The Making of a Leader*）一文

ADVERSITY QUOTIENT @ WORK 本章简要回顾

教练、导师和领导者是那些寻求引导和激励他人向更高、更有意义的地方攀登的人。

- 注重提问而非讲授。
- 了解 CORE 和逆商原则。

- 帮助引导他人得出自己的结论和决定。
- 给予支持，不带成见。
- 以解决问题为导向。
- 跟进追踪以确保采取行动并做出改进。

必须扩展现有才能和当下已发挥的才能，以符合需求才能。

通过提高别人的逆商，你可以帮助他们提高其能力。

- 探索意义或目的的要素。
- 意义是员工离职的主要预测因素之一。
- 每天通过以下方式增加意义“存款”：
  - 表示赞赏；
  - 提供资源；
  - 表达尊重；
  - 允许他做决策和试错；
  - 提供支持，特别是当他失败时；
  - 提供联系、交谈、学习的时间；
  - 认可他做出的贡献；
  - 相信他能够承担非常重要的责任；
  - 给予物质奖励；
  - 给予他珍视的自由；
  - 注重结果而不是规则；
  - 为他的成长和进步投资。

为每个人建立一个逆商和 CORE 的核心觉察。

运用 LEAD 工具来解决问题，澄清思考，决定有意义的行动，并维护他人的尊严。

ADVERSITY QUOTIENT

第6章 | @ WORK

定义和发现攀登者

除非你是在练手，否则就朝着有金子的地方挖。

约翰·M. 卡波佐（John M. Capozzo），

《既然可以坐电梯，为什么还要爬公司的梯子呢》一书的作者

一位饱经风霜、满脸胡茬的高个子渔夫带着令人羡慕的渔获走下了他的小船，这是满满一串个头傲人的大鱼。当他经过的时候，你能在当地人的眼中看到他们对这位闯海圣手无言的尊敬。当他迈着重重的脚步走下宽阔的船坞时，在他那庞大身躯的重压之下，船板发出响亮的吱嘎声，人们纷纷朝他恭敬地点头，我凑了上去，指着他的战利品轻声问道："劳驾，我想问问，您的渔获这么丰富有什么秘诀吗？"他停下脚步，慢慢伸出他的长脖子，用低

沉、沙哑的嗓音说："钓鱼的秘密嘛……"他停顿了一下，以便大家都能领会他深刻的见解，"就是把你的鱼线沉到能找到最多鱼的地方。"他咧咧嘴笑了笑，又点点头眨眨眼来肯定自己的说法，然后走了出去，把钓上来的鱼收拾好。我们很难反驳他的这种逻辑。

也许渔夫的智慧可以应用到你对攀登者的寻求上，既然你已经看到了攀登的优势，你需要学习如何找到这些坚定、高逆商、有反应能力的人。

只是采用合适的技术和设备，还不足以钓到又大又肥的鱼。你必须在正确的地方钓鱼，而且还要知道你的目标就在那里——最好是比你想的还要多！

这一章揭示了在哪里以及如何把攀登者招到麾下。传统的招聘做法会培养出平庸的人，使扎营者越来越多。因此，在如何定义、从哪里找到潜在候选人方面，本章教授了超越传统的知识，你不仅仅吸引来有技能、有胜任力的人了。首先，你要判断是什么成就了攀登者，然后你就能创建一个攀登者的队伍，并从这个队伍中选择那些和你"系在一根登山绳上"的兄弟。

我们所面对的挑战是帮助你明晰一个攀登者的底色，从哪里寻找能适应任何位置的攀登者，以及如何吸引尽可能多的人来申请加入你的攀登队伍。同时，第5章也告诉了你如何雇用到最好的人来加入你的攀登旅程。

这些建议并不能保证成功，但总的来说，它们可以让你有更大的可能性找到所需的人来强大你的攀登队伍。

新经济下旧方法的局限性

在创业型、网络化、全球化的新经济中，昨天最好的在今天就是平庸的。正如一位客户所说：

这是个难题。我们花了几个月的时间进行研究，学习并实施一流的招聘流程。虽然我们投入了那么多时间和金钱，但在那些极具前途的人中，还是有一些人在入职一年后就离开了。这些人通过了所有的招聘关口，包括在我们的评估中获得高分。这些候选人经历并通过了如此深入的评估，他们当然是称职的，而且显然是很合适的人选。大多数人一开始时都显得很是强大。

然而，在我们的文化中，大多数人无法维持高绩效。事实上，我们消耗了他们，然后把他们丢弃。尽管我们花了大价钱，而且提供了行业内最好的福利待遇，但流失率仍然处于历史最高水平。要找到能达到标准的人越来越难，更不用说坚持下去，保持激情了！

“最好”已经不够了，无论是人才还是实践。最优秀通常被合乎逻辑地定义为最有才华、受过最好教育、拥有最成功的业绩记录的人。

只有当你能够准确地定义并得到那些攀登者，最佳实践才算名副其实。规则改变了，许多做法都变得无能为力。在新经济体中，昨日的定义和做法已经日薄西山。

最适合新经济的人才

能力只会为你赢得上场的机会，而不会确保你获胜。今天，你需要反应能力强的，即有反应能力、使命驱动、高逆商的攀登者，这些人拥有在苛刻环境中有效运行的基本操作系统。不幸的是，我们经常把攀登者与高昂亢奋的人相混淆，那些人总是爆发出三分钟热情，然后很快就燃烧殆尽。

在大多数公司中，表现最好的并不是那些能量爆棚、像走马灯似的尝试一个又一个挑战，以此来逃避被淘汰的命运，或取悦他人的人！事实上，攀登者展现出来的是令人钦佩的活力和清晰的思维。

我们也发现，攀登者并非典型的工作狂；相反，他们有意识地，通常也是警惕地过着相对平衡的生活，并且在合理安排事情次序方面做得很出色。

大多数攀登者并不把自己的身份与工作等同起来。当被问到时，他们常把他们心中的山峰描述为比他们的工作更伟大，但显然与他们的工作有着清晰的联系。工作对他们来说要么是实现使命的出口，要么是通向使命的路径。

而且，正如你在许多组织中所看到的，从家族式零售店到大型跨国公司，几乎所有的突破都是由攀登者完成的，与此同时他们愉快地承担着较小的压力。他们完成了相当于他人五倍的工作量，但抱怨却非常少。攀登者重新定义了什么是“最佳”。在你找到并雇用他们之前，你必须了解这些攀登者到底有什么特质。

需要反应能力强、能处理逆境的人

你需要摆脱以往的成见。优秀的、有能力的、符合要求的人不是越来越难招到，而是这样的人本来就不多，仅仅对招聘流程进行高投入的改进往往无法产生预期效果。我们遇到的大多数领导者都会有类似的困惑，招聘到业务能力强、资历深的人才并不能确保企业成功。他们正在探索，为什么就像超人碰到了氪石一样，这些厉害的人在完成困难任务时变得如此脆弱。为什么他们以前那么高效，现在却没有那么“厉害”了呢？无论他们在稳定的环境中具有什么样的神通，到了逆境中都被打回原形，变成了普通人。

据预测，由于自然局限性，硅芯片大显神威的日子已经屈指可数，它将在未来 20 年内成为人类的障碍。随着对速度、敏捷度、流动性和容载量要求的提高，分子计算将有可能取代硅芯片。这种新一代计算机将允许微型计算机进入人体并发挥神奇的功能，它们将超越今天对体积、热量和速度的自然限制，这代表了计算领域一个全新的范例。

和硅芯片一样，我们生来都是想要追根溯源的思考者，是专注于问题根源的人。然而，我们已经达到了这种思维定式的自然极限，这也创造了机会和需求，使得思维方式得以进化成基于反应的思维模式。

基于来源和基于反应的思维模式之间存在一些根本性差异，这能让你对自己关心并且最终决定进行筛选的候选人有一些深刻的理解。在一个人如何看待逆境根源这个问题上，这些差异就变得显而易见。

在第 3 章中，我们将你的逆商 CORE 的 O 维度定义为担当力。然而，在我的第一本书《逆商：我们该如何应对坏事件》中，我将 O 维度分为两个部分，担当力和归因，两者最初都被作为逆商计算的一部分。归因就是关于逆境是由谁或什么导致的，是逆境的根源。例如，假设你从当地的百货商场买了一台新相机，你完全按照操作说明来，但照相机就是不工作。事实上，在运输过程中被摔过可能是问题的根源，担当力是指客服人员在多大程度上解决你的问题。逆商的一个重要演化是，根据我们的研究，在对逆商进行定量计算时不再考虑其来源。尽管如此，你还是可以通过探索你所雇用的人员在这方面的思维模式，来了解他们。

比如，在他们面临不同困难时，你可以问问他们，如何评估和归咎责任。在做工作背景调查时，询问一下他责怪他人的概率有多大；在选拔时，创造一个场景，让他们有机会把压力下遭遇的不幸归咎于别人，看看他们是否会这么做，以及会做到什么程度。追根溯源的思维有两种类型：向内与向外。那些将自己视为逆境来源的人，有一种向内归因的心态；那些有着外归因思维的人，则会认为逆境是由某事或某人导致的。

在第 2 章中关于归因风格的研究表明，随着时间的推移，那些有着内归因思维的人可能会受到自卑的折磨，并且可能比那些将逆境事件外归因的人更悲观。因为这些内归因的人会认为自己是逆境的根源，并因此变得意志消沉，甚至会严重沮丧。如果不加以控制，他们就会被诸如“我又把它搞砸了”“我真的让大家失望了”“我老板会很生气的”“我早该知道的”“这显然是我的错”“悔不当初啊……”“我真蠢……”之类的想法所困扰。

如果程度合适的话，把逆境内归因还是有好处的；但如果责己太甚，它可能就是一种情绪癌症。我们大多数人都有一些需要他人不断安慰的朋友，因为他们对自己感到灰心丧气。这是一件不幸的事情，如果他们不愿意改掉这种自我鞭笞的习惯，这可能就成了一种负担。

内归因的另一个破坏性后果是，当一位领导者非常肯定地把逆境归因于自己时，会阻碍其他人分担责任改善局面。例如，一位白手起家的企业家看似高尚的立场“责任在我”，就会忽略这样的事实，即大多数逆境是由多重原因引起的，他的内归因会阻碍其他人提升责任感和解决问题的能力。总之，一味自责和大包大揽都不会带来积极的结果。

有趣的是，认知心理学的研究明确表示，在乐观、韧性和绩效方面，外归因思维模式优于内归因思维模式。那些认为逆境源于外部事物的人通常更乐观，也更容易恢复信心。从理论上讲，这似乎合理。然而，这些结论恐怕是不完整的。实际上，这种外归因模式往往等同于转嫁责任或责备他人。对个人复原力而言，外归因可能优于内归因，但并非没有代价。

因此，我从两个方面对这一认知心理学的研究提出了挑战。首先，我还没有遇到过一位领导，他支持雇用和培养那些在逆境来临时将责任向外推的人！你能想象这样做的后果吗？从直觉上我们知道，转嫁责任、指责他人会损伤学习、信任和责任感。谁会有意雇用这么一个埋怨别人已经成为积习的人呢？很少有行为会比推诿责任更让人火冒三丈的。责备别人只会使情况恶化，削弱责任感。

很有可能，你已经很努力地在你的团队中培养信任和责任感了。考虑到这种信任和责任感是多么容易被瓦解，那些推诿责任或将责任外归因的人很可能不符合你对最佳雇员的定义，也不适合加入你的攀登团队。然而，有一种方法可以使追根溯源的思维模式具有特殊的价值。

进入学习区

在第 5 章中，我介绍了向内溯源的思维模式的一个方面，我称之为学习区。学习区可以定义为能让一个人从中学习的自我责备程度。我们的目标是准确地指出应该改变什么，以避免将来出现类似的错误。然而，必须指出的是，任何额外的自责都是不必要的，甚至可能是破坏性的。

如果一个重要的跨国视频电话会议未能接通，相关人员可能很快就会指责：

“公司那些负责视频设备的人又把它搞砸了。”

“实际上，我认为是我们的数据链接供应商搞错了。”

“我看不一定吧。我认为是德国小组从未按照指示预先测试过这些线路。”

“我只知道我把整个过程都安排好了，还为此熬夜准备。我想知道谁应该为这场令人难堪的混乱负责。”

“一定要找出这是谁的错。我想让他们知道他们对整个项目造成的影响有多大。”

在每一个看似并无恶意甚至可以理解的说辞中，指责都会产生一些破坏性的影响。这些话伤害了与供应商和同事的重要关系。人们会被推到防御状态，并将责任从自己手中甩出去。大家没有想到，其实每个人都有机会站出来，担当起改善的责任。人们变得一门心思去指责，以至于从来没有探索过同样可以满足要求的其他计划或技术，也没有表现出任何反应管理的迹象。这其实是很好的机会，先驱的攀登者可以展现，或辅导他人拥有高逆商的反应。

理想情况下，一个人要进行正确的自我分析以消除盲点，努力在逆境中变得更好。想象一下，如果参加视频会议的人回答说：

“我不知道问题到底出在哪里，但我知道我在最后一分钟给这些人施加的压力很大。”

“我知道，要求德国小组发挥枢纽作用可能是不公平的，他们目前正在搬迁。下次我不会让他们这么为难了。”

“我没有停下来考虑这个电话的重要性。虽然我不是联络小组的成员，但我本可以提前打电话来，确保在预定的连接时间之前对所有步骤都进行预测试。好吧，首先，通过这件事情我得到了一些关于国际视频会议的重要教训！”

“后面我们可以查查到底是哪里出了问题。我会做一些深入的调查，星期五之前，我会告诉你我的发现，这样我们在将来就可以避免这种灾难。现在，手机、座机和传真机都好用吧？”

遗憾的是，我们大多数人都做不到这样理想地进行回应。从上面的对话就可以看出，大多数人都会外归因到如此严重的程度，以至于在这个过程中，他们会错失要点，也会让一些人感到不安。其他人则可能会内归因太深，以至于他们的自尊心受损，变得沮丧，或者显得冷漠和自私固执。这两种方法都把责备推到了学习区之外。

> 吃一堑，长一智。
>
> 中国成语

刀枪不入还是虚心纳谏

外归因可以说是一种自我防御行为，或者对于那些自我意识薄弱的人来说，是一种自我保护行为。就像穿上了一件情绪的防弹衣，外归因是人类给自己接种疫苗以预防即将到来的伤害的方法。例如，一份报告被放错了地方，你不会承认人们是因为你的没条理而冷嘲热讽，你宁愿选择将问题进行外归因。你会假设“他们只是试图逃避看到自己的错误”或“没有人告诉我，我应该是这份报告的保管人啊”来理解这些信息，甚至建设性的反馈也可能被你误解为导弹来袭，并被你拦截击落。这一现象在企业内太普遍了。那些自尊心很强的人可能打心底就不愿意去发现自己的弱点和错误。外归因甚至可能与我们所说的“厚脸皮”也非常吻合，与人们普遍的认知相反，这并不总是一个积极的属性。

“厚脸皮”虽然可以保护新员工脆弱的自我，但它也可能会阻止他们学习、应对和解决问题，对于你所要求的取得成功的速度也会减缓。

要想改善自身，就需要更多弹性和吸收力。“厚脸皮”选择的是自我保护而不是自我觉醒，但没有觉醒就没有成长。有着弹性和吸收力的人，需要进行适当程度的自我分析，这种罕见的能力可以帮助人们在未来学习如何应对类似的情况。这是攀登者的习惯，他们总是在后面进一步的攀登中，不断地进行自我评估与调整。简言之，你需要尽可能地寻找那些乐于接受反馈，并乐于用溯源思维模式来优化学习区的人。

当然，追根溯源的思维模式也会带来额外的风险，比如会让一个人对逆境的真正打击缺乏防备。假设逆境是一块落石，运用溯源的思维模式，你会对劈头盖脸打来的每一块石头都进行评估并从中恢复；你可能需要更大程度的沉着冷静来躲避下一块石头，这对于躲避时不时袭来的鹅卵石来说，是一个明智的策略。但是，挑战、挫折和逆境往往表现为从四面八方崩塌滚来的岩石、巨石。当你按照溯源的思维模式来行动时，你就会不断偏离中心，并可能被埋在逆境中。事实上，你可能会被逆境搞得无所适从，无法在精神上躲开每一块坠落的岩石。

即使是在熟练执行的情况下，溯源的思维模式也需要时间和良好的基础，而这些正变得日益短缺。由于我们雇用的往往是溯源思维的人，他们缺乏我们所追求的灵活性、弹性和可持续性也就不足为奇了。

凌空滑越雪崩

与溯源思维的人不同的是，那些在逆境的雪崩中凌空滑越而过的人是基于反应的。当逆境来临时，他们首先关注的是自己的应对。这并不意味着他们忽视或没有从情境中吸取教训。对于注重反应的人来说，每一种情境都提供了丰富而持续的调整与进步的机会。学习是流动不居的，反应是直觉性的。

基于反应的个体会认识到，他们对任何情境的反应，在所有因素中是唯一最重要的因素。在理想的情况下，他们尝试改善自己的反应来让情况变得更好。基于反应的思维模式与高逆商高度相关，不管是出于什么原因，它都反映了一个人对自己的反应和行为的掌控力，以及对当前情境的责任感。

正是在基于反应的思维中，我们识别、管理和区分出许多较负面的人类个性特征，这些个性特征会把人拽离开登山绳，回到扎营地。这是为了让更大声、更发达的原始大脑有意地安静下来，以便能听到文明大脑中更轻的声音。

在人们做出令人厌恶的行为之前，他们可以将嫉妒、贪婪、报复、自私、小气、愤怒和恶意等不合适但又很自然而然的动机控制住。这样的动机就像一只行为不端的宠物，有时可能会逃跑并冒犯他人，但基于反应的人很快就会控制住它，并为自己的行为道歉。理想情况下，这些较低级的动机始终是被束缚着的，尽管它们老是跃跃欲试。

基于反应的人不会找借口，而是主动为自己的行为负责，避免陷入自怨自艾的深渊，并着手解决问题。他们通常能够比溯源思维的人更快地采取有意义的行动，溯源思维的人在继续前进之前可能会坚持更深入地探索问题根源。“学习、解决问题、继续前进”是基于反应的人的潜台词，常常让那些不太颖悟的人们感到沮丧。

在最高层次上，基于反应的人会通过展示出自发的甚至是快速的反应控制，来避免造成大多数的人际损害。第 3 章中关于控制感的层级描述了基于反应的个体的更高层级的技能和倾向。通过消除或防止有害的思想、言语、非言语表示和行为，基于反应的人对他人和组织的幸福度做出了强有力的贡献。他们的克制、纪律、尊重和积极的关注点激励着其他人效仿这种更高层级的思维。

在我们的工作中，我们听到领导者们用不同的方式表达同样的挑战。他们用“持之以恒”“坚毅”“勇气”“进取心”“敢作敢为”“精力充沛”“不屈不挠”和“积极主动”等词来定义他们想在新员工身上找到的高要求的特质。除了最能干的人，有时他们也会寻找那些最不受逆境影响的人，甚至只寻找后者。大多数人只是缺乏清晰的语言和技术来描述和精确定义这些人。下面的内容展现了向内和向外溯源思维的人，分别会有哪些特点。

向外溯源思维的人：

- “厚脸皮”的反应；
- 经常处于“防御”状态；
- 经常抱怨和指责；
- 学习容易受影响；
- 敏捷性会由于太陷于事件本身而受影响；
- 容易与他人产生不信任感；
- 能揭示问题根源和答案；
- 倾向于保护自我价值感。

向内溯源思维的人：

- 自尊心容易受到伤害；
- 容易引发自卑；
- 倾向于把抱怨和指责合理化；
- 如果自我价值感够强就可以强化学习；
- 可能被其他人利用；
- 在他人眼中是个谦卑的人；
- 能准确指出某人的错误；
- 易产生信任。

六个寻找攀登者的致命缺陷

在寻找攀登者时，知道应该避免哪些步骤和知道应该采取什么步骤同样重要。尽管下面所列出的六个致命缺陷是最主要的，但这一系列缺陷其实远未穷尽。

主动避免这些缺陷，以保持招聘过程的有效性。基于专业招聘人员的智慧，你一定不要出现以下情况。

1. 在招聘开始之前就妥协你的标准。注意避免：

- 在压力之下屈服；
- 基于“看上去适合”或直觉而聘用；
- 在招聘中以自己作为标准。

2. 混淆了态度与高度：

- 盲目而急躁的聘用会导致后悔。

3. 因循守旧：

- 要在竞争对手忽略的地方搜寻人才。

4. 在互联网上找夏尔巴人：

- 把技术与职位匹配起来；
- 互联网搜索能够从很多国家吸收人才；
- 只有在你希望申请者多样化的时候才使用互联网搜索。

5. 在攀登中走捷径。要当心这些导致在攀登过程中走捷径的原因：

- 雇用你的“克隆”人，即只去找那些和你一样的人；
- 出现裙带关系，即雇用那些你了解的，而不是最佳的人选；

- 看中他们的关系资源，即因为他们的关系网而雇用他们，而不是因为他们的高逆商；
- 紧迫性，即在当前的紧迫需求之下，做出长期的承诺和决定。

6. 重出身胜过重表现。

致命缺陷一：在招聘开始之前就妥协你的标准

在很多情况下，你可能会对那些真正重要的人妥协。一种是在压力下屈服，从而完全颠倒了优先顺序，只是基于技能或个性来选人，而不是基于逆商或其他攀登的标准。成功的企业家、Sales Teknologies 公司的联合创始人保罗·施文（Paul Schween）承认，在招聘过程中，他很难始终坚持最初的标准。他警告说："如果你在招聘时没有明确划清你愿意接受的人和不愿意接受的人之间的界限，你几乎总是会妥协自己的标准，并会出于好意而宽大为怀，假定潜在的求职者的逆商处于可接受的水平。你很可能也会因为类似的妥协而雇用某个求职者。从长远来看，这总是一个代价高昂的错误。"当压力增大时，人们往往会牺牲那些看似不太实际的因素，比如逆商和反应能力，来换取那些你知道自己急需的现成技能，如计算机编程技能。你可能会这样想："真见鬼，我招什么攀登者啊，我需要的是一个营销经理！"换言之，当基本需求明摆在这里时，为什么还要去探求什么更深层次的心理特质呢？雇用到技术人才已经够难的了，尤其是在人才市场紧张的情况下，为什么还要为逆商而操心呢？这不是太奢侈了吗？这样做会不会吓跑那些不用经历这么多麻烦就可以在其他地方找到工作的潜在候选人呢？在这个问题上，我们 PEAK 团队见证了一个根本性的转变，即投入更多的资源和精力来确保招聘到"合适的人"。

如你所知，高技能、低逆商的人永远不会充分发挥出他们的才能。他们也不太可能以我们这个充满活力、要求严苛的世界所需要的速度发展自己的技能。另一方面，逆商较高的人更可能会努力获取信息，以满足和超越来自工作的挑战和要求。光考虑这一点和其他逆商相关的差异，你真的还能再忽略这个因素吗？

考虑到招聘和留住人才的实际成本，寻找和雇用到那些能够在当今世界的压力下茁壮成长的人才，不仅对你的客户，而且对你的未来都是至关重要的。这是终极性的双赢。客户能在服务和创新方面更多体验到你团队的积极主动，他们与贵公司在个人联系方面也有更高的一致性，你也将获得更高的忠诚度、更低的流失率和更高的员工绩效。当组织内形成了一个重要的团体，不管问题的起因是什么，他们都能勇于担当，责任感就会成为公司文化的一个真正的支柱。变革仿佛成了游戏，能通过巧妙的运筹，让你实现从现状到目标的跨越，以获得最佳的敏捷度和收益。攀登不止的团队是充满活力的，也是鼓舞人心的。因此，你可以避免许多代价高昂的陷阱。

除了技能或能力之外，可能让你对最初的寻才标准妥协的第二种方式是找了一个只是“感觉对”的人来做这份工作。在有些情况下，你会觉得一下子就和对方建立起了融洽的关系和真正的联结。你不能靠运气寻才。这种情况经常发生在火车上、咖啡店或等电梯时偶然的邂逅。经常是缘妙不可言，适合这份工作的人突然就出现在你的身边。你把名片递给他，然后说：“给我打个电话，我想和你聊聊。”或者，你可能向他要名片。那时你的反应可能是兴高采烈的：“如果我们能雇用这个人，我将节省数千美元和数不清的时间。”也许是这样，但也许也并非如此。

“适合”是非常重要的，但也是远远不够的。当你雇用了一个并不完善的人时，不管他的人际关系如何，对大家来说都是损伤。如果他缺乏反应能力、虚心接受的能力和足够高的逆商，你尤其会受损。然而，这些错误通常是以“明智的商业决定”的名义犯下的。永远不要低估人类合理化自身行为的力量！

在过去，每当我陷入“适岗陷阱”时，我都非常失望，因为我没有通过测量和评估此人的逆商（现在是我公司的标准做法）来验证我的看法。世界上有很多虽然被逆境摧残甚至掀翻，看起来失去了热情，但其实仍然乐观向上，镇静而坚定的乐观主义者。如果以“合适”的名义去招聘，很容易就会放弃正确的招聘原则。别被愚弄了！

第三种可能危及寻才标准的方法是克隆自己。找到一个和你一样的人会让你感到很舒服。甚至有证据表明，我们最喜欢和那些与我们相似的人在一起。这可能会在潜意识中危险地转化成各种“主义”，包括种族主义、年龄歧视和性别歧视等。或者我们可能会吸引和雇用那些有着相同盲点和弱点的人。

乔治·焦瓦莱（John Giovale）是戈尔（W.L.Gore & Associates）公司的长期领导者和合伙人，他积极主动地避免使用他所说的搜索和“按你自己的形象招聘”这两种现象。德勤会计师事务所的人力资源经理瓦内萨·科尼利厄斯（Vanessa Cornelius）称，如果你选择某个人候选人是因为他能让你想起自己，那就说明你得了“自恋综合征”。

虽然你和那个人可能有某些共同的价值观或特质，但也存在两种危险：第一，你很可能会觉得那个人具备你所有的素质，而不管有没有这方面的证据；第二，即使你是对的，那个人只是“克隆”了你的部分特征，你也会认为与你相同点更多的人才是最好的选择。尽管你可能很优秀，但你的公司可能还是需要一些差异化的人才。你很容易在不经意间牺牲多样性的丰富价值。

最危险的方面之一是，一旦遇到那些自己认为很合适的对象，他们就想走捷径。他们会违背或篡改一个经过深思熟虑的招聘过程，只因觉得“这是一个合适的招聘对象”。一个违背导致另一个违背，结果只会让人感到头疼，扎营者的地盘会越来越大。

致命缺陷二：混淆了态度与高度

当我调查我的客户时，他们提到的最常见、最痛苦的错误是在绝望的时候雇用员工。对于这种心态的人来说，每一个扎营者都可能成为一名潜在的攀登者，无论他过去的攀登经历是多么乏善可陈。

这种缺陷的危险是多方面的。其中最主要的危险是，为了吸引最大比例的成员而忽略了慎重地寻才。目前，绝望式招聘主要发生在新一代员工身上。表现最极端的是硅谷和其他新兴地区的雇主，他们捡起了陈旧的刻板印象，一见到留山羊胡、在身体上打洞或者文身的人就想抢过来。不过，这一缺陷当然不仅仅限于X世代！绝望招聘发生在所有年龄段，虽然在就职申请者稀缺的高科技行业它可能最明显，但对任何行业的任何工作，这种做法和陷阱都会存在。这种方法存在以下两个问题。

首先，你必须小心，你可能只是得到了你所要求的！换言之，你得到的全部是态度而非业绩。许多年轻员工与现有公司文化表现出典型的价值观冲突。《快速增长公司》(*Fast Company*) 杂志最近的一篇文章提醒人们，要注意进入新经济的员工们的需求和期望。这些人不喜欢别人告诉他们该做什么，而是就像自给自足的捕猎者一样：他们不断地寻找新的挑战，很容易对任何例行的事情感到厌烦。他们不想种田，他们想要快速猎获，并得到即时满足。

他们被那些业绩显著、增长迅速、环境宽松、当然还提供股票期权的公司所吸引。他们想成为一个正在发展中的组织的一部分，并在市场上甚至是世界上产生影响。

他们中的一些人做得很好。今天的劳动者群体由四代人组成，每一代人都有自己的集体态度。虽然每一代人的集体态度可能不同，但每一代人都有自己的挑战。尽管X一代和千禧一代（X一代之后的新兵）已经成为劳动力的一部分好多年了，但管理者仍然对他们在年轻人身上看到的不同价值观感到困惑，认为他们职业道德很差，完全缺乏忠诚，缺乏耐心，态度也不好。真相存在于《快速增长公司》和这些管理者之间的某个地方。事实上，这些人代表着你的团队的未来。

因此，出于绝望的态度雇用 X 一代或千禧一代可能会是一个严重问题的第二个原因是，他们并非都是有使命的攀登者或“捕猎者”。与任何一个群体一样，许多人只是以攀登者的姿态出现。在工作和生活中不断出现的逆境会考验他们的底色如何。

在最近访问硅谷一家电子商务新贵时，20 多岁的总裁带我参观了这家公司。该有的设施这里都有，有篮球场，附近有骑行山地自行车的小径，走廊里能滑滑板，还有“酷玩具”，正如一个 24 岁的人所说的，他的桌子和附近的地板上堆满了科技装备。你可以这么说，这里的装饰看起来就像是啤酒狂欢后的宿舍。

他们正在经历硅谷热。新的风险资本不断流入，正以惊人的速度增长，并且正以每天工作 16 小时的勤奋态度来实现这一切。当然，除了攀登者外，你什么也不指望。“也许，也许有 60% 的人是攀登者，其他人都在扎营，”这位总裁说，“他们来这里是为了变得很酷，或者在外人看起来很酷，这样他们就可以得意地告诉朋友自己在这里工作。他们不是在和我们一起同甘共苦。他们赌的是我们会上市，这样他们就可以分享其他人辛勤工作的果实！”

我问他有哪些类型的人申请在他那里工作，他回答说：“比例差不多（有大约 60% 的人是攀登者），但是我们难以很快雇用到足够的员工。哪里有人才，我们就会到哪里去找，其他公司也是这么干的！我们会当场就把人招进来。这就是所谓的‘或者当下签约，或者就此别过’。或者，有时候我想他们只需要有电子脉冲和山地车就可以在这里工作了！当我们在外面遇到他们的时候，我们无法判断谁会真正为我们工作，谁会在我们其他人推动公司发展的时候，选择袖手旁观，或者得过且过！”

不管你招聘的是哪个年龄段的人，不管是基于错误的假设、冷静的态度，还是对一个温暖的身体的需要，绝望的招聘都是一个错误。

我们这位电子商务新贵的这种绝望的做法，是源于迫切要满足积压下的需求，是为了给快速推进的项目配备人手，以及满足公司发展的要求。一旦用人的紧张期过去了，他就会为自己的冲动招聘所带来的不佳后果伤神。把某人的态度和其工作的业绩所能达到的实际高度混淆起来，可能会导致严重的人浮于事、挫败感、项目拖延，以及扎营者增多。

致命缺陷三：因循守旧

在寻找最优秀的人才时，人们始终会犯的错误是，期望和竞争对手一起扎堆去找。招聘启事、分类广告、校园招聘会、人才市场、互联网招聘，等等，这就等同于与寻常人一样选了寻常的登山路，那里人满为患、风景平常。

我有好几个客户都在竞争美国顶尖的 MBA 学生或顶尖的大学毕业生。一些公司在高端度假胜地举行大型招聘会，为数百名潜在应聘者提供奢华的美食和各种活动。这样做的开销是巨大的。他们这样做是为了与更多聪明、能干、稳重的攀登者相互了解，吸引他们前来申请。问题是他们得到的是什么样的人。至少他们找到了看起来像攀登者的人。他们的竞争对手也一样，为了得到同样的人才也在上演最好的节目，他们都觉得只有自己才找到了门道。

然而，在新经济日益严苛的环境之下，在这些“顶尖人才”中只有一小部分在随后的几年里会茁壮成长，雇主们对此始终感到困惑不解。当这些人才在自己这里慢慢泯然众人，或者跳槽寻求高就，他们同样感到困惑。这就是逆商的问题。

这些聪明能干的人一旦被录用，其中大约 80% 的人会慢慢变得和常人一样，这正是逆境不知不觉中造成的危害。当然，有些人会比其他人更顽强一些。然而，对大多数人来说，雇主和要求苛刻的客户们在无意中抽干了他们的才能。智商不能取代或超过逆商，过去的成功也不能保证将来的成功。如果你的公司要求你从这些精英中选人，也许你需要调整你的标准，不能太过关注智力和以前的业绩。

还有其他一些受人欢迎的小众渠道，许多人会持续被吸引。你难以通过一个分类广告或普通的招聘广告就吸引到最高比例的攀登者，这是雇用 101 法则。数量永远无法取代质量。虽然这条规则也有例外，但在大多数情况下，最优秀的人都是已经被人聘用了的，或者完全投身于有意义的事业中，而不会坐在家里吃棒棒糖，浏览分类广告。经济状况越好，这些人就可能越忙碌。你需要去走那些少有人走的路。

致命缺陷四：在互联网上找夏尔巴人

尽管互联网是信息高速公路，但一些最有价值的攀登者可能会选择其他交通路线！尽管互联网正以革命性的速度发展着，但它仍然不是能一站式搞定招聘或寻找符合各类职位要求的候选人的场所。如果你需要一个网站管理员或系统分析员，与其他途径相比，使用互联网可以帮助你找到最好的人选。还有什么更好的地方能吸引他们的眼球、看到他们的工作、进入他们的世界呢？如果你要雇一个管家为你的酒店打扫房间，没有迹象表明，那些对网络招聘做出响应的人就一定比其他候选人更为理想。

南非的人才甄选顾问莉萨·阿什顿（Lisa Ashton）说，一直让她感到震惊的是，针对那些较少使用互联网并且能力也并不匹配的人群仍在投放巨资的网络广告。

芝加哥地区的企业家托尼·安东努奇（Tony Antonucci）肯定了莉萨的担忧。他报告说："互联网无疑是一种媒介。但是，就网络招聘而言，这也是非常困难的一件事情。网上大多数回应来自你的国家以外的人们，对我们来说就是美国之外。因为给你的邮箱发电子邮件很容易，所以我们往往会收到很多'不合适'的简历。"

更重要的信息是，要使用与所招聘的岗位更匹配的技术来寻找特定领域的攀登者。有了互联网，你就可以向数量正在爆炸性增长的网络用户发布你的岗位招聘信息，那可能正是你想要的。如果不是的话，那就准备好接受一场徒劳吧！

致命缺陷五：在攀登中走捷径

当我还是一个冲动的年轻的攀登者时，我得到了一个教训。那个夏天我正在阿拉斯加的德纳利国家公园（Denali National Park）工作，那里的主峰是海拔20 320英尺高的麦金利山。令许多游客感到沮丧的是，这座山在17天中有16天会被云雾笼罩。为了能看到最好的景色，我很早就起床，开始攀登一座低得多的山峰，从这座山峰看麦金利山全景定会令人叹为观止。我原打算在山路上和两个登山伙伴碰面，这样我们就可以一起欣赏风景了。

我爬啊爬，爬了一整天，穿过阴沉的雨幕和泥泞。最后，我变得沮丧起来，认为根本就看不到麦金利山的真容了，我的朋友们估计早就放弃登山了，于是我也转身向下走。那天晚上吃饭时，那些和我同桌的人们兴奋得嗷嗷叫。显然，我的登山伙伴们也在同一条小路上，在离我调头只有大约半英里的地方等着我。在我明显不会赶来的情况下，他们继续往前走，最后看到了动人心魄的美景，一道彩虹出现在山峰上，那可是被当地原住民视为神圣的祝福。我遗憾地错过了这么美的景色。

有许多错误会导致人们过早地从攀登队伍中撤下来。前面提到的一个错误是，与应聘者一见如故的融洽关系会让你有一种找到自己人的感觉。所有这些错误都有一个共同点，那就是做出一个情绪化的决定，停止继续寻才，开始就地揽才。

另一个使这一进程短路的错误是裙带关系。如果我们稍微扩展一下我们的定义，就会发现裙带关系有着各种形式，从蜻蜓点水的寻才到雇用以前和你一起工作过的人或家庭成员都是。后一种形式的裙带关系似乎是一条明智的捷径，但它是基于这样一种假设：他们将在这个新职位上大展身手，是最适合这份工作的，但正如你所知，情况并非总是如此。

Research Communication International 私人有限公司总裁、驻新加坡的一位受人尊敬的顾问和研究员雪莉·林（Shirley Lim）博士表示，“关系”可能是另一个寻才障碍。不管我们承认与否，招聘可能是高度政治化的。我们都在社群中工作和生活，有些社群比其他社群关系更紧密。在亚洲的一些地方，你的名声可能比自己自身更加先声夺人，招聘方甚至可能根据你以前认识的人，或曾经与之共事过的人来评价，甚至雇用你。林博士解释说，许多人会错误地简化寻才过程，因为他们找到了一个自称与重要人物或公司有着正确联结的人。

我们缩短攀登行程的其他原因可能相当实际，但最终代价高昂。这些问题包括情况紧迫要立即找人填补这一职位空缺、继续寻才面临人手短缺的问题、“合适人选”兴趣缺失、需要继续前进并解决其他紧迫问题、对这一职位或寻才不再重视乃至完全失望等，所有这些都会让你在最终聘用谁的问题上做出妥协。

致命缺陷六：重出身胜过重表现

许多组织的声誉建立在它们有多少人才来自知名的院校和机构。大型咨询公司、专业服务公司、风险投资公司、律师事务所、医疗机构和大学通常都宣扬如何优待那些出身名门、名校的人才。虽然从市场营销的角度来看是可以理解的，但是这种方法会让你忽视真正高绩效人才的优点。美国东南俄克拉何马州立大学教授乔治·科利尔（George Collier）博士认为，学术机构在这方面臭名昭著。“由资质标准来驱动人才的招聘是很荒谬的。一个例子是，为了达到资质标准，需要聘用已完成学业、发表过论文的博士，这就排除了聘用在特定领域拥有实践经验和专业技能的优秀导师（因为他们没有这些资质）的可能。”

在寻找攀登者的过程中，不要想当然地认为他们来自传统环境、背景和职业道路，情况通常不是这样的。事实上，他们可能来自边缘地带。比尔·盖茨并不是唯一一个为了追求自己的梦想而辍学（盖茨是从哈佛大学辍学的）的企业家。

不要让门第观念蒙蔽你的双眼，阻止你找到最优秀的人才。这就需要一些真正的内省和勇气来打破以往寻才聘才套路，采取新的方式，让正确的人来提升工作的价值。

基于逆商的招聘策略

既然我们已经澄清了不该做的事情，现在是时候考虑用一些新的方法来找到最好的人才了。当你读到这些想法时，你可能会对使用它们感到局促不安，或者希望立即否决其中的许多想法；然而，不如尝试让自己走出招聘的老套路，探索新的领域，来获得最佳人才。

从比例上来说，大部分的攀登者并不会真的去爬山，他们存在于各行各业。所以，要从字面意义上的山峰延伸到象征意义上的山峰。你要提醒自己，这座山代表了一个人的人生使命。攀登者是那些无论遇到什么障碍，都能表现出坚韧、勇气和执着来守住他们的使命，并持续成长的人。

因此，寻找那些孜孜不倦地追求使命并加以实现的人，是很有价值的一件事。你可以采用以下几种策略。

从意义开始

请记住，我们都希望在这样的地方工作——我们相信自己是谁以及自己正在做的事是有意义的。这是驱动我们人类攀登的核心动力的一部分。攀登者更少妥协，更坚持工作选择中的这个核心方面，他们不会选择没有强烈意义的工作。

你有很多方法可以表达工作的重要性和他们潜在的角色。如果一份工作有很强的意义，即使一位攀登者自己不选择应聘，他也可能会告诉别人。这样你的招聘信息就传开了。

ADP 经纪服务集团已经连续很长时间实现了两位数的增长。即便是那些备受追捧的信息技术人员的流失率也非常低，而且它正寻求在五年内实现翻番。其经纪服务部门总裁约翰·霍根（John Hogan）引用了该公司的座右铭："每位客户都有价值，每位合伙人都有价值，每份契约都有价值。"当被问及这一举措能在多大程度上付诸实施时，约翰指出，实际上客户流失率为零！"事实上，几年前有一个客户离开了，"他解释道，"但他又回来了。"ADP 的员工流动率之低同样令人印象深刻。显然，ADP 创造了一种意义感，能帮助它获得并留住优秀的人才和客户。

每当你写一份招聘广告时，都要做一个"意义检查"。确保它有效地传达了这份工作之所以重要的理由，或者至少暗示了其重要性的更深层次的部分。我很早以前就知道，这样的策略可以深入吸引攀登者的兴趣。他们浏览广告，寻找机会，以实现进一步的攀登，找到有意义的工作。

ADVERSITY QUOTIENT @ WORK

下面是一些攀登者的语言：

激情 能量 挑战 抱负 使命 意义 目标 价值观 更深入 更高远 更向前一步 奋斗 愿景 未来 成就 决心 勇气 坚韧 深度探索 团结 自由 不寻常 敏捷 独特 冒险 最佳 传承 困难 不确定 特别的 影响力 变革 差异 乐观

> 对一个人最终的衡量，不是他在舒服、便利的时候站在哪里，而是在遇到困难和挑战时，他站在哪里。
>
> 马丁·路德·金（Martin Luther King Jr.）

你必须真诚地做这件事。如果你把这些策略当作权宜、肤浅的伎俩来使用，人们就会认为它们正是如此，这样你就是在用一些华而不实的手段污染人力资源市场。只有当你能提供有意义的工作时，你才能做这样的承诺。

以下还有一些能强化意义的方式，吸引攀登者前来应聘。

- 给他们写私信，特别是在互联网时代。这表示："你很重要，我花时间来展现我对你的兴趣和重视。"攀登者讨厌成为一个数字（无关紧要），而是乐于成为一个特别的人，这不是出于突出自我的需要，而是出于一种做贡献的内在驱动力。一封真诚的信可能就会让一位攀登者说："现在这是一个我可以真正看到自己价值的地方。"
- 当你搜寻人才时，要对攀登者所询问的一切事情迅速做出回应，就算再忙也要这样做。如果他们需要信息，那就立即提供比他们所要求的更多的信息。攀登者会注意到，当一个人忙得团团转时，整个世界都会为他们停下脚步，即使在他们被雇用之后，这也是一种很好的沟通方式。
- 在进行探索性对话时，用攀登者的语言来交谈，谈谈贡献、更高的目标，以及为什么对于这份工作，他们会很重要。不要回避这些话题。攀登者寻求这些更高层次的内容来激发自己和他人。
- 当你和他们见面时，让你的关键成员也花些时间与他们见面，甚至要让他们费尽心思地这样做。当攀登者与一个潜在的雇主进行非正式面谈时，他们心里始终会保持一个疑问："你都会和谁见面（共事）呢？"请记住，这会影响他们申请这个职位的可能性，以及他们认为一旦自己被录用，在组织中的重要性会是怎样的。再说一次，这并不说明攀登者难伺候，他们只是在审视自己在组织中的潜在影响。
- 当谈到你的组织时，你需要表明的是，如果他们申请该岗位并被录用，会有担任关键角色的人对他们进行入职培训，而不是某个只是为了完成任务的人来做这件事情。这将传达出带头攀登者的承诺水平。
- 要向他们指出有哪些资源有助于他们创新、思考、学习、互动和攀登。教育福利、图书馆、内部网、特殊的人际资源、知识库，以及内部创业项目等，都是攀登者所欢迎的。
- 说明在组织里是如何处理不同想法以及做出决策的。要向他们指出，如果他们申请并加入了团队，他们可以快速而有意义地贡献自己的想法并影响重要的决策。

■ 当他们想要深入了解你的组织时，给他们方法联系其他攀登者，理想情况下，让他们只是联系其他攀登者。让他们看看其他攀登者在组织中是如何发挥作用的，这样他们就能确信自己也可以做到。让潜在的申请者与攀登者见面，很可能有助于你剔除那些扎营者，而留下攀登者，前者是因为害怕而放弃了，后者是因为受到激励而加入了。

在寻才过程中强化意义的方式有：

1. 给人才写信；
2. 快速回应，尤其是当你很忙时；
3. 以攀登者的语言与其交谈；
4. 让重量级人物投入时间与其沟通；
5. 让关键人物来做入职培训；
6. 指出有助于攀登的资源；
7. 说明决策是如何做出的；
8. 让他与其他攀登者建立联系。

寻找热情追逐目标的人

任何人都可以为慈善机构捐个款，或者把不穿的衣物捐出去。只有少数忙碌的专业人士会信守承诺，把宝贵的时间花在他们相信的事情上。我们身边大量存在着有意义的追求，它们让社会变得更好。在非营利志愿者团体、社会服务组织的管理委员会、社区会议、社区活动、学校会议以及报纸的专栏中，你都能找到那些为自己相信的事情充满激情的人，当然这样的场所远不止这几个。在通常情况下，这些人不想成为无助于世的人，或因为不积极参与而成为问题的一部分。他们内心受到激励，为当下的事业做出贡献。这些无名英雄不畏艰险，积极应对教育、环境、社区规划等方面的一些难以解决的问题。听起来很吸引人吧？

目前的挑战是，将“简历人才”和那些寻求政治利益的人，以及真诚追求使命的攀登者区分开。一些简单的问题再加上你良好的判断力就足够了，比如“你为什么来这里？你为什么要把时间花在这件事上？你希望从你的努力中得到什么？你为这项事业奉献了多少时间？为什么？”

> 困难对于有个性的人而言特别有吸引力，因为只有通过克服困难，他才能真正认清他自己。
>
> 戴高乐

寻找那些全身心投入的人

在传统的招聘方式之下，内部人才往往被忽视，得不到有效利用。可能有一个攀登者就在你们中间（或在云雾中）。通过公司主办、赞助的一些有意义的活动和大项目，你能找出那些超越工作职责而积极投入其中的人。这些人一般都是愿意投身社区事务的人，这是另一个吸引人的特征。

问问整个组织的领导者们，哪些人像是攀登者；问问谁能最有效地应对逆境，谁能在困境中无畏地坚守？当讨论目标、使命、价值观、原则和愿景时，哪些人做出了贡献？谁能从日常工作中抽出时间来定义山峰？其他人觉得谁最激发人心、最投入、最热情、最令人振奋？令人遗憾的是，这样的人通常都很罕见，所以在组织中找到他们并不太难，他们能木秀于林！

看看谁会来找你

我记得几年前站在柯维领导力中心大厅里的情景，那时《高效能人士的七个习惯》（*Seven Habits of Highly Effective People*）一书刚刚开始热销。在那里我看到了一个惊人的现象。每隔几分钟，就有人走进大厅，径直奔向中央接待员，大声说出最热烈的申请。我记得很清楚：一位 30 多岁的绅士解释道："我没有预约，我刚从东海岸飞过来。我读了柯维博士的书。我是 IBM 公司的市场经理，我知道你可能没有任何工作空缺。但是，不管怎样，我可以和你们的人谈谈吗？我一定要参与这里正在发生的一切。"

在自己的使命驱使下，他们一个接一个地来了。他们中的许多人都曾是扎营者，现在勇敢地将头探出帐篷，重新回到上坡路上，他们现在才意识到自己以前放弃了攀登。每个人都具备向上攀登的核心动力。他们需要有足够高的逆商，才能持续保持这一动力。这些人只不过是意识到柯维博士和他的团队所创造的使命极富意义和吸引力，拥有足够高的逆商，让他们愿意牺牲所拥有来换取加入这份事业的可能性。

永远不要低估意义的力量。一个人是谁，一个人做什么才是真正重要的，人们会为了成为更崇高的事业的一部分而付出一切。许多第二次世界大战老兵为他们对战争这种恐怖事件的怀念之情而感到纠结。然而，作为具有历史意义的事件的一部分，例如从希特勒手中拯救世界，能使许多人感到独特的生机和活力。意义使我们超越世俗，甚至恐怖。

你不必成为一名教师或外科医生，就能体验到意义。我最近问一个经营空调维修小生意的人，他为什么要自己创业。"当我为别人工作的时候，"他解释说，"这份工作的核心就是你一天能接转多少个电话。现在，我是为她而工作。"他指了指一位正站在窗前给自家植物浇水的老顾客补充道："因为我今天为她所做的事情，让她的生活会更舒适、更安全、更好甚至更长久。看到她现在有多高兴了吗？这足以让我坚持上几个月！"

我们常常认为，吸引最优秀人才的唯一途径是投资不菲的项目和创举。虽然这些可能会被证明是有用的，但没什么能比得上人们在你的组织中所感受到的真正的意义。为什么我们还记得那几个真正鼓舞人心的老师？这是因为他们太稀有了，让人们普遍感到有意义的工作场所也同样稀有。放心吧，如果你真的建立了这样的组织，最好的人才就会来，还会带着其他人一起来。

在你将意义定位为组织的真正卖点之前，你可能希望诚实地评估你能在多大程度上实现你的承诺。

下面是一个重要的小测验，看看你为招聘攀登者所做的准备是否充分。

思考并回答以下问题，以评估你是否做好了雇用攀登者的准备。要诚实地面对自己。

1. 你在自己的工作中感觉有多重要？为什么？
2. 其他人做什么或说什么能增强你的意义感吗？
3. 如果 10 代表感到非常有意义，1 代表几乎没什么意义，那么大多数新员工在最初入职的几周后会如何评价你的公司？老员工会如何评价呢？
4. 大多数人会如何回答这个问题："这家公司最重要的是什么，我所做的工作最重要的是什么？"两者会在多大程度上达成一致？
5. 与你所在行业的其他公司相比，你会如何评价你们公司的员工表达和感受到的重要性？
6. 当你对雇用的人做出承诺，他是谁以及他做什么将会是真正重要的，这个承诺的兑现程度如何？

跟着夏尔巴人走

一个人的逆商越高，就越有可能有效地改善逆境。据统计，企业家的逆商最高。国际上平均逆商为 147.5，而企业家们的平均得分为 158。如今，大多数组织都在寻求建立一支更具企业家精神的团队。这种攀登者精神是推动创新、冒险和可能性思考的动力。思考一下，到底是什么激发了各行各业的企业家或攀登者？

企业家和大多数攀登者都深受自由和掌控感的驱使。他们在自由的选择中和对自己命运的根本性掌控中茁壮成长。大多数人对传统的企业生活有着强烈的厌恶，并且鄙视那些把员工囚禁在精神和物理隔间里的组织。许多人把任何带有一丝官僚主义色彩的东西都看作弱者和被压迫者的桎梏。你很难低估人们是多么强烈地追求自由和掌控感。

你不能套住鹰，也不能强迫攀登者扎营不前。所以，如果你能接受挑战，有一些真诚的方法可以激发创业者的兴趣，让他们至少能考虑一下，加入你的团队后在生活方式方面会发生的巨大变化。

以下这些是创业的/攀登者的激励因素：

- 自由；
- 掌控感；
- 共同的责任；
- 令人向往的愿景；
- 有价值的使命、意义；
- 攀登的资源。

企业家和攀登者经常为资源稀少和需要自己包揽全部工作而难受。对每件事都负起最终的责任也已经是很过时的做法。如果你能真诚地提供自由、掌控感、共同的责任、令人向往的愿景、有价值的使命和资源这六个因素，有创业精神的人就将进入你的潜在候选人库。以下是对上述每一项的简要定义。

1. 对攀登者来说，自由就像空气，没有它就活不下去。事实上，往往是自由诱使他们做出巨大牺牲而成为一名企业家。他们寻求能自由地决定、实现、执行、说他们想要的，并愿意承担后果。他们想要创造、影响和选择的自由。

2. 掌控感与自由有关，这是企业家们在解释为什么要做现在所做的事情时，最常用的一个词。他们想要对日常生活和命运的掌控感。你能为他们提供多大的空间，就尽量提供多大的空间吧。企业家理解掌控的语言，因此无论是身处何种职业领域，他们都能在逆商的掌控感这一维度得到最高的分数。
3. 共同的责任感对创业者和攀登者来说非常有吸引力，因为他们可能经历了相反的事情。他们鄙视不负责任的行为。当他们相信你的组织是真正不同的，他们将被责任共担而吸引。
4. 令人向往的愿景对几乎所有人都很重要，但对企业家来说却是神圣的需求。攀登者天生就有远见卓识，所以他们乐于说起愿景，也愿意与这一愿景真正联系起来，做好准备：他们可能会问你关于愿景的事情，并会在第一时间察觉到你不够真诚的地方；他们对挂在墙上的口号感到厌恶；他们衷心希望，这一愿景是真实的，流淌在团队中每个人的血液中。
5. 一个有价值的使命对吸引企业家和攀登者是非常重要的。他们需要知道将走向哪里（愿景）以及为什么要走向那里（使命）。如果缺失了其中任何一个，他们都会找寻另一座山峰。企业家知道他们有很多东西可以贡献出来，因此他们会谨慎地选择一座有价值的山峰。
6. 提供攀登的资源。创业者对为资源你争我抢感到厌倦，会被资源丰富的环境所吸引。他们希望得到的是能帮助他们攀上山峰的资源，而不愿意自己被一堆方便扎营的装备和鼓励舒适、自满的政策所引诱。你能提供什么样的资源来吸引一个雄心勃勃的攀登者呢？他们一定会问这个问题。

如果这六个因素能以适当的比例和程度提供到位，一些有创业精神的攀登者就将加入你的人才梯队。但如果你不准备兑现你的承诺，就不要费心邀请这些特殊的人才加入你的团队了。你需要你的攀登者团队具备的勇气和坚韧，你同样需要展示出来。

ADVERSITY QUOTIENT @ WORK

本章简要回顾

要雇用那些反应能力强的、基于反应的、能虚心纳谏的攀登者，他们能飞跃逆境的雪崩。在寻找攀登者方面存在六个致命的缺陷是：

1. 在招聘开始之前就妥协你的标准；
2. 混淆了态度与高度；
3. 因循守旧；
4. 在互联网上找夏尔巴人；
5. 在攀登中走捷径；
6. 重出身胜过重表现。

通过以下途径搜寻攀登者：

- 寻找热情追逐目标的人；
- 寻找那些全身心投入的人；
- 看看谁会来找你；
- 跟着夏尔巴人走。

意义是攀登者最重要的驱动因素：

- 你如何沟通重要性和意义感？
- 其他人如何强化你的重要性和意义感？

第7章 招聘攀登者

当你吸引了一些渴望在你的攀登型团队谋得一席之地的攀登者后，哪些人最终会被你揽入团队呢？通过了解避免两种类型的招聘错误，并遵循本章所讨论的七道人才筛选屏保程序，你将获得锁定最具攀登精神的候选人所需的工具和策略。

攀登者的特征：

- 有高逆商的反应能力；
- 是基于反应的；
- 有弹性和吸收力；
- 专注于解决方案而非追责；
- 始终处于学习区。

我最近与亚洲一家著名电子制造商的副总裁有过一次交谈，他给我讲了一则耳熟能详的故事。当我们讨论其公司的招聘筛选过程时，他说："我在招聘人员方面一直非常谨慎。我们会进行三次面试，从中挑选我们需要的员工。如果第一次面试印象很好的话，偶尔我会略过之后的面试。我们确保他们在简历和求职信封面上的所写的内容都是真实的，能准时参加面试。我相信，如果他们能给我留下好印象，在我们的客户那里也会如此。多年来我一直觉得我的第一感觉很准。"

"但是现在，"他接下来说道，"这些直觉似乎经常失灵。我们的服务和适应能力受到了影响。我发现有太多人难以应付他们每天必须面对的挑战，我不理解为什么他们无法成功。"

和其他许多人一样，这位高管发现，尽管他有这种直觉，但显然有些地方不太对劲。他不明白为什么他的许多新员工没多久就离开了，或者无法奋起迎接新经济的挑战。

其根本问题是他的招聘过程中没有一个机制来让攀登者展示区别于扎营者和放弃者的真实特征，也没有什么措施能防止他因为简历上的错别字或表现平平的面试而拒绝潜在的攀登者。

这个问题的趋势很明显。因为对每个人的要求已不同以往，那些像精心编排的舞蹈一样，按部就班地执行标准化招聘程序，不再能够真实地预测哪些人会在岗位上大放异彩。在招聘过程中，双方都试图预测并"正确"地回应对方的举动。有经验的应聘者能够预见到面试问题并提前准备好答案；另外，任何人都可以请一位优秀的简历写手。今天的雇主们必须透过表象看清对方的"操作系统"，以确定哪些人拥有最优秀的能力、响应速度和才能容量。

敢于冒险的人，就是将会战胜你的人。

约翰·斯库利（John Scully），苹果公司前 CEO

两种类型的招聘错误

第一类错误是最明显的，即你为了攀登而选择的人并没有去攀登。他们没有意识到自己真正的潜力，也没有充分发挥自己全部的才能，而你却不知所以。你后悔雇用了这些人，不仅因为他们自身的缺点，更因为他们还拖累了那些正“抓着登山绳”奋力向上的攀登者。每当你在走廊、会议上遇到他们或通过电子邮件与他们沟通时，你都会想起他们对组织及其发展的负面影响。我们都犯过这一类错误，但你有没有停下来计算一下他们所造成的真正损失呢?

L4：第一类招聘错误

L4 代表“损失－损失－损失－损失”，这是指当你犯下第一类招聘错误时，客户、生产力、员工和组织所遭受的损失。当逆商未被纳入招聘流程时，各方都会遭受重大损失。

L1——客户

最昂贵的也是最经常被忽视的损失是因招聘错误给客户造成的损失。首先，思考一下逆商所能发挥的作用。你雇用了一名“合格”的人员，但他的逆商却低于理想水平。当逆境来袭时，一个技术上的失误将造成你承诺的交货期延误；如果你的“低逆商”员工在内部对此应对不当，由此造成的损害就会波及你的客户。这样的员工会认为这个逆境很严重，超出了她的掌控范围，影响会很深远，而且可能会持续下去。她没有意愿承担去解决问题的责任，也无法解决这个问题。

“哎，太扯了，”她嘟嘟囔囔地挖苦，“我们不可能交付这个订单了。整个系统停滞了，我们的客户会很生气的。我能想象当这个消息传出时会发生什么。我肯定会因此受到责备。好吧，我现在对此无能为力。我真希望我的老板能想出办法来。”

她对逆境的这种反应可能会殃及客户，这种不安情绪也可能弥漫在她的团队中。“对不起，”她对客户说，“我不知道该怎么对你说。这是一个系统性的问题。即使我们能解决这个问题，可能也要花上很长时间才行。在做出承诺之前，他们应该先多了解情况。现在，我也无能为力。我希望我能提供更多帮助，但是……”

她会向她的团队这样解释：“嗯，事情终于还是发生了，我告诉他们我们已经不堪重负。现在，我们有一位客户非常不满意。我是说，他很生气。我们又能做点什么呢？完全无能为力。我们只能坐在这里等客户下逐客令。哦，也只能这样了……”很快，整个队伍都被这样的情绪感染了，甚至一些“原本想成为攀登者”的人也可能会被吸引过去变成了扎营者！

也许，客户会因为你无法在逆境袭来的关键时刻展现自己的最佳状态而失去对组织的尊重。让一个低逆商的人处理客户遇到的难题是一个糟糕的决定，客户的利益会因此蒙受损失。

L1（客户）也会遭受由员工流失带来的不利影响。想想那个经常更换业务联系人的供应商。在客户服务关系的领域中，这种不稳定性是一个决定性因素。当客户将他们的业务托付于某个特定的人，如果该人离开公司加入竞争对手，这项业务也就可能随之流失。即使他们留下来，他们对公司的忠诚度也需要重新建立。

试想有这样一家餐厅，在那里你会受到热情的接待，他们用你的名字称呼你，你的特殊需求他们通常都能提前想到；相反，想想那些人员流失率很高的餐馆，在那里你显然被视为一种负担，当你提出一些特殊要求时，服务人员不是翻白眼就是叹气。那么，你愿意在哪家餐厅用餐呢？

你是否曾经因为一个重要的员工离开而更换过供应商、加盟商或经销商？雇主通常希望他们的新销售人员能争取一些老客户，除非被明确禁止这么做。那么你哪来的自信认为你的客户不会用相同的方式来对待你。

员工流动会导致客户流失。事情就是这么简单。如果你从事的是以关系为基础的业务，事实上我们都是如此，那么保证人员的稳定性至关重要。员工流失率可能是客户选择你还是其他人的决定性因素。

L2——生产力

一个糟糕的雇用决策就算不会让公司彻底失去生产力，也可能对其造成损害。停下来思考一下，在你目前的员工队伍中，谁是因组织犯了第一类错误而被招聘进来的？这里包括那些达到你的预期的人。这些人对团队、同事，以及你的企业文化有什么切实的影响？很可能影响相当大。在刚开始研究逆商时，我们就认识到，不管一个人的头衔如何，都不能低估其潜在影响。这种影响可能是积极的，也可能是消极的，这取决于这个人自身的逆商以及企业文化。在开始讨论第二类错误之前，充分了解这样一个人所能造成的后果是非常重要的。当美国电报电话公司解散时，新的竞争局面开始了，洛杉矶的一家新兴公司开始取得其在长途电话业务的市场份额。在经历了几个月惨淡的销售业绩后，公司的老板们聘请了一位名叫弗雷德的销售经理，他在几个相关行业内有着多年从业经验。他们相信，根据他的背景和面试表现，他会改变现状，提升公司的市场份额。但他们不知道的是，弗雷德一直以来擅长的是做那些送上门来的业务。在竞争激烈的长途电话业务市场，弗雷德将面临无情的拒绝和其他一系列逆境，这是相当残酷的。每次当有顾客打电话来说服务有问题，弗雷德就会说："又来了一个。"随着时间的推移，公司的技术出现了问题，弗雷德开始酗酒，成天缺勤。当他现身时，他总会打击其他销售人的士气：他会对顾客撒谎；为了赢得顾客，他会从销售员手中抢过电话，然后信口开河。他的行为在沮丧和绝望之间摇摆。最后，竞争对手挖走了公司几乎所有的销售精英，他们难以忍受继续为弗雷德工作。公司的销售额直线下降，不久这家创业公司彻底从市场上消失了。

就像弗雷德一样，你招聘的那个绩效平庸的人会影响每个人的士气、业绩表现、生产力、学习和创新，也会影响每个人的成功和幸福。就好像当病毒从主服务器传播到员工内部网络时，会导致整个操作系统崩溃。你的团队对那个人的成功所寄予的厚望，现在被削弱或扼杀了，仅仅让这个人搬去远离其他员工的工位来避免再“传染”他人，并不能解决问题。

L3——员工

第一类招聘错误所导致的第三类损失是员工的损失。想想看，一个错误的招聘决定对被录用者可能造成的不可估量的影响吧。这种影响可能会很深远，当做出了错误的决定时，每个人都是输家。

一个糟糕的招聘决策通常不是那么显而易见。很多时候，新员工也几乎足以胜任这个新职位，但他只是“还可以”。这个人可能很友好，很想干好工作，也很讨人喜欢。但他的性格特质和良好意愿并不能掩盖你在雇用他或她时所犯的决策错误。

对员工来说，招聘失误所造成的不良后果可能小到对自己花费黄金时间所做工作的不满，大到不被同事和老板尊重。这个人会感到自己无足轻重，士气低落，长期承受着压力等。这些系统崩溃问题都是由于他的操作系统配置不足造成的。

这一错误长期的副作用在于，它可能会挑战员工的自我认同感。当一个人对自己的看法，如“我是一个有才华、有才干、有竞争力的人”和别人对他的看法，如“这是多么失败的一个人”之间存在着难以摆脱的差异时，这个人必须通过或是无视他人意见，或是降低自己的自我意识来解决这个矛盾。一个高逆商的人会找到改变这种看法的方法，可能是通过努力使自己的贡献变得重要；一个低逆商的人则可能会质疑自己的价值、能力和做贡献的才能。对于一个低逆商的人来说，成为一名不适岗的人会让其心灵受到真正的伤害。

L4——组织

组织也会因此未能实现愿景、目标以及不断向上攀登。最明显的招聘成本是薪酬加上显性与隐性的福利支出，不太明显的成本可能包括公司在招聘过程中的时间和资源投入。即使是发布职位空缺、收简历和答复问询、筛选候选人以及安排和开展面试等基本工作，都可能会产生大量的成本。

当这个人被录用后，你要为他安排入职培训，给他发工资，提供办公空间、办公用品、技术培训，这些费用相当可观。我最近问一家大型保险公司的招聘团队，他们是否计算过雇用一名人寿保险代理人的真实成本。他们的答案是实打实的 20 万美元！你的实际成本可能比你想象的要高出好几倍。做一次真实的计算可以给你提供一个强烈的警示。

当你犯了第一类招聘错误后，招聘每个人最终都会导致上述四个方面的损失，而你的损失最惨重。

招聘成本公式

[（月薪 + 福利）× 百分之百达到绩效要求前所需的月数]
+ 招聘人员的工资除以花在这项招聘上的小时数
+ 招聘所需场地的成本
+ 入职培训
+ 技能培训
+ 对客户造成的不良影响
+ 体检
+ 失误和因学习失去的机会
+ 招聘用品和资料的费用
+ 寻才和职位空缺带来的生产力损失成本

+寻才小组成员的生产力损失成本

+招聘广告费

+猎头成本

+未能用于做其他事情的时间成本

=该员工的实际雇用成本

错过攀登者：第二类招聘错误

第二类招聘错误更微妙，更容易被人忽视。每次当你没有识别出一个攀登者的时候，这种错误就发生了。这种错误很容易忽略，因为通常这些人在被你拒绝后就离开了（当然，除非他们本来就是公司的员工）。他们通常没有很光鲜的资格证书，可能没有最高的学历，资历不是最深的，职业经历也不十分完美。

在以前，要想了解当年那些“被淘汰者”的表现的唯一途径是，偶尔听人讲起他们在竞争对手那里的表现。但现在，逆商科学帮助我们记录下一个事实：那些最初在招聘过程中被拒绝的高逆商人才，后来在各自领域的表现都优于其他人。销售表现就是一个最好的例子。

最早针对此项的研究是由马丁·塞利格曼博士于 20 世纪 80 年代中后期开展的，他和他的团队试图解决美国大都会人寿保险公司的员工流失问题。这项研究涉及超过 15 000 名保险代理人。他们成功地让这家公司雇用了 256 名“被淘汰者”，这些人以前在激烈的面试、筛选和其他评估中未能过关，但在所有“被淘汰者”中，对他们应对逆境的能力（我们现在称之为逆商）得到的评价最高。这支高逆商“特种部队”的销售业绩是其他人的两倍！

当第一类招聘错误发生时，每一方都会受损；而当第二类错误发生时，则会导致每个人错失利用和享受高效能资源的机会，使团队又失去了一个可以收入麾下的有价值的攀登者。

这两类招聘错误都会产生巨大的成本和后果，这些损失是招聘费用的数倍。因为你的成功很大程度上依赖于那些和你拴在一根登山绳上向上攀爬的人，所以你承受不起这样的损失。

> 经验不是发生在一个人身上的事，而是一个人如何应对发生在他身上的事。
>
> 阿道司·赫胥黎（Aldous Huxley）

为什么要筛选每个人

五年前，许多经理人不愿意在招聘过程中使用测评工具，因为他们担心这会吓跑一些优秀的应聘者。但如今，还是这些管理者，他们正在使用任何能帮助他们确认攀登者的方法。那么，是什么原因导致了这种观念的转变呢？

第一个原因是，人员流失现在已经成了一个主要的经营问题，甚至是唯一的问题。此外，如果没有准确地审查那些离职人员的数量和质量的话，你就不能准确地评估人员流失率。换句话说，你失去的是攀登者、扎营者还是放弃者？即使只是失去了一少部分攀登者，也会让你的组织步履蹒跚，而少选用一些放弃者，实际上反而会提高组织的效率和士气。

找到“有合适素质的人”不仅是一项挑战，也是一项势在必行的业务举措。问题是，你筛选的目的是什么？你的测评工具会告诉你什么？像迈尔斯–布里格斯人性格测试（Meyers-Briggs Temperament Indicator，MBTI）和 DISC 性格测试[①]

① 该测试被国外企业广泛应用，是从支配性（D）、影响性（I）、稳定性（S）和服从性（C）四个维度进行测量、评估的一种人格测验。——译者注

这样的方法对于评估个人风格以及企业文化契合度的问题都非常好用。但人的性格并不会决定或影响其逆商。逆商不是性格，逆商也不依赖于性格。逆商并不能测量所有的东西，它只是提供了一部分基本信息来强化你的整体招聘过程，并提升你目前使用的其他测评工具的价值。

你要问自己的问题是：在你的招聘决策中，希望把哪一部分留给运气做主，以及你是短期招聘还是长期招聘。基于技能和经验的招聘可以满足你的短期需求，节省短期培训费用，但它并不能解决一个令人头疼的问题，即这个人能否在充满逆境的时代持续地表现出色。仅仅为组织引进一些有热血豪情的人是不够的，你需要的是攀登者。

七道人才筛选屏保程序

我们 PEAK 团队与几十个行业的数百家公司合作过，注意到了一些典型的筛选错误，如果避免了这些错误，就可以让你在为团队招聘攀登者的道路上走得更顺畅。下面将介绍七道人才筛选屏保程序，有助于强化你的招聘流程，让你寻获具有反应能力并以反应为基础的攀登者。

人才筛选屏保程序一：超越直觉

在这个高度竞争的时代，即使组织本可以使用各种人才筛选工具，许多人还是愿意凭直觉行事。招聘流程可能是由人力资源部或招聘人员精心设计的，但很多经理人在关键时刻还是会选择绕过规则行事，这往往会带来可怕的后果。

这种倾向在进行逆商的评估时尤其突出。你可能会对自己说："如果一个人战胜了可怕的悲剧，现在又能够冷静地对其进行阐述，他一定有很高的逆商。"这倒不一定。这种回忆性的讲述并不能说明当逆境来临时，那个人是如何反应的。你听到的只是他马后炮式的报告。他的内心可能大受打击，花了几年才恢复过来，或者他可能仅仅只是表现出令人钦佩的决心和解决问题的敏锐性。基于一个故事做出你的评价，就像是仅靠我对自己高中生活的讲述你就认为我是一个伟大的运动员一样，那其实是个错误判断。我的家人经常提醒我，我对这些事情的记忆并不总是百分之百准确。

靠直觉撞大运有很多种形式。这在很大程度上是一种情绪反应。它可能是基于某个人自己的陈述，也可能是基于其他更隐晦的信息。有时候，你的直觉是基于潜意识中想与一个几乎不认识的人建立起互动或联系的念头。人们可能会根据最奇怪的假设做出招聘决定！

男女约会是最能证明直觉有限性的一种方式。有多少次你听一个朋友或同事说过“我对这人有感觉”，结果在几天或几个月后，哭笑不得或者悲哀地发现其实是个错觉？我们都听说过一些“心头好”变成“眼中沙”的故事。

我们有一种天生的渴望，那就是与他人建立联系，并对他人做出快速判断。第一印象在六秒钟内就会形成，大部分是在潜意识层面。你对某人的感觉基于他与你在个人价值观方面的相似及不同之处。因此，我们想要与他人建立联系的渴望，会导致我们认为自己在性格、价值观和其他重要方面与对方惺惺相惜或者存在相似之处，其实那根本就不存在。

很多情侣在约会时都会经历从彼此融合再到各自分化的阶段。融合是感觉“我们如此相似”的阶段。在这种情况下，关系的双方可能会为了享受融合带来的兴奋感和亲密感而妥协。但随着时间的推移，融合会让位给现实的考验——彼此分化。

当你意识到自己的独特性和与众不同之处时，就会产生分化，这是现实的寒风。许多关系难以经得住分化这一寒流的冲击，但也有些关系会变得更强健。关键是，你的良好意愿可能会误导你相信那里有本不存在的东西。这不仅影响你对这个人特质的判断也影响你和他有效合作的能力。此外，筛选和雇用一些与你高度相似的人可能也并不符合组织的最佳利益，因为组织需要不同的视角和能力。

直觉会在很多方面发挥作用，如当你选择一家餐馆、一条徒步旅行的小径、一个度假地点，或一个潜在的约会对象时。当你试图衡量其与企业文化的契合度时，直觉甚至可以成为你招聘标准中的一个重要因素。但在选择你的攀登型团队成员时，这不应作为决定性因素，当然更不应成为唯一的因素。要使用人才筛选屏保程序一，要遵循筛选规则，要超越直觉。

如果我们在面临重大问题时所思考的层面与我们创造这些问题时一样，那么我们是不可能解决它的。

阿尔伯特·爱因斯坦

人才筛选屏保程序二：始终保持一致

当你开启招聘流程时，要明白你是对结果有很大影响的调研员。你要先问这样一个问题："我应该雇用谁？"或"谁最有可能在这个岗位上取得成功？"你要据此收集信息或数据。然后，你用你的数据得出结论："我会雇用这个人""这个人值得再仔细考察一下"或者"这个人显然欠缺必需的素质"。

学者和招聘人员面临一个共同挑战，即数据收集过程是否具有一致性。对任何一名研究人员来说，数据收集过程中的不一致可能会造成严重问题。而在招聘过程中，你还要利用这些数据做出重要决策，这就可能使问题变得更加严重。大多数人在收集数据的过程中都会犯不一致的错误，就算这不致让整个招聘过程功亏一篑，也可能会让招聘决策失败。

调研员知道，在由谁收集数据或如何收集数据方面的任何差异都会让人质疑数据和结论的有效性。为了保证实验结果有效，这种差异应当受到严格控制。招聘过程也是如此。

招聘流程启动，你收集了各种招聘数据，包括个人简历、求职申请、自荐信、面试信息、推荐信，也许还有心理评估、情景介绍、其他人的评价等。作为一名调研员，你必须考虑到你在数据收集中的一致性。我们可以通过下面所列出的标准和问题对收集的招聘数据进行检查，并评价筛选过程中这些数据是否存在差异性。

评估筛选过程中的差异

筛选申请者

- 谁来筛选申请者？
- 筛选人员接受培训的程度如何？
- 用什么标准来挑选值得进一步考虑的申请人？
- 筛选人员是使用标准的筛选问题清单还是仅凭“眼缘”？

面试

- 谁来进行面试？
- 面试官们采用的面试结构或形式有什么不同？
- 他们接受的面试培训的程度如何？
- 所有面试官都收集相同的数据吗？
- 每次面试的标准时长是多久？
- 如果不同面试官收集的数据之间存在差异，原因是什么？

背景调查

- 由谁来做背景调查？
- 采用什么样的结构或形式？
- 该结构是否有被很好地遵循？
- 该方法的一致性如何？

- 进行背景调查的人员接受培训的程度如何？
- 采用什么策略来获取最准确的信息？
- 使用什么策略来对你的发现进行交叉检查？

第一印象

- 你会向申请人提供哪些关于工作岗位和公司的信息？
- 面试者到达后应如何接待？
- 在这些方面有哪些差异？

结论

- 关于这位候选人，你得出了什么样的结论？
- 你的结论是基于什么样的证据 / 数据？
- 从相同的数据得出的结论存在哪些不一致性？为什么会存在这些不一致？

人才筛选屏保程序三：打赢数据战

经过 20 年的研究，我见识了几乎所有可以想得到的数据失真和误用。有些错误，比如过于相信某个数字、忽视某个数据，可能会引发诉讼。其他错误，如使用数据把招聘过程合法化，或者仅仅使用部分数据，都比完全不使用量化评估更糟糕。

你必须确保已经想清楚了真正需要什么样的数据，并且能公平、一致地使用你收集的数据。如果你能采用下面列出的方法，你的投入和付出就会带给你所有的价值，并打赢这场数据战。

打赢数据战的方法

- 囊括并思考所有的数据，而不仅仅是那些支持你观点的数据。
- 永远不要基于某单一数字做出招聘决定。
- 确保使用这些数据来评估你一开始想知道的东西。
- 注意不要夸大无关紧要的发现或差异。
- 使用相同的数据来比较同一工作岗位的不同申请人。
- 确保你有受过正当培训的人员进行智力测试。
- 仅使用通过统计和法律测试的方法，以防止对不同性别或不同种族背景的人产生“不利影响”。
- 仅收集你打算使用的数据。

人才筛选屏保程序四：防信息雾干扰

当你获得了太多的信息，以至于影响了你做明确决定的能力时，就会产生所谓的信息雾。随着互联网信息、出版物及各种资源数量的激增，你面对的信息迷雾越来越浓厚。它混淆了决策，使你不再明智。就评估这件事情来说，有些人认为掌握的信息越多越好，但事实并非总是如此。有时少就是多。

我发现有些公司会进行为期数天的评估。除非职位需要特殊的技术信息，否则这种极端的做法就是浪费宝贵的时间和金钱。可选的电视频道越多，你就越难以选择，其他评价的情况与此类似。工具必须与任务相匹配，额外的工具并不意味着更好的解决方案。就像攀登者一样，你的背包里可能会装上很多东西，这些东西会加重你的负担，阻碍你向上攀登。

几件好用的工具就足以让你获得对每位候选人准确而有效的洞察。洞察应聘者的逆商就是对其操作系统的直接了解，也是评估其是否具有满足工作要求的潜在能力以及是否能充分发挥其才能的一种好方法。

所以，在筛选时，如果你想知道其逆商，那就测量逆商。如果你想了解其解决问题的技能，那就测试其解决问题的能力，等等。要自信地把握航向，一定要防止信息雾的干扰。只收集你需要的信息就好。

人才筛选屏保程序五：使用登山向导

你的潜在候选人得到了什么样的迎接、问候和对待？一个常见的问题是，要么是让一个非攀登者教潜在攀登者做事，要么无意中让某人向潜在攀登者传递扎营的信息。

当我第一次被聘为教授时，受邀到一位资深教师家吃饭，一开始大家都很热情。然而，不到五分钟，这个夜晚就变成了“对此你能有什么办法吗”的吐槽大会。教师们开始讲述越来越多可怕的故事，比如体制如何把他们搞得一团糟，或者一些官僚如何不公正地对待他们。他们试图让我提前熟悉营地的环境。我发现这段经历令人非常沮丧，让我不禁怀疑自己来到这里是不是一个正确的选择。

当潜在的攀登者造访你的公司时，他们想知道一些事情。例如，这里就像绝大多数地方一样是个扎营地吗？还是一个敏捷、创新、高绩效的攀登型团队？如果带他们参观的人说话时离不开诸如“舒适”“委员会”和“妥协”之类的词，那攀登者们可能就会另谋高就。但如果这个人言谈中体现出攀登者的风格，爱用诸如风险、挑战、创新、独立、能力、价值观、目标、意义引领大家，其他攀登者就会听到心里去！

就像接听你电话的人可能是未来你将遇到的最重要的客户一样，而来公司应聘的求职者也可能是如此重要的联系人。攀登者不喜欢与扎营者们在一起浪费时间和精力，会尽可能地回避这样的人。他们很可能刚刚从一个扎营地脱身，此时正在你的大本营里探访，看看你所宣传的攀登型团队到底是不是名副其实。

只要一发现这里也是追求舒适、整日插科打诨、抱怨和内讧盛行的官僚机构，攀登者们就会敬而远之。让扎营者带着攀登者来了解组织可能是一个巨大的错误。如果你想得到攀登者，那就请使用合适的向导，带着他们领略组织的山峰。

人才筛选屏保程序六：让攀登型团队参与进来

几乎每个职位都需要一定程度地与人互动，除此之外，还需要相互依赖。攀登者们很重视相互依赖，并将它作为选择公司的最重要的标准之一。然而，潜在的攀登者们往往不清楚“这里的实际情况究竟如何”，也不清楚他们的攀登型团队中还将有谁加入进来。有时这样的团队会明确显示在组织架构图上，但更常见的情况是，这样的团队都是非正式的，需要内部人士的解释和介绍。

新入职者要加入的攀登型团队可能包括公司的关键客户、供应商、内部联系人和非正式顾问。对应聘者来说，这些人能起到鼓舞和激发其兴趣的关键作用。因此，把这些人排除在招聘程序之外是错误的。对候选人是否与岗位契合以及其天性如何，这些人能给出宝贵的意见。仅仅让老板、直接下属、团队成员和人力资源团队与候选人进行面试是非常短视的，并且有可能因此失去你最想雇用的人。

与我们合作的一些公司要求他们的关键客户去面试应聘者。这样一来，就可由客户来直接确定此人有多大可能能够满足其需求、关注点和偏好。同时，客户也会感觉对新员工的成功承担一定的责任。在判断应聘者的逆商时，你可以让客户拿他们那些最棘手的问题来提问，以判断此人能在多大程度上满足他们的需求。这样的话，客户就在聘用决策中扮演了一个角色，并且会希望新员工取得成功。这是一个有效的策略，如果在攀登途中出现了问题，它可以帮你免去很多忧心和烦恼。

人才筛选屏保程序七：不完全依赖背景调查

人们在处理背景调查信息时所犯的错误多种多样。首先，有些人相信他们通过背景调查这个渠道会得到完全真实的内幕信息。其次，大多数人通过背景调查获取的都是错误的信息。

多年前，我第一次意识到在背景调查这一环节中可能存在的缺陷。

有一次，当我走进老板的办公室时，他正在打电话。他挥手示意我坐在他对面的一张椅子上，自己继续做一个听起来非常重要的背景调查。“你要知道，这个人会为她所做的一切付出全部努力的，”他对着电话里大声说道，“她做事从不半途而废，她有无穷的精力，还有那种难得的、坚韧不拔的精神。”

我不禁想知道他这是在说谁。他继续赞美着她的美德。“一名敬业的员工……是的……是的……潜力巨大。不，假以时日，奥黛丽一定能逐渐承担管理者的职责。我知道，在以后的日子里，这里的同事都会记着她。”

这是在说奥黛丽吗？这不可能吧！他说的一定不是这里的那个奥黛丽，她已经成了这个部门的黑洞了。这里的奥黛丽已经成为“雷声大，雨点小”的典型了，她自我膨胀得很厉害，以至于当她以第三人称谈论自己时，会引起人们的哄堂大笑。更别说她还创造了一个不可能的记录，她得到了该部门历史上最低的绩效考评！

老板挂了电话，边擦手边沾沾自喜地说：“好，这下可是解决了一个让人头疼的大麻烦！”

你不能听什么就信什么。人们在给出自己的见解、说出他们所说的话时背后有不同的动机。在做背景调查时，自己没有一点神奇的直觉能力来洞察对方的真正用意，你就不可能搞清楚他为什么会这么说。人们提供诚实、公开的背景调查的动机也正在发生重大变化。

今天，当人们提供背景调查信息时会牵涉法律责任，因此这一过程曾经能够提供的很少的有效性现在也变得岌岌可危了。这是因为背调联系人可能会因提供的信息和意见而被起诉诽谤或侵犯隐私。这就让背景调查沦为了仅仅是信息核实。通过这一程序，你可以得到有关候选人的受雇期限和其他基本信息，但人们越来越不可能给出真正的评价，因为这么做会有法律风险。正如来自水务公司的人力资源副总裁梅塞德斯·古斯曼（Mercedes Guzman）所解释的："我不知道人们为什么会同意提供背景调查联系人。这事风险太大了，也越来越难办了。"

我们在最初对逆商的研究中，还发现人们通常不太擅长判断他人的逆商。主要原因是我们经常把逆商和态度等同起来，而逆商的含义实际上远远比态度要深刻得多。此外，你应该已经发现，一个整体逆商偏低但反应控制能力在中等偏上的人是不易被察觉的。由于逆商反应大多是内在的，如果不进行测量，就很容易做出误判。

筛选漏斗：评估每位应聘者的逆商

评估每位应聘者逆商的最佳方法之一是，设计一个高效、可靠的筛选漏斗，通过这个"漏斗"后，他就你能成为你的一名雇员。这个漏斗可根据你的需要而设定，但是你需要确保对逆商的测量接近"漏斗"的最顶部，以防止高逆商的人流失（如图 7–1 所示）。

了解每位应聘者的逆商，有助于你了解在充满逆境的环境中他们成为攀登者的可能性。虽然对逆商有一些定性指标，但你还是需要一个定量的测量。定量测量能为你提供一种更客观的比较方法，根据工作性质和行业类型的不同，可以依据具体的统计数据对每位候选人进行评估。客观翔实的测量也能加强你在雇佣纠纷中的法律依据。

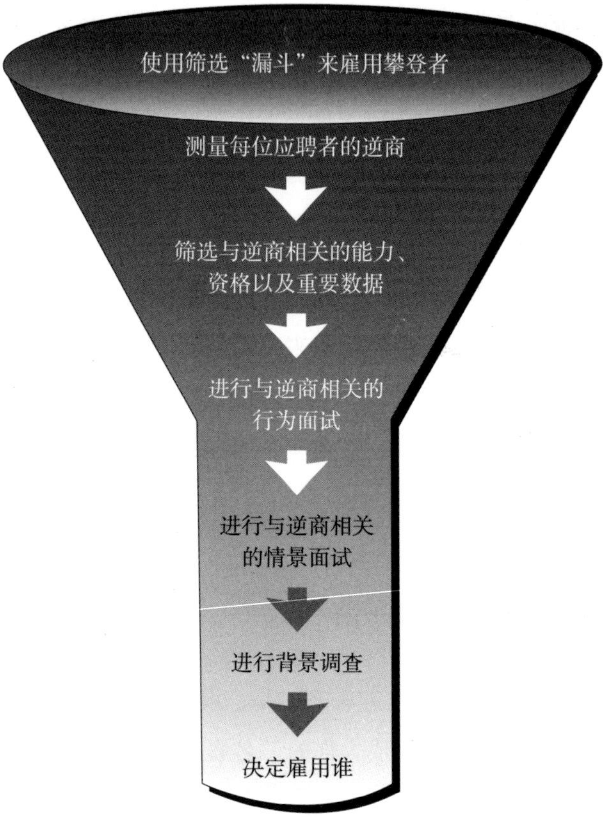

图 7–1　高效、可靠的攀登者筛选“漏斗”程序

全面了解应聘者的逆商

测量逆商是进入应聘者的操作系统的一种途径，它可以量化应聘者面对逆境的关键反应模式并直观地预测其成为攀登者的倾向。然而，有更多的方法来收集次要或额外的数据，以帮助我们进一步评估一个具体的求职者在应对挑战方面的能力。

> 挑战可以是垫脚石，也可以是绊脚石。取决于你如何看待它。
>
> 佚名

基于逆商的筛选

与其简单地用传统的思维模式阅读简历和求职信，倒不如以逆商的视角审视这些自我推销的材料。要寻找证据，证明此人曾经面对并克服了逆境。或者，你可能会发现一个人人生的每一步都走得很轻松。他可能有着比较高的逆商，但未经考验。这就是为什么当与其他数据结合起来时，测量逆商特别有用的原因。无论一个人曾经历过何种程度的逆境考验，这些信息对评估这个人都是有用的。

体育场座椅制造商 Dant Clayton 公司的总裁兼首席执行官布鲁斯·梅里克（Bruce Merrick）在招聘过程中使用了逆商测评和评估视角。他对逆境和逆商在招聘过程中应该扮演的角色态度很坚定。他解释说："在考虑聘用候选人之前，我都会设法找到三个候选人面临并成功克服逆境的例子。"

这种筛查的风险是，你可能会把假设建立在有限的信息上。为了避免这种现象，请圈出或记下你希望获得更多信息的项目。

基于逆商对应聘材料进行筛选

- 你能发现哪些挑战、挫折和／或逆境？
- 此人过往的经历中是努力超越标准以及期望、打造自己的职业生涯，还是他看起来是在随大流？
- 在这些经历中可以找到什么样的证据（如果有的话），显示出应聘者具有韧性、不折不挠的精神和／或敏捷度？

- 在哪些工作中，此人似乎面临的困难、挫折和挑战最多？
- 在这个人的经历中，有没有做过其他大多数人会望而生畏、退避三舍的事情？如果有的话，是哪些事情？

设置挑战

既然高逆商的人总是被挑战所激励，为什么不为他们设置一个挑战呢？我最近在无意中就这么做了，因为我想招募一名办公室经理，她将成为我们攀登型团队黏合剂、大本营协调员，于是我为其设置了三个挑战。

挑战一，这个人必须在网上找到我们，尽可能多地了解我们公司。任何没有这样做的人都不予考虑。

挑战二，他必须找到我的书《逆商：我们该如何应对坏事件》，这本书目前在本地书店都售罄了，图书馆里的也都外借了。

挑战三，我们办公室最近刚搬到加州圣路易斯奥比斯波，这是一个非常偏远的地方。我们的地址没有在任何地方登记过，我在工作描述中也只提供了关于所在大致方位的模糊线索。为了了解清楚我们的地址，一名潜在的应聘者必须上网搜索（要很用心），无论如何都要找到我们的地址，即使它没有标在任何地图上。此外，在任何一本电话号码簿上都找不到我们的电话号码。有很多人给我们传真了简历，但只有少数人能找到我们的位置。

有一名应聘者在这一带开车绕了几小时，就是找不到我们所在的街道。她打电话给消防局和县政府，询问我们的 GPS 坐标，但还是一无所获。最后，在消防部门的协助下，她找到了与我们网站上的地址相匹配的街道。但这条路是有门禁的，所以她上不了我们办公地所在的这座有些陡峭的山。她明白，要想不错过这次面试机会，她需要一辆四驱车。同时，她安排了一架私人飞机，直接在我们头顶掠过，对我们的办公室和周围环境进行了“侦查”！当最终走进我们的办公室时，她带着这个精彩的故事和所有关于我们是谁，我们做什么的调研，还有一本做满标注的我的逆商书，她已经从头到尾认真读完了。这就是一个攀登者的行为！她的逆商有多高呢？180！

也许你也有自己的独门绝技，能帮助你挑选出在面临挑战时最坚定、勇敢的申请者。

情景面试

情景面试有很多种形式。设计的基本逻辑是把应聘人放在一个他必须面对和处理一些逆境的情境中。逆境会以任何形式出现，并且有着明显的边界。你的目的是评估那个人在逆境来临时的应对能力。

你想要评估他们的反应控制能力，以及他们是溯源思维还是反应思维的人。如果它们是溯源思维的人，他们就会到处追责，会揪着问题的根源不放，而不是想办法解决问题。反应思维的人则会表现出强大的反应控制能力，能保持冷静，并尽其所能帮助有需要的人。他们将表现得泰然自若——这正是你在激烈的战斗中所需要的！

你可以创建你自己的情景，下面有一些例子可供参考。

1. “愤怒的客户”这一情景可以通过电话、现场或互联网来进行。其目的是让候选人在掌握的信息非常有限的情况下来应付一个非常不满、要求很高的客户。你可以“离开一分钟”或让应聘者来接这个电话，你和 / 或其他人就在边上观察。当还有别的电话打进来，或有更多愤怒的利益相关者加入时，情况就会更棘手。
2. 让应聘者处理模拟的技术故障或崩溃。设置一个定时的网络搜索任务，告诉此人在接下来的 10 分钟内要获得尽可能多的关于某个特定主题的信息，然后安排一个系统故障，来查看他对这种逆境的反应如何。
3. 在掌握很少信息的情况下，让候选人进行多任务处理，同时应对各种紧急情况，是观察人们如何应对一些现实挑战的好方法。攀登者将保持冷静和专注，尽其所能，像玩游戏过关一样一一回应，提出必要的问题，并展示出完成任务的非凡决心和创造力。

以上这些情景并不是给你们的标准答案，但它们可能会给你一些灵感，创造自己版本的情景，用来评估每一位申请人应对逆境的能力。

基于逆商的背景调查问题

除了传统的背景调查问题之外，请考虑以下数据来源：

- 在为你工作期间，这个人面临的最大挑战或挫折是什么？他是怎么处理的？
- 当这个人面临逆境时，通常会说什么或做什么？
- 与团队内的其他成员相比，此人在处理工作上的需求、不确定性和逆境方面做得如何？如果最擅长的人是 10 分，最差的是 1 分，那么这个人会得几分？你能给我举个例子吗？
- 当一些意想不到的事故或挫折发生时，你在这个人身上看到了什么？如果他明天面临一个不同的、更困难的挫折，你预测他会做出什么样的反应？
- 我们都会说一些日后会后悔的话，做一些日后会后悔的事，尤其是在压力下。这种情况在此人身上发生的频率如何？
- 这个人什么时候最不堪重负？你能给我举个例子吗？你怎么知道他那时是不堪重负的？然后又发生了什么情况呢？
- 如果你所雇用的最有韧性的人得 10 分，韧性最差的人得 1 分，那么这个人会得几分？你根据什么来评分？

基于逆商的行为面试

挖掘行为模式的面试比传统的面试越来越受到欢迎。当然，由于行为面试越来越普遍，应聘者现在已经熟练地掌握了这种面试方法。由于这个原因，行为面试可能很重要，但价值有限。这就是为什么你不应该完全相信一种数据收集方法的原因。你在行为面试中的目的是，通过询问一些行为方面的问题了解这个人在特定的情况下表现如何或将会如何表现。你想要了解他是如何应对逆境的。

基于逆商的面试问题样本

- 本周你面临的与工作相关的最大困难或挑战是什么？发生了什么？是什么原因？你是怎么反应的？
- 到目前为止，你职业生涯中遇到的最严重的失败是什么？发生了什么？和我一起回顾一下整个过程，从事情发生的那一刻，发生了什么事情？你的第一个想法是什么？你说了什么？做了什么？这花了多长时间？然后发生了什么？
- 给我举一个与工作相关的例子，事情完全搞砸了，根本不可收拾。这是什么事情？你感觉如何？你做了什么？
- 你离开任何一份工作最可能的原因是什么？
- 在你的职业生涯中，你什么时候在压力之下最不堪重负？是什么原因造成了这种感觉？这持续了多久？
- 你估计在这项工作上会遇到什么样的困难？在 1 到 10 的范围内，如果 10 表示逆境空前地大，1 表示完全没有逆境，那你面对过什么程度的逆境（何时何地）？你觉得什么程度的逆境应对起来最自如？你能描述一下你以前处理过的属于这种程度的，或者程度更严重的逆境吗？

正确运用逆商数据

在本章前面，我曾建议不要让一个数字决定一个人的命运，不管它是基于逆商还是公司内部使用的能力模型工具。这是不道德的，而且可能是非法的。尽管我们都希望有一个黑白分界点，但使用这样一个分界点是不道德的。

虽然逆商是可采用的最有力的测评方法之一，但它应与本章所描述的筛选漏斗一起，作为整个招聘程序中的一部分使用。

人们的逆商是处于 40 到 200 分的一个连续区间内的，所以一个人逆商越高，他就越有可能有效地应对各种逆境，并表现出真正的反应能力。而一个人的逆商越低，逆境对他造成的负面影响越大，他也越不可能成为一个有反应能力的、敏捷的、有韧性的高绩效员工。

在使用逆商时应该记住，它与其他因素构成一个连续体。换句话说，如果两个人看起来其他方面大致相当，那么就应该把逆商作为选择的决定因素。如果有一个候选人履历虽然不光鲜但逆商很高，那你应该重新考虑他。如果有个候选人才能独特但逆商较低，那你可能想雇用这个人，然后再使用本书中提供的工具来提高其逆商。随着时间的推移，在你的招聘决策中，你可能会越来越看重逆商。当涉及逆商分数时，如果所有其他因素都比较接近或相似，那就雇用那个逆商更高的人。

逆商也因工作分类不同而不同。在国际上，所有工作种类的平均逆商为 147.5。对于佣金销售人员来说，平均分数是 157。我接触过一些企业家群体，他们的平均逆商在 170 分以上，而其中具有开拓精神的高管们平均逆商是在 170 到 190 分之间！一个因为在各自行业的突破型成就而被商业杂志授予荣誉的特殊群体，其平均逆商是 173 分。而一些政府工作人员、教师、酒店工作人员和一线工人的平均逆商从以往记录来看都低于 147.5。

逆商测评（Adversity Quotient Profile，AQP）将提供可比较的统计数据，同时我们也提供 1.5 天的逆商测评认证项目。你可以根据你需要招聘的工作岗位，参考其对应的逆商统计数据来决定所招聘岗位的人员需要多高的逆商。所有使用 AQP 进行人才招聘的个人和机构都需要通过我们的认证。其目的是确保每个人都能最准确地使用 AQP 并充分地利用其价值。

利用所有逆商数据综合评估

你会注意到，如果使用了所有建议的方法来评估逆商，招聘过程并不会增加多少时间，却能避免不少的麻烦。它仅仅是要求你在整个招聘过程中始终带着逆商的视角来观察分析，从尽可能多的方面收集尽可能多的有用数据。这样一来，你不仅更有可能避免由于犯了第一种和第二种招聘错误导致 L4 损失，还能避免与真正的攀登者失之交臂。

作为雇主，你可能希望从调研员的视角，来交叉验证你的数据。换句话说，你想搞明白：哪些发现的来源不止一个；哪些是奇怪而可疑的，不值得进一步研究。想象一个大的拼图盘，你将三到六个拼图块扔到盘上的某个地方。你的工作就是看它们是如何组合在一起的，以及最终的效果图会是什么样的。同样地，对于每一位候选人的信息也应该做类似地处理。

这一章将说服一些雇主重新考虑他们的整个招聘流程。对于其他雇主而言，他们应该对他们的招聘过程做一些有意义的、会产生很大影响的调整。

你现在知道了如何定义、发现并最终雇用最优秀的人才。你也知道了如何指导其他人提高他们的逆商和反应能力。现在，你已经准备好迎接更高的挑战，即通过打造高逆商的攀登型团队和攀登型文化来提升组织的生产力。

ADVERSITY QUOTIENT @ WORK 本章简要回顾

注意两种类型的招聘错误。

第一类招聘错误：招进错误的人。

- L4 代表“损失 – 损失 – 损失 – 损失”，指的是客户、生产力、员工和组织所遭受的损失。
- 你计算过因招聘错误所造成的真实成本吗？

第二类招聘错误：错过攀登者。

- 放弃或拒绝了那些本来应该会有杰出表现的候选人。

你在失去谁？攀登者、扎营者还是放弃者？为你的组织雇用一个人的真实成本是多少？

使用七道人才筛选屏保程序：

- 超越直觉；
- 始终保持一致；
- 打赢数据战；
- 防信息雾干扰；
- 使用登山向导；
- 让攀登型团队参与进来；
- 不完全依赖背景调查。

使用筛选漏斗来雇用攀登者：

- 测量每位应聘者的逆商；
- 筛选与逆商相关的能力、资格以及重要数据；
- 进行与逆商相关的行为面试；
- 进行与逆商相关的情景面试；
- 进行背景调查；
- 决定雇用谁。

ADVERSITY QUOTIENT

第8章 | @ WORK

打造攀登型团队

> 逆境往往能激发出在顺境中沉睡的才能。
>
> 贺拉斯（Horace），古罗马时期诗人

尽管已经以团队方式工作了几十年，很多领导者仍然对如何发挥出团队的全部才能感到困惑。他们想知道为什么有些团队取得了非凡的成就，而有些团队却白白浪费了时间、资源和能力。本章将关注以下问题：

- 用逆商来解读并重新定义高绩效团队；
- 为你提供三种评估团队逆商的方法；
- 帮助你提升团队的逆商和反应能力，无论你的团队是什么职能或配置，都能在逆境时代保持高绩效。

通过本章的学习，你将完成团队逆商的提升流程（team AQ process）。首先，你要对你团队的逆商进行全面评估。具体地说，你将在以下三个高度对团队逆商进行评估和探讨：

- 山脚下，它汇集了所有成员的逆商评分；
- 半山腰，它汇集了所有成员对团队整体逆商的评估；
- 山顶，这是一个从全方位以 360 度视角来观察团队的高度，从不同利益相关者的角度来看待团队。

一个医疗中心领导团队的九名成员正面临着执行新的法律，受这些新颁布法律的影响，他们的营业额会大幅减少，护士工资和药品价格也会大幅上涨。这些领导者负责重组这些世界级的医院和医学院。他们必须恢复其盈利能力，并对老旧设施予以更新。他们的决定将影响该地区数百万人所接受的医疗服务的质量。

许多成员都是医学专业的顶尖专家，多年来展现出了极大的坚毅、韧性和乐观。但他们的工作方式似乎抑制了他们的优势，放大了他们的弱点。

他们几个月来一直在收集数据，并在一起开会，但没有采取任何行动，局势正在变得危急。这所医学院的教务长兼领导人汤姆说，如果他们不能解决问题并制订行动计划，他将被迫聘请一家以铁腕著称的咨询公司来操刀。威胁可谓迫在眉睫。

当我们在会前进行非正式交谈时，有三个人告诉我这个团队的运作有多不正常，他们挽救局面的可能性有多小。这群人的压力显而易见。

当人们坐下来时，肢体语言就开始表达出很多信息。汤姆很早就到了，他急于切入正题，并祈祷能有个突破。然后鲍勃走了进来，寒暄几句后戴上了近视远视双焦眼镜，开始“扫描”桌上堆积如山的数据资料。接下来是贾妮丝，她的脸绷得紧紧的。“他们从来不听我的，”她说，“我有很多好主意。我学会了袖手旁观，不发一言。我讨厌这些会议！”马里奥看上去憔悴不堪，他不理睬大家，把椅子从桌子边挪开，开始查看手机语音短信。

其余的人默默地坐了下来。每个人不是紧张不已，就是一幅听天由命的表情。汤姆宣布会议开始。

汤姆（团队领导者）：大家好，大家都知道，今天是个大日子。我们需要完成很多事情，要拿出一些具体的行动来朝着我们的目标前进。不能再坐视不管了。现在，有这样一些……

鲍勃：我一定要反对这种错误的紧迫感。我们一直在收集数据，我们需要更多的数据来支持那些要求我们做出的决定。现在，我想……

贾妮丝：你们这些人难道不明白这是不可能的事情吗？我说的是，要求我们削减数千万元预算，同时还要保持医疗和学术项目的质量。我想我们是时候承认自己处于世界一流的时代已经结束了（汤姆慢慢地摇了摇头）。我们宝贵的教师队伍将会流失，因为这只是个开始……

乔：我不想打断你，贾妮丝。但是，对不起，我不同意你的观点。（贾妮丝翻了个白眼，向后一仰）天塌不下来。我们不是最先面临这种挑战的人，但我们可能是运作最无效的……

马里奥：在这种压力下我们做不到。我认为这样做是不对的……

戴夫：在骨科，我们尝试过这件事情，但失败了。所以，我们需要……

一整天都是这样，人们互相指责，而不是交流。这种互动充满了攻击、辩护、批评、抱怨和比较。许多好的想法哪说哪撂。一天下来，有几名成员认输了，甚至感到了沮丧。等会议结束时，冲突更多了，但行动却没有多少。尽管所有人的才智、脑力和经验都汇集在了一起，但他们根本没有挖潜以实现目标。

有太多的团队会落入这种境地。为什么一群有才华的人组成的团队反而失败了？你们的团队可以如何避免这样的命运呢？

和任何一个想要有所实现，甚至只是稍微有点野心的团队一样，这个团队也面临着一些意想不到的逆境。新的立法削减了它的收入来源。护士短缺威胁到护理工作的质量，并推高了她们的工资。重要数据的获取延误了，以及把每一个人组织到一起的巨大麻烦都增加了解决这个困境的难度，阻碍了团队的进步。

作为一个团队，成员们虽然拥有完成任务所需的软件（培训、智力、资质、才干、知识、才能和技能），但他们的操作系统缺乏在当前挑战中实现最佳性能的能力和优势。当他们需要达到最好表现的时候，逆境却会把他们最坏的一面展现出来。如果没有迫在眉睫的最后期限、外部义务、有限的资源或意外的挫折，他们之间的互动就不会这么糟糕。但有多少团队有幸在这种乌托邦式的宽松环境下运作呢？

当你正为新经济做准备时，你的团队呢？我发现大多数团队的成员所拥有的逆商水平、乐观程度、韧性和反应能力都局限在一定范围内。你的团队也毫无例外。

当你的团队成员的逆商水平参差不齐时，通常就难以形成有效的合力，或者我们可以称之为产生了负面的协同效应。逆商较高的成员刚开始可能会努力奋进，至少在一段时间内会这么做，但他们在碰壁之后往往会变得沮丧，从而把精力转投他处；逆商较低的团队成员则会影响团队的士气、决策、敏捷性和问题解决能力；中等逆商的团队成员多数会被吸进低逆商的深渊之中，一部分人可能会继续缓慢地蒙头干下去，既没有创见也没有灵感。其结果是，该团队不但现有能力未能充分发挥出来，而且也没有能力应对新经济的挑战。

如果你的团队就像是这里所描述的，你可能就会认真研究本章后面所介绍的团队逆商提升流程的每一个步骤。你不必解雇任何一个非攀登者，你可以使用团队逆商提升流程来扩展每个人的才能和机会，让他们在团队的成功中发挥出重要作用。

团队逆商提升流程将提供信息、理解和技能的基准线，以作为提升团队逆商的参考。这将使高逆商成员对团队成功产生更积极和更重要的影响，也将使低逆商成员能够有意义地为团队的成功做出贡献，而不必假装一夜之间就成了乐观主义者。中等逆商的人则将获得激励和方法，提高他们对团队成功的承诺和投入。

我们需要思考的是，逆商目前在团队动态中扮演着什么样的角色。人们常说，团队力量的强弱取决于其成员力量的强弱。汤姆团队的表现让这句话变成了一句毫无意义的陈词滥调。

团队逆商对团队绩效的影响

一个团队，无论其天赋和能力如何，其强弱都离不开逆商。要成为一个真正的高绩效团队，就必须拥有一个高绩效的 CORE 操作系统，这个系统将在逆境中保持敏捷、创新以及高效的问题解决能力和战略思维能力。逆商定义了团队的操作系统，以及充分发挥其智慧、天资、潜能的能力，还有克服日常挑战所需的灵活性和决心。团队需要面对的挑战或逆境越大，逆商就越重要。

当你的团队成员的逆商参差不齐时，他们的能力通常得不到充分发挥。团队的结构也会影响逆商的作用。

如今的团队被迫变得更快、更敏捷、更成熟。互联网极大地促进了全球化，缩短了产品周期。由世界上相距遥远的人们组成的虚拟团队比比皆是，而这些人只有通过技术手段才能联系起来。这样的团队对领导者和成员的能力要求越来越高。怎样才能帮助虚拟团队的成员们充分参与进来呢？

《虚拟社区》（*The Virtual Community*）一书作者、电子思维（the Electronic Minds）网络社区的创始人霍华德·莱因戈尔德（Howard Rheingold）说过：“人们（在虚拟团队中）很容易误解彼此。人与人之间可能会比在面对面的情景下表现得更粗鲁。他们必须加倍努力才能克服障碍。”就像任何在压力下工作的网络一样，虚拟团队的强弱只取决于其操作系统或者逆商。成员逆商参差不齐的虚拟团队有时比面对面的团队更难管理，因为在这种情况下，管理逆商较低成员所带来的负面影响会更困难一些。

随着逆境的加剧，逆商将推动团队所做的任何事及其绩效表现，决策、问题解决、头脑风暴、创新、团队间的聆听、信任、项目完成度等都会受到逆商的深刻影响。面对高度的不确定性、混乱和高要求，一个团队必须能够证明这些能力，以使团队保持聚焦、清晰、韧性和决心，这都来源于足够高的逆商。

团队逆商提升流程将引导你对团队文化进行更深入的分析（包括隐含的团队准则、态度、冲突和策略），以推动团队进行持续改进和变革。没有人比团队领导者更能影响团队逆商了。在太阳信托银行，我们发现其分行领导者的逆商不仅与团队逆商有直接关系，而且还与分行的财务表现有直接关系。这是一种常见的模式。领导者仅凭他或她在关键时刻的反应能力就能减少或增加团队成员的贡献。

团队中的才能冲突

在前面章节中，我介绍了需求才能、现有才能和发挥才能三种才能形式，这同样可以在汤姆团队的这个案例中看到。现有的团队才能（他们有能力做什么）超过了对他们能力的要求（所需要的团队才能）。但遗憾的是，他们发挥出来的团队才能（他们正在使用的）却低于所需要的团队才能，这对所有相关人员来说都是一种挫败。鉴于他们要完成的任务所面临的困难和他们所处的环境条件，其团队逆商是不够的。像许多逆商低于理想水平的团队一样，汤姆的团队在逆境之下，或者说在最需要逆商的情况下，其逆商却处于最糟糕的状态。

如果在你的团队中，成员们的逆商也是参差不齐的，你可能就会看到这种综合征会在最不凑巧的时候发作。不管他们的天赋、经验和感知能力如何，低逆商团队很难充分发挥出他们的才能。当逆境来临时，他们的掌控感和担当力会随着逆境的影响范围的扩大和持续时间的延长而减弱。结果是，团队陷入了相互责难、无助、批评和挫败的深渊。

相比之下，高逆商团队通过发展和拥有才能，交付出超越预期的成果。他们的反应能力让他们能在逆境中获胜。他们提升了自己的掌控感和担当力，同时限制住了逆境的影响范围和持续时间，这就能防止逆境严重阻碍他们向上攀登。这也是必须打造团队语言以更深入理解来提升团队逆商的原因。

团队的逆商不等于团队成员的逆商之和。每个团队都有着独一无二的 CORE 化学反应，它是团队达成目标的动力所在。

高绩效团队的迷思与真相

具有讽刺意味的是，大多数人所谓的“高绩效团队”其实是名不副实的，它们只是被简单地贴上了“高绩效”的标签罢了，单单提供“高绩效团队培训”并不能使之成为现实。正如汤姆的团队所展现的，个人拥有实现高绩效的知识和工具，并不能保证团队得到高绩效的结果。与人们的普遍想法相反，即使一个团队在预定期限内创造了良好的结果，它也不一定是一个高绩效团队。它必须持续保持这种优异性。按时得到可靠的结果只是对任何团队的基本要求。能获得优异的成果也不一定意味着这个团队就是高绩效的。

公司使命或者新出台的倡议方案，并不能够保证高绩效的承诺不是印在 T 恤上的一个短语或是一句不知所云的废话。

我们真正要讨论的是攀登型团队。像个人一样，大多数团队也会选择放弃或扎营，而少数团队会奋起向上。高绩效的攀登型团队就像高绩效的攀登者一样，也是很少的，很容易吸引人们的目光。那些能够经历许多项目而一直保持高绩效的团队是非常罕见的。然而，随着对团队成员的需求才能的不断增加，我们比以往任何时候都更需要这些攀登型团队。

攀登型团队的绩效不仅是指产出，而且还包括实现过程，比如他们是如何实现这种高效，如何有效地解决问题的。他们欢迎反对意见或反馈，并会将它们囊括进来。他们以每位成员的想法为基础，愿意大胆地承担必要的风险来实现自己的目标。他们被自己的使命所驱使，发现并完成那些本来不可能的事情是一件令人振奋的事。所有这些行为都是成功攀登的关键，扎营者们只能望尘莫及。

因此，高绩效团队并不是把一群有才华的人凑在一起，给他们做做团队培训，告诉他们要去完成一些非凡的事情就大功告成了。然而，大多数领导者仍然认为只要告诉或命令团队去做这样的事情就会产生结果。事实上，这样的做法就像是告诉扎营者，他们只需要确定了他们的目标山峰就可以开始攀登了一样无效！如果你想拥有一个真正高绩效的攀登型团队，一种行之有效的方法是使用完整的团队逆商提升流程来衡量和提升团队的逆商。

> 单枪匹马能做成的事少得可怜，抱团打拼才能干成大事。
>
> **海伦·凯勒（Helen Keller），美国著名盲人女作家**

团队逆商提升流程

帮助你的团队的最有效途径是，引领其从头到尾完成一个非常基本的逆商提升流程（如图 8–1 所示）。

你可以从评估团队逆商开始，理想的是在所有三个高度都进行评估。每一高度都会获得不同的解读。接下来，你要向你的团队解释或分享逆商理论，以便团队成员对其概念、衡量和 CORE 有一个基本了解。用这本书、这种评估方法以及你所拥有的任何其他资源来帮助他们建立一种共同的语言，以描述他们的逆商或与逆商相关的行为。用这三个高度的评估来激发他们，这样他们就会知道已经被评估了些什么以及已经收集到了哪些数据，并将对这些内容进行探讨和解析。

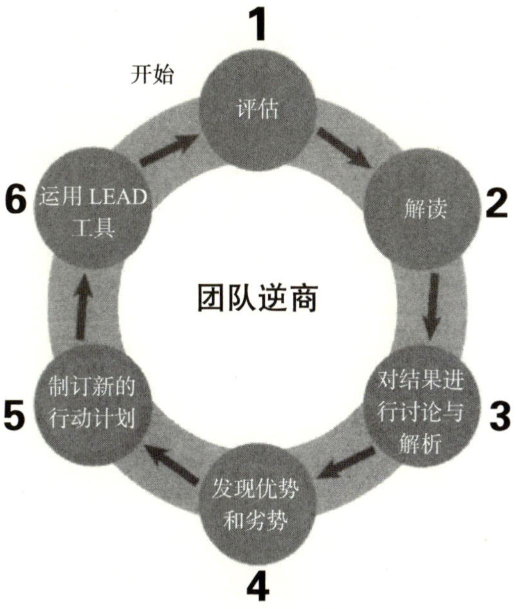

图 8–1 团队逆商提升流程

帮助他们理解团队逆商评估结果和 CORE 概况。花些时间和他们讨论一下结果，了解他们对过去的行为模式、团队动态以及逆商是如何影响团队的有哪些心照不宣的看法。把逆商当成一个常规性的议题是有用的，这样团队就能重新审视其反应能力，并把它作为其持续攀登的一部分。

在使用团队逆商提升流程时，对逆商结果与团队的职能或任务进行比较是非常有价值的，这样就可以了解逆商可能会如何影响团队的重要能力，比如创新、问题解决、决策、倾听、多任务处理和竞争意识。这种分析将深化逆商的价值及其应用。

发现团队与逆商相关的优势和劣势，以便制订行动计划，改进团队及其成员应对未来逆境的方式，你可能会发现那些妨碍你团队的低逆商的行为模式。一旦你拥有了所有三个高度的 CORE 觉察，就可以有意识地选择用新的模式来应对逆境。你将在团队会议中或之外使用 LEAD 工具，以使团队真实地面对其行动计划，并帮助团队硬连接出新的反应模式。通过定期重新评估团队逆商，并持续推进该过程，就可以将团队逆商提升流程转变为一个不断改进迭代的过程。

在推进该流程时，请使用本章中的样表和示例来形成你自己团队的数据和智慧。这一章是由评估、报告、档案快照、图表和指南组成的工具包，你可以自取所需。你可能会发现，直入主题，专注于那些最适合你当前团队的评估、觉察和行动会是最实用的。当然，你在评估、解读和提升团队逆商方面做得越深入，你的团队所获得的益处就越大，也越持久。

你也可以选择仅阅读有关逆商提升流程的内容，从中挑选出你希望保留下来以供将来参考的建议。或者你也可以全面完成这个过程，用它作为系统提升团队的指南。要做到这一点，你需要一步一步来。你甚至可以将此过程用作一系列团队会议的模板。学完本章的全部内容后，在理想情况下，你最终将拥有一个完整的模板来处理和提升团队的逆商。

我们可以分别对山脚下、半山腰以及山顶三个高度予以深度分析与思考，以帮助你完成团队逆商提升流程的第四步——发现团队的优势和劣势。接下来，我们将帮助你完成制订新的行动计划，改进应对的模式（第五步）。最后，我们将帮助你在团队中更好地运用 LEAD 工具（第六步）。

从三个高度来评估团队逆商

也许提升团队逆商最强有力的步骤就是评估它，这也是为什么本章中很大篇幅是关于团队逆商提升流程的初始步骤的。一旦向团队成员提供了评估结果、对逆商的理解以及他们的 CORE 概况，随后的发现和讨论就将立即改善团队成员应对逆境的方式。你将挖掘出那些阻碍团队才能发挥的疲沓而无效的团队准则。当你建立起新的更高逆商的团队准则，并运用 LEAD 工具作为解决问题的核心方法时，你将收获更大的改善和提升。

我们可以从三个高度来评估和提升团队的逆商。每一个高度都提供了宝贵的洞察，让你的团队成员了解他们应如何应对逆境，以及他们实现成功、创造不凡的才能。这三个高度是：

- 山脚下：通过逆商测评得出个人逆商和其 CORE 分数的总和；
- 半山腰：团队逆境反应能力概貌；
- 山顶：团队逆商的全景画像。

山脚下：团队内的个人逆商

对团队逆商的初步了解始于山脚下，这涉及衡量每个人的逆商和 CORE。

目前，我们在中国的独家代理上海启境公司可以提供正版的中英文逆商测评。这是一个更为精确，并与全球上百万个数据进行比较的衡量方式。这将为你提供团队成员的平均逆商以及在掌控感（C）、担当力（O）、影响度（R）和持续性（E）这些维度上的平均得分。然后，你就可以确定团队处于一个什么样的逆商水平。

如果跳过这个高度的逆商衡量，你也可以继续进行之后两个高度的团队逆商评估，半山腰和山顶处的评估依然可以为你的团队创造很多视角和洞察，带来提升价值。

半山腰：团队逆商概貌

从半山腰对团队逆商进行评估被称为团队逆境反应概貌，是我们专门为团队应用而设计的，能准确地反映出团队成员对团队逆境反应模式的看法，展现出团队能否很好地应对挑战，并在可能出现的任何情况下用于剖析团队的 CORE 反应。

ADVERSITY QUOTIENT @ WORK

在一张纸上列出你的团队正面临的五个挑战。接下来，像下面提供的示例一样创建一个表单。在空白的地方针对每一项挑战回答这四个问题。

		逆境 1	逆境 2	逆境 3	逆境 4	逆境 5	合计
问题 1	C						
问题 2	O						
问题 3	R						
问题 4	E						

整个团队的逆商 AQ

1. 我们团队认为我们能在多大程度上积极地影响这个事件或情况？

1　2　3　4　5　6　7　8　9　10

根本不能　　　　完全没问题

2. 我们在多大程度上会主动承担起改善这种状况的责任？

1　2　3　4　5　6　7　8　9　10

不承担　　　　绝对承担

3. 这个逆境对于团队的努力、互动和士气等方面的影响如何？

1　2　3　4　5　6　7　8　9　10

都影响　　　　毫无影响

4. 这个特殊的逆境会持续多久？

1　2　3　4　5　6　7　8　9　10

一直会　　　　很短暂

评分：将每行的得分加总，并将它们记入标有“合计”的空格中。接下来，将总分加起来，以得到对团队逆商的整体评估，并将这个数字记入标记为“AQ”的三角形中。

你也可以带着你的团队成员一起进行讨论和打分，将团队成员的得分进行平均，以得到半山腰的团队逆商和 CORE 评估。

注意：这并不是对团队逆商完全有效和可靠的衡量，它只是为你提供了一个对初步了解的简要说明。

一旦你的团队完成了半山腰的团队逆商评估，就可以把对应的数字填到表 8–1 中的 CORE 内。然后，就你的团队逆商进行解析。

表 8–1　　**绘制你的团队的半山腰** CORE

	逆商	C	O	R	E
	200				50
	190				48
高	180			50	46
	170	50	50	48	44
	165	48	48	46	
	160	44	46	44	42
	155	42	44	42	40
稍高	150	40	42	40	38
	145	38	40	38	36
中等	140	36	38	36	34
	135	34	36	34	32
	130	32	34	32	30
	125	30	32		28
	120	28	30	30	26
	115			28	24
稍低	110	26	28	26	22
	105	24	26	24	20
	95	22	24	22	18
	85	20	22	20	
	75	18	20	18	16
低	70	16	18	16	14
	60	14	16	14	12
	50	12	14	12	10
	40	10	12	10	
			10		
平均值:	130.5	32.5	35.0	33.0	30.0

表 8–2 是半山腰的团队逆商的行业平均值样本，可以把你的团队逆商和 CORE 分数与行业平均值比较一下。

表 8–2　半山腰团队逆商的行业平均值样本

	逆商	掌控感	担当力	影响度	持续性
航空航天和国防	127	30	35	33	29
银行	129	32	37	32	28
教育	126	32	34	31	29
金融服务	133	36	37	32	28
政府	129	33	34	31	31
招待	129	32	33	34	30
保险	134	37	39	31	27
制造业	130	34	33	31	32
非营利性	128	32	33	32	31
专业服务	139	38	38	33	30
技术	131	32	33	34	32
电信	138	36	39	33	30
培训	137	34	38	33	32

利用上述信息，你就可以编制一份团队逆商简报，显示出当逆境来袭时，你的团队最强大和最弱的地方在哪里。根据这些信息，你会用什么形容词来形容你的团队？团队是“有弹性、顽强、坚持不懈的”还是“丧失能力、只顾责备他人、士气低落”的？下面是半山腰的团队逆商简报的示例。

团队逆商简报（半山腰视角）

这是一个技术团队的团队逆商简报样本。

说明：使用半山腰视角的团队逆商评估结果及附录中的信息，为你的团队编制一个类似的简报，以便推动团队逆商的提升。

团队逆商 118 分　　　行业平均 131 分

诊断：这个团队的逆商中等偏低，这表示他们在处理挑战、困难、挫折和障碍方面的能力低于最佳水平。这个团队最大的优势在于它总是能把逆境的影响控制在当下。担当力和持续性得分较低表明，当团队面临的困难通常被认为是长期存在和难以控制时，他们的责任感相对较弱。

由于团队成员的逆商较低，他们可能在希望感、士气、生产力、解决问题能力、创新能力和精力水平上遭受损失。

关于才能：表现平庸、责备他人、无精打采、产能不高、生产力水平低、疲惫枯竭、悲观、愤世嫉俗、能力发挥非常有限。

当逆境来袭时，团队成员需要专注于他们能够影响的那些方面，为改善逆境而主动担当，并在逆境过去后规划后面的工作，这样就可以安排具体的行动，使逆境尽可能地范围有限、时间短暂。

团队 CORE 概况　　　　　　抽样的行业平均值

掌控感（C）30 分

担当力（O）22 分

影响度（R）39 分

持续性（E）27 分

在半山腰进行的评估可以就团队的反应能力做出全面的评价，它有助于解释团队过去的表现和原因，以及帮助团队找出如何在未来变得更强大和更有效的改进方法。它还通过评估团队逆商是否超过个人逆商或者山脚下汇总的个人逆商平均值，以及超过的程度来揭示协同水平的高低。

如果团队逆商超过个人逆商的平均值，这就说明你们团队的协作状态是较理想的。

如果团队的协同效应不理想，那么团队逆商很可能低于个人逆商平均值。因此，半山腰的团队逆商评估将具体解释团队在压力下的行为和表现，以及积极或破坏性的行为方式会在多大程度上支配着人们的一天。

半山腰的分析也为元交流提供了成熟的机会。元交流是指在逆境来临时团队如何交流和回应。使用本章中的示例和图表编制你自己的团队逆商简报，并给每个成员一份打印出来的报告。问问他们自己的发现，讨论用什么词汇来描述团队、团队在哪里正面临挑战以及如何应对，这可能是你的团队进行过的最富有成效和最有力的对话之一。这种内省既是恰到好处的，也是一针见血的，因为它是当逆境来临的那一刻所做出的回应，还会影响接下来发生的一切。

山顶：全景式的团队画像

位于山顶这一高度的分析通过纳入团队外部人员（如客户、老板和其他团队或个人）的感知，以提升团队逆商的水平，这对于要为多方负责的团队来说是非常理想的。把外部人员的反应纳入团队逆商评估将会创建团队逆境应对模式的全景图，你需要两份量表来计算你的全景式团队逆商。需要注意的是，那些没有多个利益相关者的团队可能会发现山顶高度的分析对他们来说并不合适或价值有限。

从山顶视角对你的团队逆商进行评分，再把分数和半山腰的逆商评分进行对比。你也可以通过绘制全景式的 CORE，并使用附录中的内容对结果进行解读。表 8–3 提供了山顶处团队逆商的行业平均样本数值供大家比较。

表 8–3　　山顶处团队逆商的行业平均值样本

	逆商	掌控感	担当力	影响度	持续性
航空航天和国防	133	33	36	31	29
银行	130	32	35	32	31
教育	129	30	32	33	34
金融服务	135	33	37	34	31
政府	128	31	34	33	30
招待	130	31	35	33	32
保险	140	36	38	34	32
制造业	131	33	35	33	30
非营利性	129	32	37	33	27
专业服务	141	36	39	35	31
技术	133	32	36	34	31
电信	139	35	38	35	31
培训	137	34	38	33	32

和半山腰的团队逆商评估一样，在一张纸上列出你已经看到的这个团队所面临的五个挑战或逆境。接下来，创建一个答案网格（如下所示）。最后，请采访几位团队外部人员（如客户、老板和其他团队或个人），邀请他们回答四个与这些逆境有关的问题，把他们的答案按顺序写在每一个逆境下面。

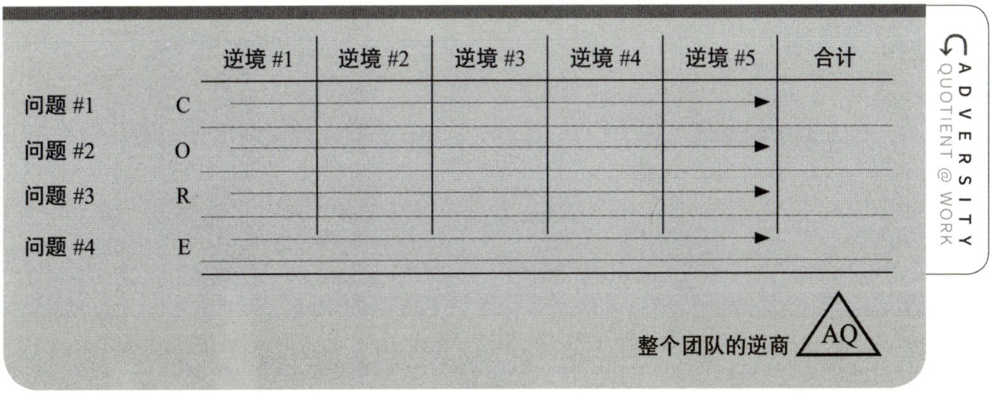

1. 该团队认为自己能在多大程度上积极地影响这个事件或情况?

1 2 3 4 5 6 7 8 9 10

根本不能 完全没问题

2. 该团队在多大程度上会主动承担起改善这种状况的责任?

1 2 3 4 5 6 7 8 9 10

不承担 完全承担

3. 这个逆境对于团队的努力、互动和士气等方面的影响如何?

1 2 3 4 5 6 7 8 9 10

都有影响 毫无影响

4. 这个团队会让这个特殊的逆境持续多长时间?

1 2 3 4 5 6 7 8 9 10

一直 很短暂

评分：将每行的得分加总，并将它们记入标有“合计”的空格中。接下来，将总分加起来，以得到对团队逆商的评估，并将这个数字记入标记为“AQ”的三角形中。

对所有利益相关者的得分进行平均，从而全面了解这个团队的逆商和CORE。

注意：这并不是对团队逆商完全有效和可靠的衡量，它只是为你提供了一个对初步了解的简要说明。

在方框中插入你的四个山顶高度的 CORE 总数，并绘制出你的团队的 CORE（详见表 8–4）。

表 8-4　　绘制你的团队山顶高度的 CORE

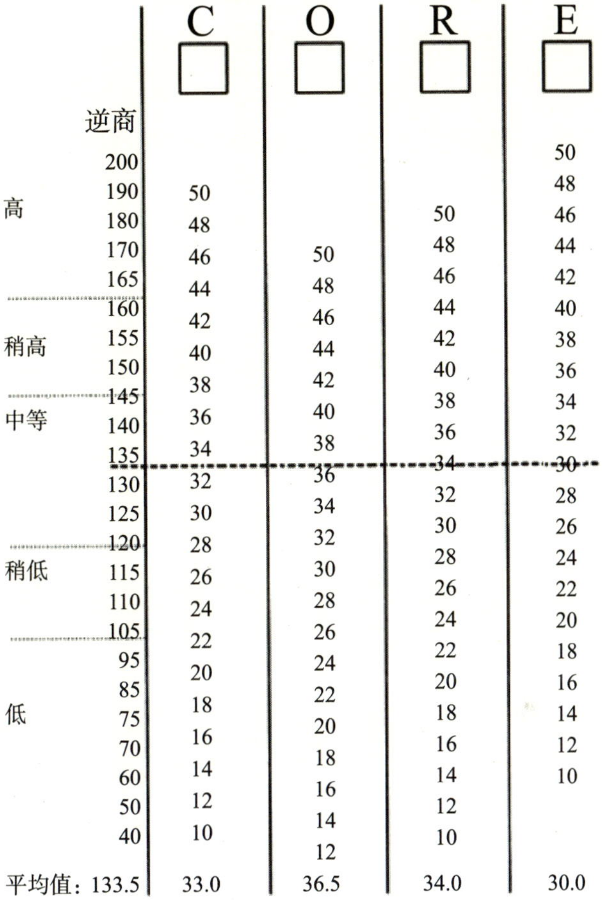

接下来，与每个利益相关人坐下来探讨他们对你团队逆商的期望也是大有裨益的。例如，可以询问利益相关者：“如果要你给一个分数，你希望或者要求我们团队的逆商达到什么样的分数呢？”同样也对 CORE 的期望进行打分和讨论，然后将期望与实际得分进行比较（可参考下面的全景报告）。

团队逆商：山顶高度的简报

这是为金融服务团队制作的简报的部分示例。

使用说明：使用以下示例和附录中的信息编制一个简报（详见表 8–5），以反映山顶高度的全景团队逆商，从而继续团队逆商的提升流程。

表 8–5　山顶高度的全景团队逆商

测量	客户	管理层	同事	团队得分	平均值
逆商	126	135	141	138	133.5
期望	156	165	151		
C	35	37	42	43	33
期望	39	43	42		
O	23	27	23	24	36.5
期望	41	36	32		
R	41	43	41	42	34
期望	36	44	41		
E	27	28	35	29	30
期望	40	42	36		

说明：这支团队的逆商平平，低于行业平均值（见表 8–3），团队的整体逆商和 CORE 维度也明显低于顾客的期望（156 分）、管理层（165 分）和同事（151 分）的期望分值。

特别值得关注的是，该团队相对较低的担当力得分。这反映出在面对困难时，人们更多地会推卸责任。结果显示，团队可能缺乏高绩效团队的韧性、创新、坚持和乐观。其成员也可能陷入指责、比较和批评其队友的困境。随着团队有针对性地改善沟通，并加强对逆境的 CORE 反应，这些方面可以得到改善。

360 度全景视角同样有一些强大的优势。第一，它通过多个视角来消除盲点。外部利益相关者可能对团队以及团队如何应对逆境有不同的看法。这将反映出团队是否自我感觉膨胀或低估了自己的反应能力。比如，我们可以从 126 对 138 的分数差异清楚地看到，客户并不认为该团队能像其认为的那样有效地应对逆境。

第二，团队可以了解到利益相关者如何评价其应对逆境的能力，以及他们如何评价其他团队的这一能力，并进行比较。如果有多个团队为同一个客户服务，逆商的差异就可能与绩效和满意度的差异相关。如果你们团队的客户给你们的逆商打 126 分，而给另一个团队打 161 分，那就说明每个团队在处理与客户相关的挫折方面可能会有很大差异。这种山顶高度的分析提供了一个更深入的解析。

第三，全景视角还评估了团队在处理特定挑战时，如何将团队逆商解读为实际行动。上述案例中的团队为同事提供的服务比为外部客户和管理层提供的服务更好。或者在标准和期望上存在差异，这需要澄清和处理。无论如何，这类信息对团队的成功至关重要。

因此，从这三个高度评估团队逆商，对于更好地理解团队过去的行为和通过设计特定的方法来提升团队逆商和团队绩效以及达成团队目标都是很有价值的。你必须确认哪些措施对你和你的团队最有价值。如果你想看到个人逆商和团队逆商之间的差异，你就需要山脚下的和半山腰的评估。如果你想让其他利益相关者加入来扩大你的数据面，山顶处的评估（全景视角）是必要的。当配备了这样的初始分析工具后，团队就可以将某些逆商实践整合到团队的互动中，并强化对逆境事件的反应，这可以提升韧性、反应能力和团队逆商。

提升团队逆商

提升团队逆商所需的技能与你在前几章中学到的提升个人逆商的技能有一些很大的区别。团队逆商会影响团队动力、决策的制定、问题解决和创新。因此，为了提升团队逆商，你采取的步骤可能会超越觉察或 LEAD 工具的使用，延展到具体的任务、具体的情景或具体行动。要在团队逆商提升过程中取得进展，你需要评估可以采取的通用步骤和自定义步骤。我们将从通用的两个步骤——觉察和应用 LEAD 开始。你会发现它们在团队中有着明显的微妙之处和用途。

一般来说，你可以通过 CORE 觉察和运用 LEAD 工具中的专业知识来提升团队逆商。然而，要想精通这些用于提升团队逆商的技能与用于提升个人的相比更具挑战性，因为很多人在影响着团队动力和团队逆商。

从三个高度对团队逆商建立 CORE 觉察所带来的改善往往超过针对个人逆商提升。CORE 觉察能破除消极的团队协同，从而打开通往更高逆商的行事准则和团队模式的大门。因此，重要的是，不要低估这一步骤的力量。你需要投入足够的时间来提供所有三个高度的觉察，就像你提供三个高度的评估一样。比如，就结果进行有意义的团队对话；讨论它们与当前准则和模式的关系，它们如何影响团队绩效（生产力、士气、创新、决策等）；探索团队可以改进的方面。将结果编制成一份真实的团队逆商简报是改善团队逆商最精准、最全面的方式，这样你就可以设计出应对逆境的新策略和方法。

第一层级：团队 CORE 觉察

通过完成针对山脚下、半山腰，也许还有山顶的全景式团队逆商的评估、绘图和简报，你现在有了重要的信息和你团队 CORE 觉察的基础。就像完成之前的评估一样，你也可以从同样的三个高度来建立觉察，这有助于你解读、解析、深化和提升团队逆商。

山脚下的觉察

你可以对团队成员的动力和他们应对逆境方式的差异进行反馈，同时向团队提供初步的团队逆商简报。每个成员都可以深入了解自己的逆商和 CORE 与团队的行事准则相比结果如何，以及这对他们自己的行为、对团队的成功产生了怎么样的影响。重要的是，个人的得分要保密，并进行匿名处理。在团队逆商提升过程中，我提供了一些指导性问题，它们可以作为团队探讨和分析的一部分。

位于山脚下的洞察力问题

- 我们的团队逆商说明，我们目前应对挑战和逆境的表现如何？
- 我们的团队逆商如何影响或正在影响我们的创新能力、问题解决能力、决策能力、竞争能力、多任务处理能力以及按时完成高挑战目标的能力？
- 相比业内其他公司，我们的逆商水平如何？
- 我们的逆商以及 CORE 各个维度分别处于什么水平？
- 要有效地实现绩效，我们的逆商和 CORE 维度需要处在什么水平？
- 当你考虑逆商的 CORE 维度时，你认为哪些方面对团队的成功最重要，为什么？
- 我们的 CORE 概况表明我们在哪些方面做得特别好？在哪些方面最需要改进？
- 我们团队成员的个体逆商处于什么水平？
- 在我们的团队动力和决策方面，个体之间的逆商差异是如何反映出来的？
- 当面对逆境时，我们如何表现出自己的逆商和 CORE 的？
- 我们每个人的逆商是如何影响团队的？
- 我们在团队互动中是如何展示自己的 CORE 的？
- 我们的团队逆商和 CORE 的真正影响或连锁反应是什么？
- 我们如何描述团队的整体反应能力（无论遇到什么状况，始终保持清晰、聚焦和方向的能力）？

山脚下的团队逆商报告还将为团队成员提供了解个人逆商水平的机会。这将有助于他们评估自己在团队逆商和各个 CORE 维度上所处的位置。

这样的报告将为团队提供所需的动力，去讨论个人 CORE 相应的范围分布如何影响团队在解决问题、创新、做出良好决策、实现目标和充分发挥潜能方面的能力。对于成为一个真正的高绩效团队会遇到什么样的障碍，它能提供具体的见解。要将讨论与特定的团队职能联系起来。如果团队的任务是创新，那就要探索团队逆商报告的结果与团队过去、现在和未来在新产品方面的成功以及方法有什么联系。这种讨论和意识可以立即改善个体对逆境的反应以及团队应对挑战的方式。

半山腰的觉察

一些最重要的发现来自半山腰的评估结果。这种评估方法既可以为团队处理挑战、烦恼、挫折、困难、问题、不确定性和灾难的反应模式提供直接的洞察，也可以成为极好的素材，帮助团队展开如何改进团队应对方式的实质性讨论。

例如，假如本章开头提到的医疗中心团队发现，其半山腰的团队逆商低于平均水平 20 分，并且其 CORE 状况显示其担当力得分较低。这些结果和接下来的讨论都将揭示出为什么这些聪明的、胜任力很高的团队成员会一味地指责他人，以及为什么很难让他人跟进以采取具体行动。他们可以回顾团队过去是如何应对具体挑战和逆境的，以及团队的 CORE 和逆商是如何在整个组织中产生连锁反应的。一旦团队认识到自己在导致这种连锁反应中的作用，它就可能会更加重视自己的响应能力。

当讨论进行得当时，仅从半山腰的简报中获得的见解就可以助力你的团队实现一些快速而强大的转变。

与山脚下的评估不同，半山腰的评估是基于团队成员对团队的挑战以及团队应对逆境方式的评估，而不是他们自己应对挑战方式的评估。关于个体差异的讨论较少，关于整个团队及其硬连接模式的讨论更多。

人们不会对自己的数据提出异议，因为他们是评估团队的人，所以他们不太可能不接受该结果。总体逆商评估给出了团队与其他团队进行比较的基准线。CORE 概况能显示出团队响应能力在哪些方面最强，哪些方面最弱。

将山脚下的逆商报告和半山腰的团队简报进行比较也非常有意义。团队可以探索如何将个人逆商得分的组合与团队的评估结果进行比较。团队逆商是否超过个体逆商的平均值？换句话说，团队协作在多大程度上只是一句漂亮话而已？团队逆商和 CORE 在何时以及在多大程度上超过了个人逆商的平均值？下面是一些引导性问题。

位于半山腰的洞察力问题

- 我们位于半山腰的团队逆商对我们如何应对挑战和逆境有何影响？
- 我们可以从这一高度的分析中获得哪些新的见解？
- 与同行业的其他公司相比，我们处于什么水平？
- 我们半山腰的逆商和 CORE 维度分别处于什么水平？
- 我们的逆商需要处在什么水平才能有效地实现绩效？
- 我们在半山腰的 CORE 说明，我们在哪些方面做得特别好？哪些方面最需要改进？
- 与山脚下的分析相比，这说明了什么？
- 我们如何解读山脚下分析和半山腰分析之间的差异？
- 我们的团队逆商如何反映在团队的动力和决策中？
- 我们如何在团队互动中展示我们的 CORE？
- 我们的团队逆商和 CORE 的真正影响或连锁反应是什么？
- 我们团队的职责、任务或目标是什么？
- 考虑到我们团队的职责，可接受的 / 理想的逆商和 CORE 是怎样的？
- 关于如何应对挑战和逆境，半山腰的逆商评估给了我们什么启示？

当个人的逆商平均值或某些 CORE 维度平均值高于半山腰的团队逆商平均值时，就会发生一些不理想的事情。也就是说，存在负协同效应（熵），这也意味着团队的生产力实际上会降低！这听起来可能很荒谬，但在团队中经常发生这样的事情。这也是为什么许多团队专家认为，即使在今天，大多数团队的组建都是不必要的。如果不存在协同作用，团队为什么还要存在？探索这个问题需要勇气。

山顶的觉察

在山顶或者从全景式的角度进行的评估是对团队如何应对逆境最全面的评估。通过考虑其他利益相关者，你的团队成员将能够了解其他人如何看待自己，以及自己应对逆境的能力。他们可以看到哪些利益相关者的看法最强、哪些最弱，并探索这些看法形成的原因。他们还可以将自己的逆商状况与利益相关者的进行比较，看看是否有某些明显的盲点，或者其他人认为团队对其一无所知的那些倾向。山顶的觉察是提升团队逆商第一层级的最后一步。一旦你有了评估的结果，就可以通过这些问题与你的团队沟通，以提高觉察、担当力和学习能力。

下面同样是引导性问题。

位于山顶的洞察力问题

- 我们在山顶的团队逆商评估对我们如何应对挑战和逆境有何启示？
- 我们能从这个高度的分析中获得哪些新的见解？
- 我们与同行业的其他公司相比如何？
- 我们在山顶的逆商以及 CORE 维度分别处在什么水平？
- 我们的逆商和 CORE 维度需要处在什么水平才能保证我们有效地实现绩效？
- 不同的利益相关者对此有什么看法？对我们团队逆商的评分在哪些方面有不同或相似之处？
- 我们山顶的 CORE 状况表明我们在哪些方面做得特别好？在哪些方面最需要改进？
- 这与其他高度的分析相比如何？
- 我们如何解释这三个高度的结果之间的差异？
- 我们会在什么地方攀登、扎营，或者放弃？

- 我们的团队逆商如何影响我们的行为？
- 我们的团队逆商能在哪方面产生最大的积极影响？
- 我们的团队逆商会在哪方面产生最大的负面影响？
- 我们的团队逆商如何影响我们与外部利益相关者的关系？
- 为了成功，我们需要针对逆商和 CORE 做些什么？

团队逆商提升流程中的讨论阶段可以是最丰富和最具变革性的。逆商为思考和探索团队的互动、行为、成功和失败提供了一个新的框架。在山顶这个高度，甚至那些最顽固的怀疑论者也经常被利益相关者的评价所影响，因为团队最终还是要对其他人负责，以实现特定的价值输出。其他人对团队的评价很难被忽视。再次强调，将外部利益相关者纳入讨论是非常值得的，因为当一个团队要建立新的、更高逆商的团队准则时，他们的见解被证明是至关重要的。

当你准确地评估了你的团队逆商和 CORE，并与你的团队（可能还有它的利益相关者）讨论了这一点，那么是时候评估你的团队准则了，以及它们如何阻碍或促进了你们的攀登。

> 依赖别人的人需要靠别人得到他们想要的东西。独立的人可以通过自己的努力得到想要的。相互依赖的人能够把自己的努力与他人的努力结合起来，以取得最大的成功。
>
> **史蒂芬 · 柯维**

建立高逆商的准则

团队逆商提升流程的一部分包括评估你当前的团队准则或团队行为模式。通过坦诚的团队对话和三个高度的觉察，你可以准确找出较低逆商的团队准则。

比如：

- 花了太多时间去考虑事情的不利方面；
- 想法在未被团队充分讨论之前就被直接淘汰；
- 把悲观当成了习惯；
- 逃避或转嫁责任；
- 相互指责，或者沉迷于指责别人；
- 很少冒险，甚至从不冒丁点险；
- 厌恶风险；
- 让别人决定你的命运；
- 在面对令人畏惧的问题时会有习得性无助感；
- 当逆境来临时，临阵脱逃或逆来顺受；
- 对出现的情况小题大做；
- 夸大每个问题；
- 使用低逆商的语言，比如不可能、没门、永远、一切都毁了、整个项目都完蛋了等。

让团队成员匿名列出他们心目中潜在的任何低逆商的做事方式，这是一个很好的方法，能让他们诚实地讲出自己对这些政治上棘手的问题的看法。大家可以一起坐下来彼此分享这份问题清单（不写姓名），让团队成员讨论并确定出最具威胁性和最常见的两三种低逆商的做事方式。

接下来，你将希望考虑团队在前进过程中可以制度化的高逆商的准则。从三个高度对团队 CORE 的描述是讨论潜在更高逆商准则的有力起点：

- 关注并讨论我们可掌控局面的各个方面；
- 监测我们对任何事情的反应；
- 将反应能力作为讨论项目列入我们的团队议程；
- 提出具体的策略来控制逆境的影响范围；
- 强迫自己去构想逆境过去后的新生活；

- 想出尽快跨越逆境的具体策略；
- 讨论学习点——下一次我们可以在哪些方面做得更好；
- 在逆境中挖掘机会。

把那些能提升你团队逆商的行动添加到你的列表中。这些行动可能关系到限制那些特定项目所带来的具体挑战的影响范围或持续时间。或者，它们可能是针对特定局势取得更多掌控感和担当力的具体策略。它们可能与你如何应对特定的变化、人、障碍或即将发生的事件有关。你的答案将是团队逆商提升流程中至关重要的一部分。

现在，你可以准备好通过在团队中运用 LEAD 工具来提升第二个层级的团队逆商。

第二层级：在团队中运用 LEAD

LEAD 工具的真正益处之一是，任何人都可以随时使用它与任何类型的团队进行互动。并非委任的领导者、项目负责人或团队引导者才能使用这些实用的工具，无论在你的社区学校董事会会议上，还是在公司的专家小组会议中，LEAD 工具都非常实用。

罗兰德钻石协会的团队建设专家克里斯托弗 · C. 罗兰德（Christopher C. Roland）博士认为，对团队有效性最大的威胁之一是“不安全的环境”，人们不愿意把他们那些关键的、敏感的问题摆在桌面上。团队内部经常会因为缺乏信任、颠覆性的权力斗争或者由谁来控制互动、流程、决策和结果的问题而受到牵制，甚至其有效性遭到削弱。在团队中使用 LEAD 的真正好处之一是，它可以帮助创建一个安全的环境，并把权力问题排除在考虑范围之外。

对于那些需要对同级别同事保持尊重和权力的领导团队来说，LEAD 工具是一个很好的方法，它可用于维护所有成员的尊严，但不是娇惯，不是让人分心，或给吱吱作响的车轮加上润滑油。它能帮助成员以更诚实和尊重的态度制定战略、计划和解决问题。

LEAD 工具将有助于项目或计划团队在保持思路清晰、做事专注且有方向感的同时，保持正确的路线，并提高他们的反应能力，无论遭遇什么样的问题。在跨职能团队中，LEAD 工具是促进有效地解决问题、决策和保持成员之间公平性的有效方法，这些成员通常持有不同的观点。

当有团队成员做出了一个低逆商的反应时，其他团队成员的反应如何？通常，这些逆商较低的团队成员会被视为烦人之事的真正来源。因此，他们通常会面临抵触，甚至被回避或被忽视。无论如何，他们的尊严都受到了伤害，尽全力做出贡献的意愿也会受到打击。他们的能力会被消弱，天赋会被压抑，可能会破罐子破摔。

这些反应虽然看似合理，但充其量只是短期的解决办法，而且会带来一些长期的后果。当以这种方式回应时，低逆商的团队成员会感到在情感上受到了排挤，并且可能会退缩或变得越来越敌对。他们可能会开始削弱团队能力，因为这是他们唯一能表现出影响力的方式。记住：如果一个人不能起到积极的作用，其阴暗面——消极的作用，往往会成为他们的另一种选择。一些最具破坏性的行为就是以消极的名义进行的。

遗憾的是，关于团队沟通和团队动力的文献还没有提出一个可行的策略，以维护所有团队成员的尊严，并使团队免受负面影响，同时保证低逆商成员能够充分参与。这就是 LEAD 工具具有独特价值的地方。

LEAD 工具在真实的团队互动中得到了最好的体现，比如你在本章开头部分读到的那个医疗中心团队的案例，或者你自己的成员逆商参差不齐的团队。你可能还记得，医疗中心的领导团队面临着巨大的压力，他们要在新预算的严格限制下重构他们的医疗中心。在刚开始的那一幕中，贾妮丝似乎正在把这支潜力巨大的队伍拖累成一支表现不佳的团队。她的逆商和团队的逆商削弱了团队的决心以及解决问题和决策的能力。低逆商搞砸了团队的动力机制。在我们为这个团队提供了关于逆商和 LEAD 工具后，我们看到了它们的交互作用所产生的不同之处。从本章开始要考虑 LEAD 工具如何对团队会议产生积极影响。请重温一下贾妮丝团队最初的对话和互动。

这个团队的行为很正常，贾妮丝的“负面”评论使该团队与她对抗并试图驱逐她。贾妮丝的智慧和经验都可以为团队做出贡献，如果她不再是这个团队的一员，这些就都没有了，团队的能力会受损，屋子里的气氛很紧张。在休息时，人们会私下向我表达他们的不舒服。贾妮丝很沮丧，后来都快要哭了。她愤怒了，感到自己受到了伤害，暂时离开了。

贾妮丝的低逆商反应的连锁效应并没有就此结束。那天晚上，她可能把消极情绪带回了家。在这种情况下，当她的老板问她“你的推广计划怎么样了”时，你觉得她会怎么说？在接下来的几小时和几天里，她愈演愈烈的悲观情绪有没有可能影响到她的同事？

一个人可以对他的同事和所在组织产生戏剧性的影响，不管这是好还是坏，也不管其头衔如何。贾妮丝是在无意中执着地试图证实她那低逆商的格局。如果她的团队驱逐她，她会去找其他人分享她的反应。她将把无助的种子种在人们疑虑和担忧的肥沃土壤中，从而降低人们接近或积极接受改变的机会。你可以在她的同事身上看到这一点。把低逆商带来的影响高估一点根本不为过。

让我们还是引用这个互动和情景，并应用 LEAD 工具。请注意在团队动态以及团队方向上的不同之处。在本例中，为了使团队保持在正轨上，并将精力集中在解决问题上，我们将在需要的时候运用 LEAD 工具的不同侧面。我们还将在互动中添加更多的团队成员，这样你就可以看到，即使在同一个团队中有多个低逆商成员，任何人也都可以运用 LEAD 来引导团队。下面是这个团队运用 LEAD 工具的故事延续。

汤姆（团队领导者）：好了，大家都知道，今天是个大日子。我们需要完成很多事情，并拿出一些具体的行动来朝着我们的目标前进。不能再坐视不管了。现在，先说……

鲍勃：我必须反对这么急三火四的搞法。我们一直在收集数据，我们需要更多的数据来做出那些要求我们做出的决定。现在，我想……

杰瑞德：鲍勃，请等一等，你在这里说到了一些重要的事情。（L= **倾听对逆境的反应**）你的意思是需要增加更多的数据。现在的情况显然需要我们不得不制订出计划，这是我们的职责（其他人点头）。（E= **负起责任**）汤姆，你能解释一下这件事的紧迫性吗？有什么证据表明这件事必须马上完成？（A= **分析事实依据**）

汤姆：谢谢，杰瑞德，这个问题问得很好。如果我们现在不解决这个问题，我们将在未来两个月面临另外 500 万美元的损失，以后的日子就会更难过。董事会还要求我们在 2 月 15 日之前拿出一个计划。

杰瑞德：好吧，具体来说，在接下来的几个月里，我们该怎样做才有助于把损失降到最低？（D= **做点什么**）

贾妮丝：你们不觉得这是不可能办到的事吗？我的意思是，我们被要求从预算中削减数千万，同时还要保持医疗质量以及学术项目的完整。我想我们是时候承认自己处于世界一流的时代已经结束了！（汤姆慢慢地摇了摇头。）我们将失去宝贵的员工，因为这仅仅是个开始。

乔：我不想打断你，贾妮丝。但是，对不起，我不同意你的看法。（贾妮丝翻了个白眼，向后一倒。）天还没有塌下来。我们不是最先面对这……

丹尼斯：贾妮丝说出了一些我们确实需要解决的实际问题。（**倾听**）贾妮丝，如果有人想尝试解决这个问题，那就必须是我们，（**负起责任**）这样说公平吗？

贾妮丝：我认为应该由董事会来解决这个问题，而不是我们……

丹尼斯：所以，即使是我们的领导团队，在整个局面下，也没有某种责任让情况变得更好一点？

贾妮丝：嗯，我想我们有一些。

丹尼斯：指出这点很重要。就算不用负起大部分责任，我们至少要负起一部分责任来寻找解决这种情况的方法。等一下。贾妮丝，你说这是不可能的。你说得当然不错，这是非常困难的。但我们需要问问自己，有什么证据表明这一定就是不可能的呢？（**分析**）

贾妮丝：世界上所有的证据！有哪个像我们这样的机构曾经成功做到呢？

丹尼斯（面向其他人）：贾妮丝说得对。这是个艰难的任务。在我们所认识的人中没有一个人做过我们正在尝试做的事情。这的确很困难。但是有什么证据表明这就不可能做到呢？

贾妮丝：也许并非不可能，但是……

丹尼斯：说得好，贾妮丝。你提出的另一点也很重要。（**倾听**）如果我们做得不好，我们的声誉就会受到损害。（**负起责任**）我们来看看这个。有什么证据表明，这一定会损害我们在世界上的地位？（**分析**）

一些成员：没有。

丹尼斯：太棒了！因此，既然这是我们的责任，我们又可以影响结果。（**负起责任**）具体来说，我们可以做些什么事情来削减成本，同时保持我们医疗服务的完整性和质量？（**采取行动**）

汤姆：我能做的一件事就是，和我在梅奥（MAYO）诊所的朋友谈谈，看看他们都做了些什么。

弗里达（走向白板架）：为什么不把它写在信息分类下面呢？还有什么其他的信息可以帮助我们加速推进这个过程并把它做好呢？（**采取行动**）

马里奥：我们为什么不等着看看董事会会怎么做呢？不管他们怎么说，这都是把我们架在火上烤。他们在赚大钱，还想让我们背锅？

弗里达：让我们考虑一下马里奥的建议。马里奥，我们都肩负着这个艰巨的任务。你说得对，如果把事情都推给董事会，我们就不那么头疼了。但是，在这样做之前，也许我们应该考虑一下我们的责任。在这种情况下，我们希望承担起哪些方面的责任来确保它得到正确的执行呢，（**负起责任**）马里奥？

马里奥：我想只有我们这些人才能治疗危重症病人……

弗里达：很好，所以你觉得应该有所担当，马里奥？

马里奥：是的，当然。

弗里达：很好。我们还可以为改善担当负起哪些责任？

…………

在这个案例中，有几个瞬间，团队的互动本有可能影响团队的士气，然而，不同的团队成员使用 LEAD 工具来维护了团队成员的尊严，并让他们恢复了解决问题的心态。你可以注意到，贾妮丝和马里奥所做的贡献得到了承认，并被赋予了真正的意义，因为它们在很短的时间内就成为讨论的焦点。然而，他们明显的消极情绪对团队士气、生产力或动力产生不了什么作用。事实上，在这个场景中，与第一个场景不同的是，杰瑞德、乔、弗里达和丹尼斯能够利用其他人的贡献来推动团队走向有意义的行动。他们都不是经过委任的团队领导者。他们只是了解 LEAD 工具，而且希望能帮助团队取得成功的团队一员。

就这样，这个案例中的人们巧妙地避免了那些不必要的、有破坏性的与逆商相关的冲突，增强了团队成员之间的信任感。现在，每一位成员表达关切时都会更自在，而且当他们这样做的时候，其心态是想解决问题，而不是抱怨或诉苦。

这个例子说明，当团队中不止有一位成员展现低逆商反应，可以运用 LEAD 工具带来积极的影响，因为这种情况往往会造成低逆商的团队气氛，并阻碍问题解决、决策和创新。

在逆商较低的团队中使用 LEAD 工具需要温和的坚定。低逆商的人通常不会按你提问的思路来回答问题，你可能需要重复这些问题或从不同的角度来提问，正如杰瑞德、乔、贾妮丝和丹尼斯在这个例子中所做的那样。

运用 LEAD 工具让团队走出危机

LEAD 工具既可以作为危机解决的核心模型之一，也可以带来持续改进和敏捷，因为在危机中这两点是最重要的。它可以带领团队立即走出低逆商的现实情景，用更有效的事实依据和有意义的行动来化解危机。简单有效的流程有以下五个步骤。

第 1 步，定义问题。团队必须尽可能精确地定义问题。当预计对服务的需求会增加时，团队领导是说“我们这下有麻烦了”，还是说“从明天开始我们将面临两到三倍之多的服务需求”，这将引起两种截然不同的反应。这就是对一个问题的精确定义。

第 2 步，列出最坏的情况。这一步似乎违背了高逆商团队所固有的乐观精神。然而，在危机时期，开门见山地描述最坏的情况是非常有价值的，这样你就可以直面这些具体的言语、恐惧和假设，并一直追问自己：“这里可能发生的最糟糕的事情是什么？”直到低逆商这个怪物被完全照亮，无所遁形。

例如：“我们可能激怒我们的客户，他们会降低对我们产品的质量评级，会停止让我们发货，我们所有人都会心脏病发作，然后企业倒闭。”

第 3 步，使用 LEAD 工具。在这种情况下，上面的第 2 步应对了（L= 倾听）对逆境的反应，并触发了低逆商反应，你现在可以对此提出异议。可以通过提问来建立责任感（E= 负起责任）。

例如：“让事情变得更好是谁的职责？”或者“我们要负责改善这个情况的哪一方面，哪怕是最小的改善？”（这应该需要几秒钟来决定）。

A= 分析那些支持最坏情况的所有方面的事实依据。

例如："如果我们处理不好，最糟糕的情况可能会成真。虽然所有的证据都表明我们可能会遭遇这种事情，但又有什么证据表明我们一定会激怒我们的客户呢？有什么证据说我们的质量评级一定会被降低呢？有什么证据说我们肯定会破产呢？"（这应该需要一到三分钟。）

D= 采取行动！

例如："具体来说，我们能做些什么来降低客户被激怒的可能性？还能做些什么（把这些事情列出来）？具体来说，我们可以做些什么来保住对我们的质量评级？具体来说，我们能做些什么来确保我们不仅能继续经营下去，而且最终能从这场灾难中受益？"（这应该需要两到五分钟。）

第 4 步，利用行动漏斗。当你有了一个完整的行动列表之后，就可以使用第 4 章提供的行动漏斗及以下所示来缩小其范围：

- 在这些行动中，我们想首先承诺完成哪一项？
- 具体来说，我们期望什么时候开始和 / 或完成这一行动？
- 具体来说，我们每个人可以怎样助力这一步尽快成功？

第 5 步，总结经验教训。一旦雪崩结束，危机过去，最后一步应问：

- 我们在哪些地方做得特别好？
- 具体来说，如果我们未来再次面临这种情况，我们能做得更好吗？
- 如果让我们给即将面临同样困境的人们提供建议，我们会提供什么样的建议来帮助他们尽可能快速、有效地应对这一挑战呢？

LEAD 工具在引导团队向目标攀登方面的作用尤其强大，因为前进是团队的宿命。它使成员真正从绝望中走出，指导他们展开有意义的行动，即使在严重的危机中。最初的抗拒和消极是过程中必然的一部分，随着团队有了更具体的行动，个人和团队的认同感都会不断提高。当团队使用这些解决问题的方法时，悲观、玩世不恭和消极情绪就不会阻碍他们的攀登了。

下面概述了在你的团队中使用 LEAD 工具的一些额外好处。

在团队中应用 LEAD 工具能获得的好处

- 它维护了所有团队成员的尊严。
- 它从团队成员的评论和意见中提取出了有价值的内容。
- 它维护了团队士气。
- 它是一个富有同情心的问题解决模式。
- 它改变了团队准则，使团队更自律，拥有更具建设性的问题解决思维。
- 它消除了诉苦、抱怨和消极情绪。
- 它促成了团队充分探讨的决定和准确的行动。
- 团队成员感受到了意义，更加充满活力。
- 它能帮助人们因地制宜地处理任何问题、挑战、挫折或逆境。
- 它创造了一个安全的环境。
- 它减少了公司内部的政治博弈。

综述

现在，你已经详细了解了团队逆商提升的步骤，你也有机会在自己的团队中完成每个步骤。

在对团队动力长达 40 年的研究中，我发现团队逆商提升流程是增强团队关系、实现成功最持续有效的方法。你会发现它对任何一类团队都适用。管理团队、领导团队、职能团队、项目团队、跨职能团队、设计团队、销售团队和规划团队都在使用逆商和 LEAD 工具提高团队效能。当你完成了逆商提升流程，并使用 LEAD 工具重塑了团队应对逆境的模式时，你将看到团队的绩效和士气都得到了显著而可持续的提升，并能体验到帮助他人攀登的深层次的满足感。

这些技能和洞察将形成一个自然的桥梁，让你走到下一个该攀登到的高度——评估和提升文化逆商。

本章简要回顾

一个团队，无论其天赋和能力如何，其强弱都离不开逆商。和个人逆商一样，团队逆商决定了团队操作系统的优势和健康度，以及团队在逆境中的绩效能力。

采用 LEAD 工具来：

- 维护团队成员的尊严；
- 提升团队的活力；
- 解决问题；
- 决策；
- 让所有人参与进来；
- 提升团队逆商。

采用 LEAD 工具来解决危机的方案包括以下步骤：

- 定义问题；
- 列出最坏的情况；
- 运用 LEAD 工具；
- 运用行动漏斗；
- 总结经验和学习点。

我们位于山脚下的逆商是：________（填入分数）。

我们位于半山腰高度的逆商是：________（填入分数）。

我们位于山顶高度的逆商是：________（填入分数）。

ADVERSITY QUOTIENT

第9章 | @ WORK

打造攀登型文化

人的性格不可能在安逸和平静中养成。只有经历磨炼和苦难，才能使内心强大、视野清晰、雄心振奋，从而获得成功。

海伦·凯勒

这几页内容我是在飞机上写成的，身边坐的是一位皮肤晒得黝黑、戴着眼镜的先生。他在经过先前两次失败的尝试之后，刚刚登上过大提顿山（Grand Teton）。亚瑟·刘易斯（Arthur Lewis）除了是一名登山运动员外，他还是Prodigy这家著名的在线服务公司的高级程序员。在我们成为邻座之前我就注意到他了。我们这个航班的乘客未能从洛杉矶国际机场的登机口登机，而是被大巴车拉到几英里之外的另一个登机口，这意外造成了飞机延误和乘客的惊慌。第一辆大巴快挤爆了，许多人只好去乘坐第二辆和第三辆车，这让延误更严重了。

大多数人都显得紧张和不安。然而，亚瑟却特别平静，似乎还从这些意外之中发现了乐趣。他静静地看着周围冒汗、抱怨、小题大做的旅客，耐心地等那些激动的旅客们坐下来后，才坐到一个靠窗的座位上，将他的登山包放在边上。亚瑟的前一个航班在延误了五个小时之后被取消了。尽管如此，亚瑟仍然神情专注，精力充沛，泰然自若。像他这样的人是你想招募进你的攀登型团队中的吗？

当我问他为什么要登山时，我在他的答案里找到了我们想在雇员身上寻求的一些东西。他转过身，面带微笑，热情地解释道："当你置身于危险之中时，你就会意识到生命是多么地宝贵。登山运动是对生命的一种祝福，它让我每天都心存感激。我喜欢像攀登大提顿山这样的挑战，它们使我的日常困难相形见绌。作为一名程序员，我每天都要解决问题，当你攀登时，你也要解决问题，必须不断地绕过困难。毫无疑问，登山有助于我克服工作中的挑战。"

我问亚瑟，如果他的公司 Prodigy 明天被收购了，他的想法会因为新的官僚体制而无法实现，他会怎么做。"如果我确实感到自己无法突破这些层级，我就会再去找份工作。生命太短暂了。"我问他，那丰厚的股票期权和即将来临的退休怎么办。他的目光一下凝重了。

"这不是钱的问题，"他回答说，"这是关于影响力。我要在一个能有所作为的地方工作。"这就是攀登者的想法！

你即便不是领头的攀登者、首席执行官或组织发展专家，仍能去影响组织文化的韧性。通过应用本书提供的理论和工具，特别是本章中包含的文化逆商提升流程，你就可以产生重大影响。当然，影响小企业的文化更容易一些，但在更大的组织中也可以实现。

在大型的组织与组织之间，文化可能会存在巨大的差异，有些组织攀登者云集，而有些组织士气低落，生产力低下，优秀的人员和资源越来越少，最终都消失不见。绘制一张你的组织文化地形图，将有助于你发现高逆商者和低逆商者处于组织的什么位置。

要想探讨组织文化的逆商并完成文化逆商提升流程，你必须把从本书中学到的所有技能和概念结合起来并加以应用。因此，这一章和文化逆商提升流程将把逆商的所有元素结合起来，打造出你自己在组织文化领域的攀登装备。

你可能已经注意到，每次你的团队多增加一个人，团队关系和决策的复杂性就会加倍。这个道理也同样适用于组织的发展，当从一个人发展到两人一组，再发展到团队，最终发展到组织时，组织内的行为模式也会变得更加复杂。尽管很复杂，但任何人都可以影响组织文化的逆商，这也是你能够最有力地去影响组织的层面。根据文化逆商提升流程（如图 9–1 所示），你首先必须思考你所在组织的愿景。其次，必须评估组织文化的逆商现状以便加强它。评估组织文化的逆商比第 8 章评估团队逆商所能用的方法要丰富得多，涉及面也更广。

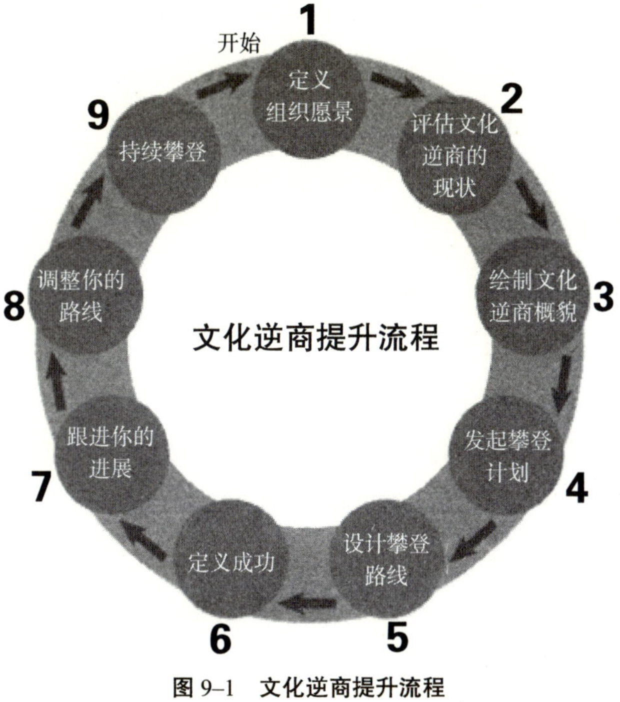

图 9–1　文化逆商提升流程

当你评估组织的文化逆商时，你就是正在观察与认识组织的文化概貌，这包含其所有的变化、因素和独特特征。为此，本章的大部分内容致力于为你提供各种工具，来完成文化逆商提升流程中的每一个步骤。

评估组织的文化逆商具有极大的个人实用价值，它为你提供了有关你的工作环境的新信息。文化逆商还为你提供了如何在组织的规范、价值观等指导下取得成功的宝贵信息；它还可以帮助你评估你和组织文化的逆商之间的一致性。就像在任何关系中一样，在你与工作环境保持健康和可持续的关系这一方面，逆商发挥着深远而关键的影响。

接下来，我们将教你如何通过使用逆商文化快速检测表（AQ Cultural Glance）来评估组织文化的逆商，同时也会介绍一系列常规方法来理解组织的操作系统。你可以利用这些信息来评估在你的组织文化中，哪些地方最容易得到切实强化，哪些地方可以最有效地应对逆境。

然后，你必须绘制出组织文化的逆商地形图，这可以通过描绘组织文化的 CORE 来构建文化的逆商画像。这将让你了解到具体的文化优势、劣势和倾向，并以此来制定未来的战略。

最后，你既可以从一份包含了 22 种文化逆商提升方法的清单中选择适合的方法来启动你的组织文化攀登之旅，也可以依据这份清单和你初始的提升策略设计出一条攀登路线。你必须给成功下个定义，这样才能看到在提升文化逆商过程中取得的有意义的进步。就像任何登山者一样，你必须追踪你的进展，以便适时地调整你的路线，确保一直在正确的轨道上不断追求你的目标。

定义组织愿景

文化逆商提升流程的第一步是定义你的组织愿景，指出你要努力去到的地方和你要成为什么样的组织。你的愿景要精确而大胆。理想情况下，你的答案应该反映出组织领导层和成员们的情怀。在进入文化逆商提升流程的下一步之前，我们首先需要定义文化和文化逆商。

文化和文化逆商

埃德加·沙因（Edgar Schein）是一位长期从事企业文化研究的专家，他将文化描述为我们用来指导语言、行为和决策的态度、信念、规范、规则、价值观和假设的连锁系统。简单地说，你的文化就是你的组织的操作系统，因为是那些明示的和默认的行为准则，决定了组织内真实的做事风格。它定义了你所做的工作。图 9–2 展示了组织文化的一些方面，它们塑造了一个组织选择去扎营还是攀登的倾向。

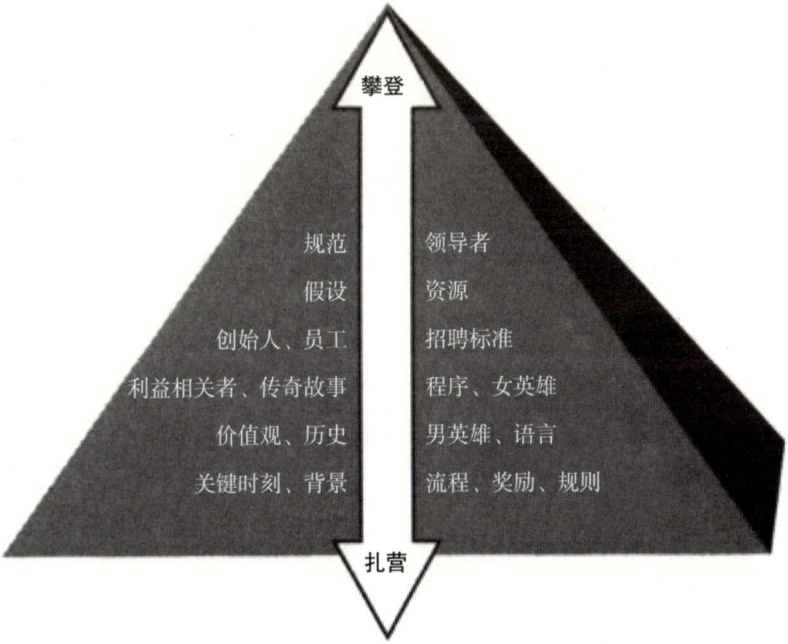

图 9–2　文化扫描

根据这个定义，你如何评价你的组织文化？它像扎营地吗？它是否具备攀登者那种在困难、混乱和充满不确定性的时刻仍然蓬勃成长的韧性、勇气和毅力？

你的答案可能会告诉你很多关于你的文化逆商的内容。这最终形成了你的组织的操作系统，并决定了你的敏捷性、乐观、创新、解决问题能力和文化认同。

评估你的文化逆商

不管你过去做过什么样的内部分析，这都将是你第一次分析组织的文化逆商。有多种途径来使用组织的操作系统，其中一些方法比其他方法更深入。让我们从一些简单而有力的洞察开始，来了解你们的组织文化的操作系统。

逆商的沟通

信息是由符号或文字组成的。传播是文化符号的流动。组织内部正式和非正式的沟通语言是强有力的有用的文化逆商的标志。要注意沟通的以下几个方面。

领导者的语言

领导者创造并传播组织文化的词汇。你可能会想到一些在你看来与某个特定的领导者相关联的词汇，这些词汇现在在你的文化中无处不在。一个有效的领导者使用的语言能够说服人们攀登至他们本来可能永远也达不到的高度。

你的领导说了什么？怎么说的？特别是当他们描述面对的挑战、挫折或困难时，你都要注意倾听他们的 CORE，以及他们对什么是可接受的行为或什么不是有何解释？记得当年，赛普拉斯半导体公司（Cypress Semiconductor）欧洲销售副总裁保罗·梅耶斯（Paul Mayes）一再被诺基亚公司（当时欧洲最大的公司）拒绝与之达成更大的交易，他的看法是："这不是他们会不会同意的问题，而是何时同意的问题。即使这需要几年时间，我们也会找到赢得这笔生意的方法。"要注意倾听你的领导者的 CORE。

当你评估你的领导者时，问问自己他们的语言体现了多少掌控感。他们的语言是不是促进了周围的人拥有更强的担当力？他们的语言能多有效地控制逆境的影响范围和影响时间？在那些逆境来袭的关键时刻，他们会如何反应？他们有没有情绪失控，大喊大叫，或者大发脾气？面对压力，他们会崩溃吗？还是能保持冷静，内心坚定地应对逆境？

需要注意的是，领导者的语言除了会影响文化逆商外，也会受到文化逆商的影响，这是双向的。下面的问题可以评估领导者的CORE。

通过领导者的语言来评估组织的文化逆商

当面对逆境时：

- 领导者如何有效地沟通那些能掌控或影响的方面来使局面变得更好？
- 领导者能在多大程度上愿意主动去改善困境，而不管造成困境的原因如何？
- 从描述逆境以及预测其影响方面来看，领导者在限制逆境影响范围上表现如何？
- 领导者能多有效地通过让自己和他人超越逆境来限制逆境的持续时间？
- 这位领导者在描述组织或一个特定逆境时使用了什么样的隐喻或类比？

听听人们用来描述他们的努力和面临的挑战时所用的比喻。它们是否显示着一种高逆商或低逆商的文化？

目前，欧洲最大的工厂直销型购物中心开发商英国BAA McArthurGlen有限公司的首席执行官乔·W. 肯普弗（Joe W. Kaempfer）向英国和欧洲大陆的人们介绍了一种新的购物方式。他设想的是一种建筑宏伟、设计精美的工厂直销购物村。乔将他的团队成功引入新的购物概念的过程比作“像鲑鱼一样逆流而上”：

我们坚持不懈地向上游。当到达一个平静的水域时，我们开始定位，制定战略，并为下一次飞跃养精蓄锐。这个过程可能很考验人，但我们已经实现了阶段性目标并将继续向前去达成新的目标。坦白地说，我对抱怨没有耐心。问题来了，就去处理它，搞定它，你知道我的意思吗？

这是一个高逆商的隐喻，描述了他组织的集体努力。这个例子既展现了高掌控感和担当力，同时也限制了逆境的影响范围和持续时间。

与之形成鲜明对比的是一家最近刚陷入了一场诉讼纠纷的著名制药公司，其副总裁是这样描述她的部门的：“我们就像深受数刀的受害者。刚给一个伤口止血，另一个又出血了。”这种低逆商的反应显示出，他们认为自己所遭遇的逆境影响范围大、持续时间久。

领导者语言中的隐喻和他们的反应，深刻地影响着文化逆商。高逆商的领导者会清楚地描绘攀登的愿景目标，充满激情地迎接挑战，打造一支不断向上向前的攀登型团队。他们可能会吓退扎营者，也可能会激励他们。有些人可能害怕失去他们努力维持的稳定和舒适。他们可能会离开，去找另一个地方继续扎营。而其他人将会感到自己必须加入到攀登队伍中去。无论哪种情况，扎营都有可能成为历史。

领导者的语言可以在各种媒介上找到，包括网站、年度报告、会议、对话、公司备忘录、电子邮件、演讲、视频以及报纸、杂志、电视和广播的访谈。尽管你不一定能影响你的领导者的言辞，但你也可以通过学习它来理解文化逆商并用它影响你自己的语言。

不管你的头衔是什么，你都可以每天塑造你的文化。将“评估领导者 CORE 的问题”应用到你自己的语言中，你将会帮助组织缩小扎营者的营地并提升你的文化。

在组织内应用文化扫描

你组织内的成员所使用的语言为文化逆商提供了丰富的信息。正如逆境塑造一个人的性格一样，逆境也塑造了组织文化的操作系统。面对逆境时，员工互相交流的符号或语言对于理解组织的操作系统尤为重要。后面有一些具体的方法（“用逆商分析语言”）可用于探索这种语言。

从逆商的视角观察他人

从逆商的视角来观察你的一天；寻找并倾听面对挑战或那些令人恼火的事时的 CORE 反应，这些反应不可避免地在事件过程中出现。你应该能够分辨出这些反应是展现了较高的文化逆商还是较低的文化逆商。通过倾听来判断组织的文化概貌。你所在组织的哪些部门似乎拥有最高的逆商？哪些部门的人说话时充满信心和决心？哪些部门的逆商较低，到处都是不停抱怨、无望而疲惫的扎营者？面对意想不到的变化，组织中不同部门的人都是如何表现的？他们在应对当前的变化和不确定性方面做得如何？

用逆商分析会议

在你参加的一些会议中，当宣布一些困难的消息时，观察并分析不同群体表现出来的韧性。他们是如何反应的？问了哪些问题？这些问题表明他们的关注是在担心害怕上还是在问题解决的可能性上？你能回忆起第 8 章中发生的以下对话吗？

汤姆（团队领导者）：大家好，大家都知道，今天是个大日子。我们需要完成很多事情，要拿出一些具体的行动来朝着我们的目标前进。（**高掌控感、高担当力、限制逆境持续时间的能力强**）不能再坐视不管了。（**高担当力**）现在，有这样一些……

鲍勃：我一定要反对这种火急火燎的做法。我们一直在收集数据，我们需要更多的数据来支持那些要求我们做出的决定。现在，我想……（**高担当力，但对影响范围、持续时间的限制能力较弱**）

贾妮丝：你们这些人难道不明白这是不可能的事情吗？（**低掌控感**）我说的是，要求我们削减数千万元预算，同时还要保持医疗质量和学术项目的完好无损这件事。我想我们是时候承认我们已经不再具备世界一流的水平！

（**对逆境影响范围和持续时间方面的限制能力太弱了**）（汤姆慢慢地摇了摇头）。我们宝贵的员工将会流失，因为这只是个开始……（**低影响度，即对影响范围的限制力低**）

乔：我不想打断你，但是，对不起，我不同意贾妮丝的观点。（贾妮丝翻了个白眼，向后一仰）天还没有塌下来。（**较高的影响度，限制了一定的影响范围**）我们不是最先面临这种挑战的人，我们可能是功能运作最不正常的，但是……

马里奥：在这种压力下我们做不到。我认为这不是解决问题的正确方式……（**低掌控感，担当力适中**）

戴夫：在骨科，我们尝试过这件事情，但失败了，所以我们需要……（**低掌控感和低影响度**）

贾妮丝（用手掌拍桌子）：这正是我要表达的观点！

当你用逆商的视角来分析上面这段对话时，你注意到了什么？你会圈出哪些显示贾妮丝和马里奥的低逆商的语句？请注意括号中黑体字部分的注释对大家的不同陈述进行的 CORE 分析，思考这些陈述对团队及其生产力产生的连锁反应。

在你参加的会议上，人们如何描述权威人物或有权力的人？他们是否被视为完成任务不可逾越的障碍？他们是否被看作问题的源头？或者，被视为我们攀登的重要资源？他们是否把精力都浪费在抱怨不公上了？还是拒绝接受不公正，确保他们的贡献是有意义的并得到认可？当人们讨论出错的事情时，听他们选择的词。人们是把事情承担起来，停下来，学习，然后再继续前进，还是马上就开始推卸责任，指责他人？哪怕是最微不足道的小事，追责也会发生。

我记得我现场观摩过一次行政人员会议，会议上提出了一个关于新的复印机的话题。其中一位比较资深的助理宣布：“我们的这项采购，或者任何其他采购项目，永远得不到资金支持的原因其实是高层管理层一直在给我们设置障碍，自从我们尝试在这方面做一些改变以来，他们就一直不同意。”其他人也加入了这股吐槽热潮中，接下来的半个小时大家全是在讨论公司的管理层铁了心要看他们失败的种种表现。不用说，这种低掌控、低担当，认为逆境影响范围大、持续时间长的反应扼杀了任何争取购买新机器的努力。

用逆商分析客户服务人员

用逆商的视角来分析客户服务人员或任何在一线与客户打交道的人。与以往相比，现在一线员工对待客户的方式比发生在高层办公室中的决策对业务的影响更大。基于这个原因，你必须知道当有人非常粗鲁或不讲理时，客服人员是如何回应的。当他们的计算机系统崩溃或者某一个请求无法马上响应时，他们会怎么说？当一下子涌入很多愤怒的顾客投诉时会发生什么情况？当面对逆境时，他们有多容易慌张？他们具有多大的敏捷度，能随机应变想方设法去满足客户的需求？还是他们会找各种理由来说明为什么不能及时满足客户的需求，以此来证明自己的正确，从而实现他们为自己设下的自证预言？你能给他们多少权限来解决问题，还是他们可以躲在某个实质性理由背后，为自己为什么做不到找到借口？

有一次，我拨打了一家知名家居用品商店的客服热线，去了解一单逾期已久的货物物流信息，客服人员花了几分钟时间询问我的信息。我想她一定正在搜寻我的订单目前的状态。然而，当她问我要了所有可能的信息后，她肯定地宣布：“先生，对不起，我查不到任何这个订单的信息。”当我问她为什么找不到时，她回答说：“应该找家具部。他们和我们是不同的部门。你得自己打电话给他们。”我问她，从她的电脑上能不能查到我的货物可能在哪里。她停下来长长地叹了口气：“好吧，即使能查到，我也真的不应该回答你关于家具的问题。我是饰品部的。再说，如果我电脑上面的信息是错的，你就该怪我了，对不对？”很明显，她没有身处在一个掌控感和担当力高的工作文化中。

去寻访前辈

那些有影响力的、经验丰富的前辈们是如何应对各种事件的？很有可能他们就代表着组织的文化，随着时间的推移，他们塑造了组织的文化。如果你想知道挪威食物是如何影响健康的，那就研究一下挪威人。如果你想了解你的组织的文化逆商，就要和那些在文化中生存最久，并不断地传播着文化的那群人聊一聊。

组织里的前辈们如何向其他人描述这个组织？他们的风格和语气是否流露出骄傲、决心和成就感？还是传达出顺从、妥协和失望？20 世纪 80 年代初，当我与霍尼韦尔（Honeywell）公司的一个现已撤销的部门工作时，记得有一位在公司工作了 35 年的前辈是这样描述公司的："保罗，看看窗外。看到那辆雪佛兰卡车了吗？我们就像那辆卡车，在外形、速度、性能或价值上都表现平平，我们就是最基础的、坚实的，最终也能把任务搞定。"房间里的其他几位前辈点头表示同意。他和卡车的类比说明了一切。当时，霍尼韦尔处在行业后 25% 的位置，其领导者多年来一直在努力摆脱扎营的状态，重新走上攀登之路。

用逆商分析书面文件

从书面文件中经常能够捕捉到那些能够很好地体现组织的文化逆商的语言。你可以在年度报告、备忘录、营销材料、公告、新闻动态、电子邮件、信函、信息文件、政策手册等书面文件中找到这样的线索。

试着做这个练习：以下这段文字摘自微软创始人比尔·盖茨的内部备忘录，请圈出并标记每个与逆商相关的单词或短语。我用黑体字标记了几个短语作为例子。你能分辨出这些信息中哪些是高逆商或低逆商的表现吗？具体来说，从 CORE 维度来分析，你会得出什么结论来支持你的判断？

> 华盛顿州雷德蒙德，1998 年 7 月 21 日
>
> 微软刚刚结束了又一个令人惊叹的财年，收入达到了 145 亿美元，比 1997 年增长了 28%。在开发改善人们生活的软件方面，今天我们的领导地位比以往任何时候都更加明显。计算机行业正在改变世界，而伟大的软件是这场变革的中心。然而，在技术不断变化的商业环境中，**我们不能停滞不前。**

今天，**我想谈谈一些让人兴奋的目标**，并让你们知道我是如何扩充我们的管理团队来实现这些目标的……

现在我们正在进入一个新的阶段——**机遇和挑战**比以往任何时候都更多。世界各地的公司和员工都意识到管理公司内部知识和数据流动的信息基础设施，也就是我们称之为“数据神经系统”的威力巨大，它使公司能够比以往更有效地利用这些知识。与此同时，人们的生活方式也开始网络化。他们不仅仅把网络作为获取信息的渠道，而是经常用它来支付账单、购买汽车、查看电影排期表、预订餐厅和安排度假。网络正在成为生活的中心。软件是所有这些活动，也就是通信和商业活动的核心。微软将与其他行业领袖合作，为人们提供伟大的软件，以改变他们工作、学习和娱乐的方式……

我们为这个人类新阶段**做出贡献的机会**是巨大的。我们正处于数字时代的开端。“让每个家庭、每张桌子上都有一台电脑”的初心只有通过你们的工作才能实现。未来当我们回望今天的计算机和软件时，我们会认为它们是差强人意的、最基础的……

我们需要使用先进的技术，让我们的网站成为一流的。这些目标中的每一个都需要我们几个产品团队的通力合作。**我衡量自己贡献的标准是**，我能在多大程度上推动大家实现这些远大的目标，来帮助消费者，同时，如果我们行动迅速，也能帮助我们继续向前。

尽管微软快有 25 年的历史了，但我们才刚刚开始。未来让我对我的工作感到非常兴奋，我愿和微软团队的所有人一起继续用我们的成就来给世界带来惊喜。我们都对目前的成就感到无比自豪。但未来的机遇将远远超过我们目前所取得的一切成就。我对微软比以往任何时候都更有热情，更愿意为其献身。

现在把你组织的备忘录拿出来，重复这样一个过程。这些文档和你圈出的单词在多大程度上传达了较高或较低的逆商倾向、行为、语言和趋势？这些描述

（正式沟通）与实际情况（非正式规则）相比如何？

评估文化逆商（用逆商分析语言）

从逆商视角观察他人：观察并倾听人们如何描述从小烦恼到大灾难的所有事情并对它们做出反应的。

用逆商分析会议：听听人们在描述有权力的人、不高兴的顾客、障碍、挑战、问题和挫折时选择的词汇。当去掉这些语言时：面对逆境，房间里的基调或感觉会是什么样？

用逆商分析一线员工：去了解那些在一线与顾客打交道的人。当不堪重负时，他们的反应如何？逆境对他们的行为举止和健康产生了什么样的影响？

询问组织中的前辈们：那些经验丰富的前辈们是如何应对逆境的？是垂头丧气还是抬头挺胸？

用逆商分析书面文件：圈出所有与 CORE 和逆商相关的词语。这体现了你的组织是什么样的文化？你的文化是否与领导者、市场营销人员和招聘人员跟其他人所描述的一致？

除了这些对文化进行定性检查的方法，还有一些能够进行定量检查和测量的方法。

评估你的文化逆商概貌：逆商文化快速检测表

下面这个逆商文化快速检测表可以作为对你组织的文化进行定量评估的起点。尽管这是我们逆商文化测评的简易版本，但它也将是一个有用的方法，来进一步评估你的文化，看看结果与之前的沟通练习相比如何。它将开启一个有意义的对话。

逆商文化快速检测表一

回答以下问题，用你的第一反应圈出你认为最匹配的的答案。

1. 在你的组织中，人们能多有效地应对意想不到的挑战或挫折？

1　2　3　4　5　6　7　8　9　10

非常糟　　　　　　　　　　　　非常好

2. 面对意想不到的转折或者迫在眉睫的变化时，你的团队成员有多大可能会变得意志消沉？

1　2　3　4　5　6　7　8　9　10

极有可能　　　　　　　　　　　　绝对不可能

3. 当逆境袭来时（无论情况有多糟），人们会在多大程度上会聚焦他们能够施加积极影响的方面并有针对性地采取行动？

1　2　3　4　5　6　7　8　9　10

一点也不　　　　　　　　　　　　完全地

4. 当逆境袭来时，人们有多大可能会放弃？

1　2　3　4　5　6　7　8　9　10

极有可能　　　　　　　　　　　　绝对不可能

5. 当逆境袭来时，不管原因是什么，人们有多大可能站出来改善现状？

1　2　3　4　5　6　7　8　9　10

绝对不可能　　　　　　　　　　　　极有可能

6. 人们有多大可能会指责他人、推卸责任？

1　2　3　4　5　6　7　8　9　10

极有可能　　　　　　　　　　　　绝对不可能

7. 当逆境袭来时，人们有多大可能会让其影响到工作、团队和组织的其他领域？

1　2　3　4　5　6　7　8　9　10

极有可能　　　　　　　　　　　　　　　　绝对不可能

8. 当逆境袭来时，人们有多大可能不让它的影响蔓延？

1　2　3　4　5　6　7　8　9　10

绝对不可能　　　　　　　　　　　　　　　极有可能

9. 当逆境袭来时，人们有多大可能任由其持续下去？

1　2　3　4　5　6　7　8　9　10

极有可能　　　　　　　　　　　　　　　　绝对不可能

10. 人们有多大可能通过复杂的挑战展望未来？

1　2　3　4　5　6　7　8　9　10

绝对不可能　　　　　　　　　　　　　　　极有可能

逆商文化快速检测表二

将你所有的答案汇总起来并乘以2，就得到了一个你的组织的文化逆商的快速评估结果。把你的结果与下面的范围相比较。

问题分数

问题1____+问题3____+问题5____+问题7____+问题9____=____

问题2____+问题4____+问题6____+问题8____+问题10____=____

合计问题1~10=____×2.0=逆商值

155～200分，高逆商，基于反应的文化。你可能拥有一个高逆商的组织文化。在感到庆幸之前，要问问自己，如果你问组织中各层级的人这些问题，你会得到一个什么样的答案？你在多大程度上会由于高高在上而看不清实际情况？你攀爬得越高，就越难将自己的感知与实际情况区分开来。如果每个人的答案都与你的答案相符，那么你的组织可能具有高逆商的文化，能够吸引和培养攀登者。

138 ~ 154 **分，较高逆商的文化。**五年前，你可能会为这样的分数和大家能以这样的方式应对逆境而高兴。但在今天，你知道你需要一个更有韧性的文化来承受日益严峻的挑战，并从中学习。大多数挑战你都能很好地应对，但在充满复杂性、不确定性和困难的今天，你仍然还会受到打击。

113 ~ 137 **分，中等逆商的文化。**可能你的组织中有相当一部分人都是扎营者，他们的帐篷桩钉得很牢。尽管你的组织在他人眼中可能是“成功的”，但这种地位岌岌可危。改变是困难的，把攀登者留住也不容易。人们能够承受来自日常挑战的一些不必要的打击。

96 ~ 112 **分，较低逆商的文化。**你的组织可能就是扎营地。人们安于现状，即便算不上死守着现状，变化也慢得让人发指。人们只开发很小的一部分潜力，在应对逆境方面做得也不好。不确定和复杂的现实正在对你的员工造成巨大伤害。

20 ~ 95 **分，低逆商的文化。**攀登者为了更有希望的环境和前景而为自己重新寻找一起攀登的团队。挑战变成问题，问题可能变成悲剧。人们即便没有因此而意志消沉，也会感觉深陷困境。病假率和离职率高，忠诚度很低。到处弥漫着责备、抱怨和无助的情绪。组织的大部分潜力尚未开发出来。尝试赋能也遭遇失败。领导者们感到沮丧，可能还会感到困惑。

看看你的组织的文化逆商分数落在哪个区间。看看你的组织的文化逆商和团队逆商、个人逆商相比较的情况如何。

文化逆商值____　　区间____　　团队逆商值____

我的逆商值____

为你的逆商打分：要描述出你的组织的逆商状况，就要考虑以下这些计分键：

C= 问题 3~4，×2.5　　组织得分____　团队得分____　我的得分____

O= 问题 5~6，×2.5　　组织得分____　团队得分____　我的得分____

R= 问题 7~8，×2.5　　组织得分____　团队得分____　我的得分____

E= 问题 9~10，×2.5　　组织得分____　团队得分____　我的得分____

解读你的组织的文化逆商快速检测结果

下面这些问题有助于你解读你的组织的文化逆商，请花上几分钟来完成这一过程并回答这些问题。

你的组织的分数：

1. 你的组织的分数落在哪个区间内？
2. 这意味着面对充满逆境的未来，你的组织及其前景如何？
3. 你的组织的文化逆商会让人们选择攀登、扎营还是放弃？
4. 你认为文化逆商是怎样影响组织的敏捷性、问题解决能力、士气、创新、客户服务、沟通、领导力、招聘、保留、绩效和健康的？
5. 你的组织的文化逆商是如何影响组织的竞争能力的（如果适用的话）？
6. 你估计你的主要竞争对手的文化逆商是什么样的？
7. 你的组织的文化逆商如何影响你为组织奉献的热情和精力？
8. 你如何看待文化逆商对人们的影响？逆境会对你的组织成员造成什么损害？
9. 逆商在你的组织的成功中扮演了什么样的角色？

其他组织的分数：

1. 其他组织的分数在什么区间内？
2. 它们的文化逆商和你的组织相比如何？
3. 你会如何解释其中的差异？
4. 它们会如何解释其中的差异？
5. 对比其他组织的文化逆商，你认为你的组织目前表现如何？在充满逆境的未来中前进的能力如何？
6. 逆商如何影响他人应对逆境和机遇的方式？

我强烈建议你，尽可能多地邀请来自组织不同部门的人员来完成这个逆商文化快速检测表，因为他们可能会从其他不同且重要的角度来评分。请记住，一位领导者不管有多受爱戴，在某种程度上，他都可能被蒙在鼓里，不知道别人的真实看法。不管是出于恐惧、同情还是担心，人们都想保护领导者不受坏消息的打扰，所以他们自然地会过滤掉这些信息。因此，一个领导者对文化逆商的看法可能和其他人不同。这一点值得深入研究。

我在衡量文化逆商方面的经验是，领导者给自己的组织评分往往是最高的，但那些承担第一线职责的人可能持有不同的观点。他们能看到日常挑战的出现，知道人们如何做出反应或毫无反应。因此，了解组织中不同部门的人如何看待和评价组织文化是一项非常有用的练习。

有时不同的人之间对组织的文化逆商的评分和看法的巨大差异会让你大吃一惊。这种差异的存在可能有很多原因。其中最主要的是领导者。

领导者是一个最重要的文化影响因素。他们引导着亚文化，导致在扎营型组织中会形成攀登型团队，而在攀登型组织中形成扎营者团队。你可能已经知道或猜到组织的哪些团队是由高逆商或低逆商的领导者领导的。你可以通过逆商文化快速检测表验证你的直觉。

小团队或者亚文化之间对组织的文化逆商评分有高低是很正常的。某些差异之大，有时会让你很难相信人们描述的是同一个组织。

另一方面，高度的一致性反映了一种影响深远的主文化，这种文化渗透甚至支配了亚文化。这样的好处是减少了组织不同团队之间的不协调。如果主文化的逆商没有你所希望的那么高，那就是一个明显的劣势。

有趣的是，人们在文化逆商评分上的高度不一致反映了一个组织的亚文化有时可以比主文化更有影响力。就像不同的人在国家公园里对自然奇观的体验方式完全不同，你组织里的每个人对工作场所的体验也不一样。在亚文化内部和各种亚文化之间甚至可能会有彼此相反的发现。

任何规模的组织都有亚文化。他们可能会因地理位置（“你去过我们的悉尼办公室吗？那里很不一样”)、功能（“公司的国际物流部完全不一样”)，或成立时间（“这是我们业务中最新、最具活力的部门”）的不同而不同。它们也可能因文化背景、性别、年龄、市场、历史、头衔，当然还有领导力的不同而不同。由于亚文化不同，他们的亚文化逆商和他们对主文化逆商的看法也不同。

绘制你的文化逆商概貌：解读你的结果

虽然逆商文化快速检测表是完整的逆商文化评估的一个简易版本，但它仍然具有实质性的价值。就像医生有时可以通过压舌、询问你感觉怎么样和仔细观察你来诊断你的病情一样，逆商文化快速检测表可以提供一个有意义的初次解读。

高文化逆商（155~200 分）：如果你组织的文化逆商得分是在这个范围内，那么你的组织就具有应对挑战和挫折的非凡能力。它可能是一个充满活力、鼓舞人心、创意十足和具有成就感的工作场所。领导者可能会表现出高逆商的坚持不懈，可能要求会很高。面对障碍时，员工表现出的乐观和韧性会吸引客户。你可能会吸引并留住攀登者。

较高的文化逆商（138~154 分）：文化逆商得分在这个范围内的组织能相当从容地应对不确定性、变化和挑战。你很可能成为行业中最强大的企业之一，攀登者也会被你所吸引，想要成为其中一员。有时候，你会觉得如果再多一个挑战的话就难处理了。但不管怎么说，大家通常还是会把一切都搞定的。

中等的文化逆商（113~137 分）：如果你组织的文化逆商得分是在这个范围内，那就像大多数企业一样，它只能应对一些逆境，再多的话可能就会遭受负面的后果了。当事情进展顺利时，你的组织可能会有效地优化其员工和他们的才能。然而，随着逆境的增加，人们可能会有压力，工作表现可能会受到影响。这样的组织很可能还有一些很大的潜力没有得到开发。

较低的文化逆商（96~112 分）：如果你组织的文化逆商得分是在这个范围内，你可能很难吸引和 / 或留住攀登者。人们很容易就变得意志消沉，可能会逃避那些本来有助于他们实现自我改善的障碍。人们的工作表现、士气和创新会有很大的波动，这取决于他们在特定的一周或一个月里所面临的逆境的严重程度。随着文化逆商的提高，这一点可以得到改善。

低文化逆商（95 分及以下）：文化逆商得分在这个范围内的组织拥有巨大的未开发潜力，当它们提高了文化逆商后，就可以开发出这些潜力。人们可能会感到沮丧、痛苦、愤慨和 / 或消极。挑战会让生产力戛然而止，人们可能会因为每一个新问题或失败而互相指责。当文化逆商得到提高以后，得分在这个范围内的组织会实现最显著的改善。

绘制你的文化 CORE 概貌

了解你的文化逆商是一回事，而探究其 CORE 差异则是另一回事。前者类似于路线图，后者则是具备更多细节的导航所需的精确地形图。

花点时间，在表 9–1 中的 CORE 内插入对应的总数，绘制出你的组织的 CORE 概貌。

然后用下面所列的问题来更全面地理解你的结果，并增加你从这个活动中获得的价值。

通过以下问题，你可以更深入地了解你的文化 CORE 概貌。

优势

- 在哪一个（或几个）CORE 维度上你给你的组织评分最高？
- 其他组织得分最高的维度是哪一个（或几个）？
- 你如何解释差异（如果适用）？
- 这体现了组织文化的什么，以及组织在面对逆境时哪些方面做得好？
- 这对组织的反应能力意味着什么？

表 9–1　　绘制出组织的 CORE 概貌

	逆商	C	O	R	E
		□	□	□	□
	200	50	50	50	50
高	190	48	48	48	48
	180	46	46	46	46
	170	44	44	44	44
	165	42	42	42	42
	160	40	40	40	40
	155	38	38	38	38
稍高	150	36	36	36	36
	145	34	34	34	34
	140	32	32	32	32
中等	135	30	30	30	30
	130	28	28	28	28
	125	26	26	26	26
	120	24	24	24	24
	115	22	22	22	22
稍低	110	20	20	20	20
	105	18	18	18	18
	95	16	16	16	16
	85	14	14	14	14
	75	12	12	12	12
低	70	10	10	10	10
	60				
	50				
	40				

劣势

- 在哪些维度上，你给组织的评分最低？
- 其他组织得分最低的是什么？
- 你如何解释差异（如果适用）？
- 这体现了组织文化的什么，以及组织在面对逆境时的潜在劣势是什么？
- 这对组织的反应能力意味着什么？

总体 CORE 评估

- 你的组织的文化 CORE 如何影响你应对当前挑战的能力？

- 你的组织的文化 CORE 概貌说明组织面对客户逆境的能力如何？
- 它可能会如何影响组织未来的成功？

表 9–2 可以更生动地描述你的 CORE 如何影响人们攀登、扎营或放弃的可能性。将公司的文化 CORE 概貌与你团队和你自己的 CORE 状况进行比较是非常有用的。在逆商文化快速检测表二的底部，你可以比较这些不同的 CORE 分数。

表 9–2　文化倾向

C 掌控感	O 担当力	R 影响度	E 持续性
文化上的攀登倾向			
能够立即聚焦于可掌控的事情	勇于向前一步，为改善局面承担起责任	逆境被锁定在发生的范围	认为逆境转瞬即逝
认为能够对事物产生积极影响	专注于想办法而不是责备他人	对局面有客观的看法	认为任何事情都不会没完没了
愿意坚持下去	团队成员高度互相信任、互相依赖	能够对困难分而治之	把逆境视为过眼云烟，会保持着乐观的心态
文化上的扎营倾向			
有一定的掌控感	有一定的担当力	从某些事情蔓延至其他领域	认为某些事情会持续产生影响
当逆境不断出现时，有可能不堪重负	当感到疲惫、紧张时，团队成员可能会开始指责他人	当逆境不断增加时，明确其界限方面变得越来越困难	当逆境越来越严重时，就不太容易保持信心和希望
逆境令人疲惫不堪	担当力可以更强大	有身负重担之感	关注当下
文化上的放弃倾向			
表现出没有或只有很少的掌控感	会推脱责任	不堪重负	让坏事件一直持续产生影响
会产生习得性无助	会互相指责	被灾难性恐慌所笼罩	逆境的影响会一直延续下去
会放弃	会有戒备心理	认为小困难会演变成大灾难	所抱希望被愤世嫉俗和嘲讽所替代

如表 9–2 所示，你的组织文化在“C”上得分越低，就越意味着人们不仅在工作中没有强烈的掌控感，而且缺乏改善情况的乐观情绪。C 得分越低，人们扎营甚至放弃的可能性就越大。

但如果 C 得分高的话，人们就更可能有强烈的掌控感，并相信他们可以积极地影响那些令人畏惧的情况。这意味着切实和普遍的赋能和创新，也意味着此处是一个潜在的鼓舞人心的工作场所。

掌控感是当今人们在工作中所寻求的深层次和根本的东西。事实上，随着人们寻求对自己的工作、决策和生活拥有更多的掌控感，一场大规模的全球性转变正在发生。这也是推动许多新兴创业者的关键因素，因为他们早已厌倦了对机遇和逆境缺乏掌控的境况。为了拥有更多的掌控感，他们愿意承担更多让人头疼的事情。一个低掌控的文化非常容易受到外部力量的打击，比如市场、经济、客户、竞争、技术等诸多方面的变化。其结果是，它的团队成员会饱受打击，自然也更倾向于成为一个扎营者。

如果你的组织文化在 O 上得分很低，那自然就会产生转嫁责任或关注追责的做事方法或行为模式，也可能两者兼而有之。这会破坏信任、敏捷性和互相依赖性。它还会让人们本能地对信息和自己的地盘产生保护心理。顾客即便不生气也会心生不满。员工和客户流动率也可能会受到负面影响。

如果你的组织文化在 O 上得分很高，情况则相反。人们会挺身而出，承担起改善现状和应对当前挑战的责任，不管它是什么原因造成的。这种高度当责的文化会激发信任和相互依赖，打造良好的人际关系。其结果是提升了生产力和完成工作的决心，强化了人们对当前雇主和组织的忠诚度。

如果你的组织文化在 R 方面得分较低，人们就可能深陷困境，认为这些问题是重大且影响深远的。当逆境来袭时，人们的反应可能是，感觉这是一个非常大的困难：一个特定的小事件变成了一种“局面”，一个小挫折变成了大“危机”。

这可能会不必要地打击逆商较高的人的情绪，通常情况下他们能限制逆境的影响范围，将逆境视为小障碍，而不是大灾难。在 R 上得分低表示在前进路上会有很多巨石挡道，这可能阻碍甚至终止组织的攀登之路。

如果你的组织文化在 R 方面得分很高，那么人们对逆境进行原地控制的能力可能会促使他们拿出更快的解决方案并付诸行动。如果每个事件的影响范围都得到有效控制，员工们就能应对更多的逆境。与此同时，如果你的文化在掌控感和担当力方面得分也较高的话，那么事情就能迅速得到处理。人们可以从容地面对同样的挑战，就像越野跑者在岩石和树根之间穿梭跳跃。

如果你的组织文化在 E 上得分很低，那么人们就会认为事件会延续很长时间，并且很难对付。在一个 E 得分低的组织文化里，人们的希望和信念会被削弱或摧毁。而在那些希望快速度过逆境、继续攀登的高逆商者身上，这种低逆商的行为转瞬即逝，他们很难理解其他人为何会让这些行为肆意蔓延。

如果你的组织文化在 E 上得分很高，那么即便是最复杂、最令人畏惧的逆境，人们也会乐观地认为这终将过去。这有助于他们在困难时期保持活力。如果你的文化在 R 和 C 上得分也很高，人们就不太会觉得有什么逆境是难以克服的，反而会受到挑战的激励。如果他们在 O 上得分也很高，那就会主动当责，去发现逆境中所蕴含的机会。这种倾向能够吸引、肯定和鼓励攀登者，他们决不会让困难不必要地持续下去。

你会庆幸花了时间和精力来绘制你的文化逆商概貌，因为它让每个人都清楚哪些是组织的优势和哪里需要强化组织的文化逆商。

设计攀登路线：22 种提升文化逆商的方式

在过去的十几年中，我们 PEAK 团队和一些鼓舞人心的高逆商领导者一起实践了各种提升文化逆商的策略方法。作为本书的一个目的，我将这些林林总总的策略浓缩为 22 种最实用的方法来指导你升级文化逆商。请记住：其中许多方法看上去很容易，最起码开始时很容易，但事实并非如此。能否始终遵循这些方法，即使经受考验也一如既往地执行它们，最终会定义文化逆商的提升仅停留在表面，还是深入而持久。和很多有价值的东西一样，当身处逆境时，你将受到最强烈的诱惑去打破你对这些原则的承诺，但也恰恰是在这些时候，坚守这些原则才至关重要。

1. 围绕新经济重新定义你的组织

新经济为繁荣提供了前所未有的机会。它将科技和人性结合在一起，给人们带来了新的自由和挑战。它还代表着一种没有人完全理解的全新游戏，其规则每天都在被改写。简而言之，没有人会感到无聊。攀登者们享受新经济带来的机遇，这种兴奋感和他们宣布要问鼎尚未征服的山峰是一样的。

无论你的组织是营利性的、非营利性的、私有的、公共的、大的还是小的，你都可以将新经济的原则应用到你的组织文化中。创新、知识、技术、人力资本、连通性、远程工作和相互依存是你必须拥抱的新力量。这些也代表了能让攀登者茁壮成长的一些原则。向新经济转型意味着要认真而坚定地投资、整合和利用新经济力量。在这个过程中，你会发现隐藏的活力、兴奋点和创造力。扎营者也将开始攀登。

2. 清理你的装备

1996 年 5 月 10 日，有 11 名登山者在珠穆朗玛峰上死亡。后来人们发现导致他们死亡的原因是他们犯了一些致命的错误。探险队队长做了一个错误的决策，他要求夏尔巴人（喜马拉雅山当地的登山向导）把几件奢侈品带往位于死亡地带海拔最高的大本营，这个决策注定了悲剧的发生，因为在那里每一点重量都性命攸关。据《进入空气稀薄地带》(*Into Thin Air*)一书的作者乔恩·克拉考尔(Jon Krakauer)所说，这名向导负担了额外重量，再加上连着他和另一名登山者的绳子太短又增加了他的负重，疲劳耗尽了他的体力，使他难以进行必要的、反复的救援攀登。但他在道德上又有义务去努力尝试进行救援。夏尔巴人认为，把这些物品带到地球的顶峰，以及自己和另一名登山者之间的绳子过短，这不仅危险，而且对神也有轻微的冒犯。这一悲剧事件提醒我们，要想持续攀登，我们必须拥有正确的装备。任何多余或过时的东西只会增加重量，危及我们的前行之路。

如果要从你的文化背包里丢掉那些没什么用的东西，那么留下的会是什么呢？你会保留哪些会议、惯例、奖励和沟通方式？你会改变停车、费用报销、决策的规则，或者做出一项改变所需要的审批流程吗？下面所列“清理你的装备”的问题将帮助你思考哪些应该留下，哪些应该丢掉。

清理你的装备

思考你的组织文化中那些对你的攀登最重要的方面和有可能阻碍你前进的方面。

- 如果你可以将你目前的组织文化彻底清空，重新打造你的组织文化，你想建立一个什么样的组织文化？
- 具体来说，你会选择保留哪些方面？
- 你会清除掉哪些方面(习俗惯例、规范、规则、假设、常规做法、程序等)？
- 根据你对这些问题的回答，你当前的组织文化的哪些方面值得改变？
- 你当前的组织文化的哪些方面不需要改变？
- 保留那些你不想改变的东西会有什么后果？

一位亚洲电子制造商的运营总监和我说了他的两难境地：

我们在工作场所有许多旨在加强团队凝聚力的习俗，它们为大家提供了舒适、安全和归属感。其潜在的规则是“你必须出席”。然而，我们中的许多人必须花越来越多的时间在一线工作，以满足客户的要求。他们必须立即响应每一个请求。如果他们缺席了这些团队活动，就不会被视为团队成员；如果他们参加了，就无法在工作业务上有出色的表现。

这是一个很好的例子，说明了某些文化装备（隐含的规则、假设、习俗）是如何阻碍攀登者向上攀登并让他们感到沮丧的。

> 你成了自己的玩伴！
>
> 拉姆·达斯（Ram Dass），被誉为 20 世纪最受推崇的心灵导师

3. 与攀登者为伍

为你的登山绳减负的一个最有力的方法是，把那些逆商较低的供应商、客户、董事和合作伙伴从你的组织中清理出去。这些个体和实体需要占用太多的能量和时间资源。这种清理需要时间、勇气和努力；相反，与攀登者为伍就意味着与那些有着最坚韧的精神和有着迎难而上的光荣历史的人建立关系。你会发现，当那些支持着组织文化并与之互动的人是真正的攀登者时，你的组织文化不仅会得到解放，而且会得到提升。

寻找攀登者的一种方法是选择一个挑战，看看谁能最快、最彻底、最坚持不懈地完成任务。当然，你也可以测量他们的逆商。为什么不跟他们分享你正努力打造的文化和愿景呢？人们通常有兴趣更多地了解自己，以及为什么你选择他们来完成一个项目或执行一项特定任务。

在本书的前面部分，我曾提到了我们 PEAK 团队如何在一条陡峭山路尽头的

山顶上建造我们的新办公室的故事。有 10 家承包商拒绝考虑我们这“不可能的项目”，但第 11 个承包商眼里闪着光，他能看到我们的愿景。他充分认识到了逆境，并且享受挑战和成功所需的创造力。每天他都要面对一些挫折——从流沙到从路上滚下来的卡车——但他总是用同样的方式来解决这些问题：“保罗，没有什么是我们应付不了的。”当伐木场告诉他这个项目不可能完成时，他说：“这真的不可能实现吗？哈！我几个月后会开车送他们到这里，给他们看看我们是怎么做到的，怎么样？”坦白地说，我相信他已经发现这个项目让人干劲十足，充满活力！不用说，这个高逆商的供应商帮助我们塑造了我们的未来。

让你的组织与攀登者为伍，也可以让你做到这样看似不可能的事情。这需要你透过逆商的视角，来审视那些你选择交往的人。在大多数情况下，你的身边不可能只有攀登者。因为攀登者的比例相对较低，这样的愿望很难实现。相反，你应该专注于提高能影响你的工作、项目和成功的攀登者的比例。

你的正式或非正式的董事会是怎么样的？高逆商的董事往往是那些带着必胜的坚定决心和对企业清晰的初心，经常参加事关生死存亡的会议的人。这样的攀登者可以真正改变对话的方向，让团队重新聚焦于未来的攀登大业，而不是他们正在小心跨越的沟堑。这样的攀登者可以把一个组织从危险的沟壑中拯救出来。选择置身于攀登者之中，可以让你的每一天都变得更加理智，攀登过程也更加自由。

相反，在某些情况下，你可能会经历这样一个场景，就像我经过一家大型零售百货公司的员工休息室时所看到的：

一名职员对她的同事们说：“今晚 10 点前我们根本不可能离开这里。”

“真的不是开玩笑。我们要为明天的销售做好准备，可我的经理甚至还没有给我新的价格表。”另一个人补充道。

桌子对面，一位看上去疲惫不堪的男士慢慢地吐了口气，又添油加醋地说了一句："我就把一堆东西扔在货架上，让早上来的那个白痴来处理吧。我们整个部门真是一团糟。公司付我薪水又不是让我来干这个事的！不管怎么说，这整个交易就是一场灾难。"

这里到处都是放弃者和扎营者。看不到一个攀登者！

如果你在人员招聘和任用上有一定的影响力，你可以考虑通过逆商的角度来考虑其匹配度。要把逆商最高的人放在那些最需要坚持不懈的位置上，把逆商较低的人放在那些不太容易感到无助，也不太可能影响其他人产生同样情绪的位置上。

虽然你可能难以选择你的汇报线以及组织架构，但你可以对非正式的结构产生很大影响，或是选择花时间与哪些人一起完成工作，这些人可能在工作上并没有职权关系。他们形成了你的非正式的攀登者团队——当其他人还在争论是否可以做某件事情的时候，他们已经通过互相帮助来想方设法做事情了。我发现在工作的每个领域都安排一些攀登者很有用。如果你的工作包括三个主要的责任领域，一开始就要在每个领域确定一个或两个攀登者。与他们见面，讨论你们对完成任务的共同热情，并向他们提供帮助。他们会发现你是一个盟友，可能会把你当做他们攀登团队的非正式成员。通过这种方式，你可以扩展你的人际网络，减少工作中的挫败感。

如果你想要一种推动变革、以自己的工作为荣的文化，那就与攀登者为伍。

4. 培养攀登引领者

领导者对文化的塑造影响最大。如果有人能让扎营者重新开始攀登，那他就是你的攀登引领者。他们确定攀登路线，并在岩石中敲入第一个锚钉，来保证全队的安全。从本质上说，有反应能力的领导者就能够塑造出有反应能力的组织文化，激励他人向上攀登。通过正式或非正式权力，他们有最大的杠杆，来撬动一个高逆商文化，成为你攀登的逻辑起点。领导者需要理解逆商和人类操作系统，这要从了解他们自己的逆商和操作系统开始，最终了解团队成员的。为了快速地创造出实质性的改变，你必须向领导者传授逆商的原则，将这些准则注入他们的血液，让他们应用在日常的语言和实践中，这样才能激励其他人也这样做。

你很可能已经在你的组织中发现了几个攀登者。通过赋予他们领导小型探险的责任，你可以把他们培养成为攀登引领者。这可以在组织内的任何级别上完成。先从可以承受但不至于压垮他们的挑战开始。接受他们的失败并引导他们从中吸取教训。让他们清楚地了解，重要的是怎么失败的，而不是他们是否失败。让他们到更具挑战性的地方去攀登，同时让他们承担领导他人的责任。他们的领导力会提升，帮助扎营者攀登的热情会增长并且感染他人；这也会帮助你吸引和留住攀登者。

召集你的攀登引领者来讨论组织的文化。考虑那些阻碍提升的因素和那些可以培养攀登行为的因素。坦率的对话可以暴露组织的一些弱点，这些弱点可能会阻碍组织最大限度地成长和成功。

就攀爬障碍和攀登加速提出的相同问题，让员工进行投票。如果允许他们匿名回答的话，结果会让你感到惊讶。领导者通常都有盲点，可能没有意识到某些规范、价值观、假设和潜规则可能会成为攀登者的阻碍。你需要充分地团结你的攀登引领者，优化你的组织的文化逆商。

一名热情的、高逆商的领导者能够动摇扎营者的营地，让更多的扎营者一起去攀登。要实现这样激动人心的成果，一个人并不需要有正式的领导者身份或者最高的头衔。

5. 提供攀登学院

雇用攀登者可能比自己培养要划算，但你必须考虑不培养他们的成本。如果不给人们机会去衡量和提升他们的逆商，就会剥夺他们攀登陡坡所需的技能。这就好比你向他们喊“去向上攀登”却不提供培训或登山绳。领导者在道德上有义务为他们现有的员工提供“抓到登山绳”的机会。你要做到这一点，就需要通过攀登学院向他们提供基本的逆商知识、衡量逆商的机会，以及将逆商直接应用到日常挑战中的技能。只有升级你员工的操作系统，你的组织文化才会得到发展。这可以从整体上使人们变得强大，影响他们生活的方方面面，当然也包括他们在工作中的行为和信仰体系。

攀登学院是一种多位一体强化文化逆商的方法。你可以培养出一小群有决心、反应能力强和具有攀登行为的人。每一个人都可以充当组织内的攀登大使，是在组织的不同领域中成长的种子。

人们需要：

- 衡量他们的逆商；
- 强化他们的 CORE 觉察；
- 使用 LEAD 工具来审视和重塑他们对逆境事件的反应模式。

更具体地说，你可以将攀登学院整合到员工的发展计划中，这样他们就有了一条升级操作系统的途径，并将反应能力作为主动且有效地发展自我的核心。

攀登学院应该围绕你的组织文化、挑战和紧急问题而建。这就是为什么逆商培训必须针对每个组织的文化进行定制开发。你可以利用你的组织文化的当前假设、规范、历史和规则作为一个有意义的起点，看看在哪些方面你可以最好地提高和加强你组织的文化逆商。然后运用这本书和其他书中的工具，永久性地重塑人们应对大大小小的逆境的反应模式。

6. 将 LEAD 工具制度化

许多年前，PEAK 团队设计并测试了 LEAD 工具，将其作为一种审视和重塑人们对逆境事件的反应模式。从那时起，我们发现 LEAD 工具能发挥的功能远不止于此，它是解决个人、个人之间或团队之内面临的各种挑战的最优雅、最富同情心、最有效、最重要的方法之一。这些步骤是通用的，适用于不同的文化、行业和情境。让它成为一种标准化的做法，大家相互之间运用 LEAD 工具解决挑战，在过程中你会看到敏捷性、清晰度和个体本身都得到了加强。

攀登学院是将 LEAD 工具制度化的第一步，但还需要采取更多的行动。如果你在会议中、面临挑战时和出现逆境时使用 LEAD 工具，你就赋予了它可见性和重要性，并将其注入你的文化血液中。努力在演讲、文件和对话中嵌入 LEAD 工具的各个方面，正式和非正式的沟通这个工具将有助于它在你的组织文化中扎根。

在赛普拉斯半导体公司，使用 LEAD 工具已经开始成为针对特定销售人员的导师计划的一部分。随着这一制度在赛普拉斯半导体公司的团队培训、教练过程和解决问题的一般方法中得到推广，LEAD 工具正变得越来越普及。它现在已经超越了一个培训项目，成为文化语言的基本组成部分。

7. 打造有反应能力的攀登队伍

虽然许多团队的组建都是不必要的，但攀登队伍的存在有一个明确的、令人信服的理由。那些理解并能够应用逆商、CORE、反应能力、基于反应的思维和重要性天平等这些原则的人，拥有了攀登到空气稀薄的高度所需要具备的心理素质。要利用你的攀登引领者来形成、引导、教导和激励高逆商的攀登队伍。将 LEAD 工具作为团队之间解决问题的标准方法，以尊重每个成员的尊严和贡献（见第 8 章）。从打造一支无懈可击的高逆商团队开始，让他们成为组织中其他成员有意义的榜样，让他们知道我们可以做到什么以及如何持续克服逆境。

更加有用的是，将你的逆商最高的团队作为典范，来向你的员工展现在组织中什么样的行为会成功以及背后的原因是什么。用逆商的语言来向其他人解释这个团队的独特之处，以及为什么当其他人都放弃的时候，这个团队还能够坚持下去。让它成为一个团队如何在有限的资源和巨大的压力下塑造文化的最佳教学案例。这可以大大减轻抱怨和受害者心态，同时激励其他人攀登。

8. 建立大本营、拆除扎营地

显然，解雇员工中的扎营者可能是不切实际的，不受欢迎的，更不用说这是不符合职业道德的；相反，你要帮助人们把他们的精力和资源从扎营地转移到大本营中。重要的是，每个人都应该认识到自己在攀登过程中所扮演的“关键角色”。

人们常常在想，如果他们只是普通员工，或者已经无意再向上晋升，他们还能否成为攀登者。经常有人问我：“如果我在过去的12年里一直做同一份普通员工的工作，这是否意味着我是一个扎营者呢？”这种困惑源于两个误解。首先，人们必须审视自己为什么要留在一份特定的工作中。如果是为了逃避变化或挑战，他们显然是在原地踏步，是在冒萎缩的风险；如果是因为这份工作能最大限度地发挥他们的天赋，让他们朝着一个有意义的目标前进，那么他们可以在未来很多年里一直向上攀登。

第二个误解产生于人们把扎营地误认为大本营。两者之间有一个根本的区别。前者是为追求舒适，另一个则是攀登的重要支持。大本营是由那些关键的攀登者们组成的，他们善于协调，能为那些正在抓着绳索攀登的人提供支持和资源。他们面临着工作节奏和工作要求的巨大挑战。任何一个攀登者都会告诉你，大本营里的人和登到山顶的人一样，都是登山队的组成部分。

当新加坡第一名登上珠穆朗玛峰的攀登者埃德温·萧（Edwin Siew）到达山顶时，他做的第一件事就是给大本营打电话。“我们一起欢呼、哭泣、拥抱，”他解释道，“因为我们知道我们一起做了一件不可思议的事情。埃德温是全球知名的“新加坡拓展计划”（Singapore outbound）的工作人员，他和伙伴们都知道，对于他们的成功来说，那些大本营里的人与站在山顶上的人一样至关重要。

攀登者会认可在大本营里的人，但他们对扎营者的感觉却不一样。扎营地和大本营之间有一个根本的区别。一个是白占空间，另一个则能帮助攀登。在你的组织中，谁可以真正进驻大本营，担任攀登的关键角色？谁只是吊在绳子上当秤砣？每个组织都要有自己的大本营。联邦快递公司运送过的最不寻常的货物是数千份《古兰经》的 CD 光盘，是为了在西班牙地中海海岸举行一场重要的活动准备的。在巴黎的工作人员发现货物重达四吨，比托运人所报告的重量重 20 倍。然而，这些 CD 是沙特阿拉伯国王和该国驻西班牙大使的礼物，他们必须准时到达。这架飞机显然不够大。西班牙的行动小组立即采取行动，与法国的行动小组一起找到了一架波音 727，然后花了三个小时与西班牙当局谈判，获得了飞机降落的特别许可。他们的敏捷行动得到了回报，这批货比客人到得还早。这就是训练有素的大本营团队的行为，它们会帮助每个人向上攀登。

把扎营地改建成大本营的一个实用方法是在你的组织中找到一个最适合扎营的区域。与这个区域的员工一起合作，提出一个吸引人的、看得见的、有意义的目标，每个人都可以在其中扮演一个角色。在理想情况下，它会充满挑战，但并非不可能。要确保支持部门的员工认识到并理解他们在部门成功中所扮演的角色。对他们的进步表现出强烈的兴趣，并支持他们一路走下去。每次当他们克服障碍时，都要庆祝一番，并称赞一下支持部门（大本营）的员工。这可以改变人们看待工作的方式。

9. 定义攀登角色

通用电气公司董事长杰克・韦尔奇以询问员工每天为公司的利润贡献了什么而闻名。你可以考虑稍微改变一下措辞，问问自己和其他人：“你今天为攀登贡献了些什么？”

以攀登为出发点来确定组织职能和个人责任。每个人和职位是如何以及在多大程度上对攀登做出贡献的？那些不做贡献的人就不应该成为团队或组织的一部分。这听起来很刺耳吗？

搞块扎营地对任何人都没有好处。雇用一个不能增加价值的人是对这个人、组织使命和正直操守的贬低。你必须有勇气让那些不能或不愿为攀登做出贡献的人离开，去寻找一个他们可以发挥重要作用的地方，不管他是待在大本营里还是在登山绳上努力攀爬的团队中。简单地说，这样的人吊在登山绳上会拖累所有人的士气，危及攀登事业。

最终，高效且有同情心的办法是帮助你这里的扎营者找到另一座山去攀登，而不是接受他们扎营的决定。一旦你把你的工作场所变成了缺乏动机者的避难所，你就等于默许他们安于现状和平庸，从而削弱了整个文化。

10. 为攀登分配资源

攀登者在购买装备时是不会讨价还价的。他们知道他们的成功和生存取决于拥有最好的和最需要的攀登资源。额外的东西只会减慢他们的速度。打造攀登型文化也是如此。在走廊中走走，巡视一下办公小隔间，详细考察工作场所。哪些资源有助于你完成任务，哪些资源只是在增加绳子上的重量？你把资源用在哪里？你是在为扎营者的场地垫土，还是在为攀登人员配备装备？对于每一件装备和每一笔投资，都问问自己："这对攀登有什么帮助？"

关于资源的规则很简单：如果不是攀登的关键需要，就放弃它；如果是，就买最好的。

11. 做山峰的守护者

人们常常忘记，山峰与业绩、利润率、头衔、市场份额或股东价值无关，它关乎那些更高、更深、更有意义、更无法抗拒的，你自己定义的目标。上面列出的其他词汇都是攀登团队攀登一座共同的清晰的山峰所取得的结果。目标不是像新时代咨询公司给出的模糊的词汇，是软性的。它是具体而真实的，就像山上的花岗岩，在那里你的膝盖磨破了皮，在那里你拉着你的队友前行。

向组织中的每个人传达或支持一个讯息，告诉他们什么是最重要的。让人们知道，“我们致力于向上攀登。我们的使命 / 目标是真实的，不是纸上谈兵。为了实现我们的目标和愿景，我们招募和培养攀登者”。

成为神圣事业的守护者。可以把“记住我们的山峰”当成你的口头禅，这样攀登者就可以保持走在前进的路上，能够专注并且感受到攀登的价值。攀登者被那些认真对待目标并每天为此而努力的场所和人们所吸引。

> 不管我们是否意识到这一点，我们每个人都有能力为他人树立某种榜样。既然知道了这一点，你是愿意成为一个帮助别人的人，还是一个无意中让你周围的人泄气的人？
>
> 乔希·海因兹（Josh Hinds）

12. 对绩效进行评估

绩效是评估和报偿一个人的主要衡量标准，也是除了目标和意义以外，攀登者唯一关心的。绩效作为一个标准超越了性别、种族、资历和其他具有潜在负面影响的标准。不要害怕不符合现有文化规范的例外情况出现（例如，在传统上以男性为主导的继任计划仍然存在的情况之下，一个年轻的、眉毛上打了洞的女人胜出了），去拥抱并鼓励这样的事情，让每个人都知道，他也有机会脱颖而出，不会被那些人为设置的过时的规则、规范和假设所限制。你要说到做到，这样你的同事才敢放手一搏。从第一天开始，人们就会称赞这种公平性和被赋予的为攀登做贡献的机会。

我们很容易发现，在某些文化中，绩效只能得到口头赞美，没有实质性的奖励。学术界一向以将成功教授列入黑名单而闻名，理由是他们在教学上获得了太多的声望和赞誉。管理者非但不给这些教授们加薪，反而可能会增加他们的课量，或者以他们的职位任期相威胁，因为他们表现得“不够严谨”，或者因为他们拉高了标准而让其他同事看起来很糟糕。我认识的大多数杰出的教授，他们的教学成就要等几十年才被认可。

13. 利用技术助力攀登

技术可以在创造和维持高逆商文化方面发挥至关重要的作用，因为它可以促进攀登者所需要的敏捷性、创造性和人际沟通能力。这就是为什么即使是那些最忠实的传统攀登者也会拥抱科技。利用它来促进攀登者和大本营之间的重要交流，在整个攀登者团队内的所有成员之间，创造无缝的交流和信息共享。为任何与客户打交道的人提供他需要的实时信息，以便当场解决客户的需求。香蕉共和国（Banana Republic）①现在为其客户掌上电脑编制了备忘录程序，让他们随时能够了解即将到来的促销信息。通过这种方式，顾客和售货员成了合作伙伴，以确保顾客知道某件商品什么时候可以打折。

一次在机场，我正好坐在一位菲多利公司（Frito Lay）公司的区域销售经理旁边，他正在使用他的个人数字助理下载从办公室和现场销售团队那里来的电子邮件。“我可以通过这个小设备安排、沟通、协调和执行我需要的一切，”他解释道，“因此，一离开办公室就难以开展工作的老难题现在得到了解决。”技术可以帮助每个人超越，甚至粉碎旧的边界和权力结构，这些攀登路上的绊脚石已经妨碍了人们实现真正的相互依赖和实时信息的共享。

14. 期待最佳

你可能会实现它！与一些动机理论学者的建议相反，你应该为自己和同事设

① 为 GAP 集团下、美国大众普遍接受且喜欢的时装品牌。——译者注

定尽可能高的期望，然后通过努力来达成它。高期望加上一个有价值的事业（山峰）是吸引攀登者的磁铁。当你的文化拥有这两样东西时，攀登者将不分远近地被你吸引，成为组织的一部分。这种期望必须适用于包括你在内的所有人，没有一个例外。大家必须始终保有这些期望，尤其是在一些关键时刻。这样，期望和设定期望的人才是值得信赖的，并且在此过程中，团队成员和文化都会得到提升。

ADP 经纪服务集团是为金融服务业提供信息和交易处理的佼佼者。该公司对成为“卓越的服务商”的不懈追求，使其目前的客户流失率为零，并且连续 150 多个季度实现了两位数的增长。该公司管理团队享有很高的留任率和很长的任期，因为员工不断经历挑战，得到历练，而且他们的提升受到奖励。ADP 经纪服务集团期望在它所做的事情上做到最好，决不妥协，他们的期望每天都有回报。

15. 掌控你能掌控的

对你做不到的，就要放手。掌控有许多方面，可能需要微调，甚至彻底改革，以创造出一种真正的高逆商文化。建立一种常态，将注意力集中在你和他人能够影响并使情况变得更好的方面，并明确地将那些你们不能改变的方面放在一边。联邦快递负责质量和流程改进的董事总经理霍利·思里特（Holly Threat）每天都明确描述情况。“你无法控制自然母亲，”她解释说，“但你可以改变方式来应对她的挑战。”这就是为什么联邦快递的员工整个夏天都要进行除冰演习，也是为什么他们要专门开发技术来让那些载重量最大的飞机在雨雪阻碍交通时实现着陆的原因。他们掌控了自己能够掌控的东西，这样就能优化自己的反应能力。

情绪控制对于塑造员工的希望和抱负至关重要。不幸的是，随着职权的增长，在员工或团队面前“情绪失控”的权力也在增长。遗憾的是，许多领导仍然会咆哮怒吼、乱发脾气、大发雷霆——所有这些都是以信念、热情和激励的名义。通常，这种策略会适得其反。他们会耗尽人们的尊重，粉碎人们的灵感，与他们想要的结果正好相反。一家欧洲企业的一位魅力超凡的首席执行官一直在与自己的脾气作斗争。他喜欢对人发起连珠炮一样的攻击，这在他的领导团队中是出了名的。在他的攻击之下，许多人已经辞职或不得不去寻求心理治疗。大多数人一直处于恐惧中，担心自己会成为他枪口下的下一个目标。这样一位本可以卓有成效的领导者，因为用自己的权力让别人感到无助，从而阻碍了他的攀登之旅，这多么令人遗憾。

人类抵御发脾气的机制就是反应控制。在第 3 章中，我们探讨了掌控感的反应层级，包括控制的最高层级——自然反应控制。文化的反应控制始于领导者，并会被他人下意识地模仿。不管你的职位是什么，你都可以通过控制自己在逆境来临的反应来影响你的组织在反应控制上形成的规范。

16. 注入担当力

担当力是关于一致性的，哪怕在最困难的时候仍然坚持你当责的价值观。担当力意味着不管人们的角色是什么，都要为应对出现的情况负起责任。担当力意味着创造出一种没有指责的文化，在这种文化中，为了明哲保身而不采取有效的行动不但让人不满，而且永远也不被允许。安达信咨询公司（Andersen Consulting）的高级经理吉姆·坎贝尔（Jim Campbell）解释说："不要自责了，我更有兴趣学习。我每天都在指导人们，我相信，我有责任让他们能感受到担当力所带来的自由和机会。"

去寻找那些由别人造成的不良局面，然后主动去承担改善的责任。这会激励其他人也这样做。当人们为改善与自己无关的困境而承担责任时——这就是担当力。

17. 控制逆境的影响范围

建立起一种当逆境袭来之时就对其进行控制的规范，这样你就已经为那些未来的攀登者卸下了可怕的负担。每次当遇到挑战时，要通过运用 LEAD 工具来制订具体的行动计划以遏制逆境的影响范围。要针对经常发生的逆境局面，制定标准的遏制策略。遏制策略至关重要，可以防止逆境事件的影响波及其他领域。这些策略为人们提供了在逆境来袭时保持敏捷的手段，这很令人振奋——这与当小烦恼爆发成大灾难时他们所感受到的巨大压力形成了鲜明的对比。

具体来说，这意味着要密切关注逆境可能蔓延至工作和生活的其他领域的最初迹象，并立即着手考虑如何最好地控制它。这样的策略大大增加了组织的韧性。

一家制造公司的董事长意识到，他的会计公司并没有什么作为。因此，他解雇了这家公司，并雇了一家新公司。随后，当他走进办公室，发现这家新公司的人正在等他。他们的严肃的表情已经预告了接下来要发生什么。两个会计看着他的眼睛说："你现在的状况比破产还糟糕。"他这才发现，由于之前的会计师事务所的错误，他的公司正面临彻底的财务崩盘。他被告知他公司每一笔银行贷款都存在拖欠现象。银行表示，它们不会支付这笔债务，也不会支付第二天的工资账单。

很快，他的销售经理们都恐慌了，最优秀的五名销售人员跳槽了，公司元气大伤，但灾难远未结束。几个小时后，他被告知他最亲密朋友的儿子在车祸中丧生了，而另一个朋友的家被烧毁了。

更糟糕的是，他年迈的父母的名字出现在一张银行支票上，他不得不坐在 71 岁的父亲旁边，听一位银行工作人员描述自己将如何在 36 小时内彻底破产。他的婚姻也出现了一些问题。当他回家告诉他的妻子，他只有几个小时的时间来想办法避免他们创造的一切被摧毁，她却回答说："好吧，那是你的问题。我要去滑雪了。"她离开了，结束了他们的婚姻。他完全有理由举手投降。这一灾难似乎影响深远，超出了他的控制范围，肯定会影响到他生活的方方面面。

但这个攀登者咬紧牙关，打电话向他的私人朋友借钱（这些钱他不能保证日后有能力偿还）来支付他的欠账，为自己争取一些时间。接下来，他把他的团队成员召集在一起，想出了一个让公司活下去的策略，使他们能够在重建公司的同时还上那些欠款。多亏了他们的遏制逆境的策略，公司现在获得了前所未有的利润。他说："如果我们没有面对那次逆境，我们永远不会取得现在的成功。这对我们取得今天的成就至关重要。"当被问及如何看待逆境时，他说："我不会拿它与任何东西交换。当我回忆那段经历时，我感到充实、强大、有成就感。现在我们知道我们是一家什么样的公司了。"

18. 透过逆境看向未来

最近，我在一家政府机构的员工餐厅无意中听到一位经理在午餐时对她的朋友说："这里的某些人永远都不会被解雇！"她指的是一个特别具有破坏性的人，有时还会辱骂他人。在她看来，这种逆境将持续很长一段时间。这种看似无害的发泄不满的方式，引发了一个更深层次的问题——人们认为，这种困境，或许还有其他许多逆境，可能会持续相当长的时间，甚至是永远无解。我能听出她声音里的无奈和沮丧。

逆境持续的时间越长，它对每个人和每件事造成的损害就越大。因此，我们必须透过挫折或挑战，去乐观地想象，当这一艰巨的挑战结束后，生活将会是什么样子。这并不是一个轻松的心理过程，但这个过程可以根除那些像杂草一样极具传染性的假设（即逆境一定会永远持续下去），让健康的乐观主义蓬勃发展起来。

19. 把失败因素考虑进来

埃里克·韦恩梅尔（Erik Weihenmayer）是一名登山者。他攀登过美国优胜美地国家公园（Yosemite National Park）的酋长岩（El Capitan），这是地球上最大的岩石面，也攀登过北美和南美最高的麦金利山（Mount McKinley）和阿空加瓜山（Mount Aconcagua）。这些已经是令人钦佩的成就了，而埃里克是盲人这一事实让他的成就更加令人瞩目。你可能想知道，如果没有人喊出下一个把手点或立足点，一个盲人怎么能爬上岩石面呢？“我把失败也考虑进去了，”埃里克解释道，“我知道为了成功，我会失败很多次，所以我会把它们考虑进去。”

就像生活中的许多攀登者一样，埃里克通过感觉来攀登。他必须在岩石上手脚并用，才能沿着岩面前进。他会基于他所能收集到的一切信息来采取行动。他会跌倒，会被困住，但他最终成功了——攀登了那些视力有限的人很少敢于尝试的山峰。

遗憾的是，大多数组织不允许他们的员工跌倒、磕碰然后爬起来继续。他们对待失败的做法是破坏性的，这会驱使人们去扎营。他们行事保守，因为潜在的规则就是这样引导的，无论领导者最近对大家说了什么，他们还是无动于衷；相反，你应该去寻找失败，因为在这些失败中蕴含着值得称赞的精神，也因为这些失败是人们为共同的事业攀登的证据。用于尝试失败，然后从失败中吸取教训。

> 如果你想提高成功率，那就让失败率翻番。
>
> **老托马斯 · J. 沃森**

20. 始终处于学习区

学习区是总结经验教训的地方，这样你就可以避免重复过去的错误，做出更明智的决定。在这个区域的反思程度刚刚好有助于你提升，超过这个程度的反思是没必要的，容易转变成毁灭性的过度指责。学习过程中需要适时停下来，从每次逆境中吸取教训。你要形成一个问自己问题的习惯：“我们（或我）从中学到了什么？我们（或我）还能做得更好吗？如果将来再次遇到这种情况，我们（或我）会做哪些改变？”这意味着抛开指责，鼓励从教训中成长。这也意味着专注于你自己的学习，无论是正式的还是非正式的，是在工作中还是工作之余。用你毕生对学习的追求来激励他人，让他们也能从你的学习成果中受益。

学习在你的文化中有多普遍？在你的预算中培训、教育福利和学习资源占了多大比例？当人们离开你的组织时，他们的人力资本（知识）就会一起离开，除非你有一个软件系统来存储和访问人们在工作中所习得的知识。这样，在员工离开后，人力资本仍然存在。处理客户问题的案例、新产品发布、设计项目和其他新举措只是应该保存的一小部分经验知识，供未来的团队和个人在面对类似的挑战时学习。现在有各种专门满足这一需求的知识管理软件包。你可能还需要专门派人来管理组织的学习。学习系统和资源能吸引和留住攀登者，他们被犯错、学习和进步的机会所激励。在组织中缺乏学习是攀登的严重障碍。

21. 奖励攀登行为

令人惊讶的是，很少组织愿意为攀登行为支付比扎营行为更多的报酬。要证明你真正看重智慧、冒险精神、韧性和勇气，那就应该在事情不顺利时给攀登者奖励。这能清楚地表明你相信正确的行为比每次都得到正确的结果更重要。庆祝伟大的失败吧！为本周最难堪的错误颁奖。但攀登行为不仅仅是关于冒险和跌倒，攀登者们会去创新、学习、探索、坚持和激励。

把你的时间和注意力首先放在攀登者身上。这对他们来说意义重大，而且这将使你与大多数组织不同。大多数领导者和管理者把大部分时间花在那些贡献最少的人身上，你应该倒过来行事。如果你培养攀登者，就会有更多的人成长为攀登者。

赛普拉斯半导体公司会为其高绩效（high performance，Hi-po）员工举办一场特别的逆商讲习会（被戏称为“Hypos”激励者），这是将资源集中在那些推动企业成功的员工身上并奖励他们。

你也要奖励无私、革新、坚韧、敏捷和一个人对使命或山峰的承诺。让革新变得神圣，享受优先权利。不要让平常那些火急火燎的事情把你的自我更新时间占据了，这些事情很容易通过手机、电子邮件和传真把你困住。除非你是个神经外科医生团队或化学泄漏反应小组的一员，否则我建议在人们进行培训、度假或在进行心理放松休息时，让他们“脱离网络”。首先你自己要这么做，这样你的同事就知道你是认真的。

要在心理上重新构建你的奖励系统，把那些用于奖励真正的攀登行为的措施作为其组成部分。你将会对已所剩无几的举措感到惊讶吗？那些成就卓越和保持现状的人各自得到了什么样的报酬？如果扎营者把头伸出温暖的帐篷，重新开始攀登，他们的生活会有什么不同？他们的这种行为是得到了奖励，还是实际上被扎营同事嘲笑和怨恨？

22. 培育意义感

Freeplay 集团是一家年轻的、快速增长的自供电设备制造商，总部位于南非开普敦。它以“在赚钱的同时（为世界）做贡献”为荣。它的创新产品手摇收音机和灯笼在行政套房和偏远的非洲学校中很受欢迎，它们被用来加强学习、交流和安全。Freeplay 集团通过让每个人感受到自己对更大使命的贡献来吸引并留住顶尖人才。“我们有一种真正的承诺感，”Freeplay 的工程总监约翰·哈钦森（John Hutchinson）这样说，“正直地工作，拿一份正当的工资，制造有意义的产品。”这帮助 Freeplay 集团收入在五年内从零增长到 3500 万美元，改善了成千上万人的生活。在拉斯维加斯举行的国际消费电子展（International Consumer Electronics Show）上，当人们涌向 Freeplay 的展台时，Freeplay 的魅力显而易见。

意义感是一种自己很重要的体验或感觉，是感觉自己对攀登事业至关重要。目标是组织存在的原因，它定义了你们选择一起攀登的山峰。如前所述，它应该与你个人的目标山峰高度一致。换句话说，你应该意识到，你的工作是一种有意义的生活方式，并且有望为你攀登自己的山峰提供保障。两者之间有明确的一致性。你必须感到你的角色对攀登是至关重要的，否则你就不会全力以赴。

你的公司如何成长，如何向员工展示和传递重要性？意义不是非得拍拍你的肩膀以示赞赏。它是持续地发自内心地关心和倾听，让每个人都发挥作用，尤其在这么做不容易的时候。

> 我永远不会忘记我当教授时的一名学生。他曾在海军陆战队服役了一段时间，并有幸在空军一号上担任里根总统的私人警卫。他是一名百分之百忠诚的共和党人。我问他为什么感觉如此强烈，他回答说："有一天，当空军一号着陆时，我的位置就在总统边上，他将迎接苏联总统米哈伊尔·戈尔巴乔夫。里根停顿了一下，看着我的眼睛问："约翰，你的大学计划进行得怎么样了？"然后他耐心地等待回答。我惊呆了。在接待苏联总统时，里根却还询问我的个人生活。哇！我会为这个个人挡子弹的。"

这就是意义感。

定义成功

一旦你已经选择了使用某种策略来加强你的文化逆商，下一步就是定义成功。换句话说，你和你的攀登伙伴必须问自己："具体地说，我们如何才能知道我们已经成功了？"在行为、留任率、绩效、员工调研、创新、问题解决、客户服务或其他能够决定文化逆商强化策略是否成功的方面，可能会发生一些具体的变化。明确你所寻求的改善，并尽可能将其具体化。

发起攀登计划

开始实施新策略的第一步。当开启这个过程的时候要知道，你可能需要很长一段时间才能看到可识别的结果。与其他攀登者合作，让他们在新的攀登方向上提供帮助，这样就有更大的机会获得动力。要向大家讲清楚新举措背后的原因，以及它对你实现在文化逆商提升流程的第一步中所定义的愿景而扮演的角色。

跟进你的进展

跟进你的进展包括通过逆商测评和其他你用来衡量成功的指标衡量所取得的改进。通过观察自己已经走了多远，以及离最初设定的逆商强化的目标还有多远，来不断评估你的进步。你收集到的相关数据越多，你就越能准确评估和沟通你的进展。

调整攀登路线

攀登者会不断地调整以适应天气的变化，他们很清楚自己规划的路线可能需要随时调整。因为所有的组织都是作为开放系统存在的，所以你必须适应外部环境的变化，根据前一步的数据反馈来做相应的调整。定期回顾你的策略、进展和愿景，这会让组织的文化逆商提升流程保持活力，也会让文化逆商时刻处在组织意识的前沿。

持续攀登

大多数组织在向员工传达有意义的投入时就像朝他们丢美式飞盘，快速飞过他们的头顶。它们会引起人们短暂的注意，但很快就会从意识和领悟中消失。即使你已经成功地完成了你的第一轮强化战略，你的挑战才刚刚开始。要想在新经济中蓬勃发展，你必须持续攀登，在文化逆商提升流程中不断升级。你会创造新的愿景，重新评估和绘制你的文化逆商，产出新的策略，定义新的成功，持续衡量逆商，以及不断调整攀登路径。创造和做有意义的工作的旅程永远不会结束。因为这个过程充满灵感、喜悦和挑战。

集体攀登

在我们列出的 22 条建议中，有一些更容易在你的文化中被接受并得到实施，就先从这些举措开始吧。要认识到，这个清单并不是完整的，创造和维持一种高逆商的攀登型文化的追求是永无止境的。

一些倦怠的管理者和顽固的实用主义者有时会质疑创造出一种真正的攀登型文化的可能性。他们不知道自己是否真的想要所有人都成为攀登者，而且还担心这会释放出太多的能量和潜在的混乱。他们害怕失去权力、秩序和可预见性——这些都是他们拿到 MBA 学位时得到的承诺。经常有人问我："难道你不想至少有些人是扎营者吗？就是那些愿意维持现状的人？"

这一切都要回到你为什么要做你所做的事情上。如果你的意义感来自帮助人们在他们的舒适区中停滞不前，让股东价值慢慢萎缩，那么就在这上面投入吧！但是，如果你的目标是释放人们的真正潜力，让他们朝着一个有价值的目标前进，一起做一些有意义的事情，那么高逆商文化就是你的必经之路，而你就是带头攀登的人。

ADVERSITY QUOTIENT @ WORK 本章简要回顾

文化逆商

文化逆商包括价值观、创始人、领导者、员工、招聘标准、利益相关者、历史、传奇故事、关键时刻、女英雄、男英雄、语言、规范、假设、资源、背景、程序、流程、奖励和规则。

评估文化逆商

从逆商视角观察他人。了解人们是如何描述从小烦恼到大灾难的所有事情并对它们做出反应的。

用逆商分析会议。听听当逆商袭来时人们会说什么。

用逆商分析一线员工。当不堪重负时，一线员工会如何反应？逆境对他们以及他们的行为举止和健康有什么影响？

去寻访前辈。这些经历丰富的前辈是如何应对逆境的？

用逆商分析书面文件。圈出所有与 CORE 和逆商相关的词语。

回顾你的文化中的对逆商的表达方式：

- 领导的语言；
- 员工的语言。

逆商文化快速检测表

逆商文化快速检测表是你用来测量文化逆商的工具。

我们的组织的文化逆商是：

你的组织文化逆商得分处于什么区间？

这体现了你组织的文化是怎么样的？

我们的文化 CORE 是：

C=____；

O=____；

R=____；

E=____。

ADVERSITY QUOTIENT

第10章 | @ WORK

向上而生

> 未来不仅仅是超高速计算机、设计基因和神经网络的时代，仅靠简单地改进思维无法解决技术发展所带来的改变生活的问题。我们需要一套整合的理念，不仅仅是知识，还有智慧。
>
> **拉吉特·古普塔（Rajat Gupta），麦肯锡公司全球董事总经理**

有可能在这本书中，你所经历“逆境”的次数几乎和你读到“逆境”这个词的次数一样多。现在你已经读到了最后一章，你对逆境的看法是不是有所不同了？在你的生活或工作中，你是否至少有过一次改变，或者在某种程度上强化了你对逆境的反应能力？到目前为止，这段旅程对你的反应模式产生了什么影响？也许你已经更了解你的逆商是如何影响你的反应能力、精力、注意力和业绩的。你现在可能敏锐地意识到你的CORE对他人的影响。你从中学到了什么？

逆境在你的组织中扮演了什么角色？它如何塑造了你的组织的特质、诚信、价值观、文化和攀登的动力？你的组织经历过哪些关键时刻？它们是如何应对的？逆境是否释放了反安慰剂效应？逆境是降低了员工的期望、动摇了他们的决心还是让文化变得更强更好了？

我曾在新加坡做过一次关于将逆商应用于家庭生活的演讲。我遗憾地发现，即使是以家庭为重心的社会结构也在经受猛烈的冲击，因为要在全球化的今天保持活力和竞争力，每个人都面临着更高的要求。当美国正在进口商品和服务时，我们似乎在出口我们疯狂的前进步伐、漫长的工作时间和逆境，似乎整个世界都受到了逆境时代接连不断的影响。

每一天，世界各地的人们都感到他们的需求才能正在不断被拉伸，然而，他们还在努力挣扎着要在发展趋势中保持现有才能。这是慢性压力增长最快的来源。他们的操作系统和他们同事的操作系统承受着日益增长的压力，这也对他们的发挥才能构成了威胁。

然而，在我们日常的需求日益增长的今天，逆境不一定是持续的压力来源，相反，它可以非常激励人心。工作为我们提供了一个得天独厚的去体验这种振奋人心的可能。

> 抓住一切机会去寻找意义。
>
> 乔治·根德龙（George Gendron），*INC* 杂志主编

在工作中攀登

这本书聚焦于人类体验的一个领域：集体奋斗，即工作。工作就是我们天赋

的表达和对意义感的追求。在理想的情况下，工作让我们利用自己的资源和才能，向着最重要且对每一个参与其中的人都有意义的事情前进的一种方式，这就是追求。然而，如果没有逆境，这一追求就无法实现。事实上，愿景越是鼓舞人心，使命越是有感召力，目标越是高远，你在前进的道路上面临的逆境就越多，这与你的工作、所处行业或组织规模没有关系。

我希望你已经认识到，无论你的头衔大小或工作年限长短，你都会影响你企业的攀登。你可以使用逆商来寻找和雇用攀登者，也可以用它来辅导、指导和领导你自己和其他人。你可以用这些方法来建立攀登型团队和高逆商的攀登文化。你能够释放你周围那些具有更大力量的要素，并丰富你自己的文化宝库。

因此，逆商不仅仅是关于提升企业的生产力或盈利能力。虽然逆商在这些领域已被证明是有促进作用的，但它影响了人们内在更深的本源——能量、动力、勇气和抱负。

在有限的生命里，你选择攀登哪座山峰，也许是你要做出的最重要的决定。理想情况下，它会给你带来挑战，让你周围的人受益，丰富你的精神世界，激发卓越，赋予意义，并留下让他人追随的宝贵财富。不管你的头衔是什么，你的工作都提供了一种有组织的、相互依赖的方式来支持、展现和推动你的攀登。提升你的逆商也是一种向上攀登。

通向智慧的攀登

当背包超重、视野模糊、天气恶劣时，你如何才能继续保持攀登者的状态呢？这就是为什么扎营似乎是一个理性的选择，至少在我们评估扎营带来的代价之前是这样的。与其在扎营中牺牲你的成长、灵感、希望、潜力和成就感，不如选择另一种方式来减轻你的负担，提高你的导航能力，并持续你的攀登。带着智慧去攀登。

如果硬件装了太多的软件，计算机就会因超载而难以工作。你同样如此。在你自己的操作系统中加载更多的“软件”也是荒谬的。然而，为了在各自的行业和工作中生存下去，人们每天都在做这件事，更别说那些想要成为引领者的人了。我们寻求的一些软件是以培训、知识和信息的形式出现的，我们用它们来指导我们的行动和决定。然而，很多这样的“软件”会让我们陷入困境，会感染和侵扰我们的硬盘驱动器。有时候，少即是多。

怎样才能成功地驾驭逆境和不确定性？那些认为只要积攒并拥有更多的想法、模型、技能和工具就能生存的人可能没有抓住要领。科迪·伦丁（Cody Lundin）是研究荒野生存的顶尖专家之一，他在美国亚利桑那州的普雷斯科特经营着一所原住民生活技能学校。伦丁注意到，大多数人的背包里都装着很多小工具和其他东西。这样的负重会给他们带来生命危险。所以，不是要带更多的东西，而是要带上正确的东西。伦丁教学员如何扔掉帐篷、睡袋和背包，转而靠那些生活必需品生存。他传授学员们古代土著居民的生存技能，只给他们必需的东西来应对任何情况。他说，当他们可以卸下沉重的背包，在荒野中更轻松、更好地旅行时，大多数人都能体会到一种难以置信的自由感。

思考一下图 10–1 中展示的“通向智慧的攀登”模型。在山脚下有一团厚厚的云雾，大多数人都难以逃开。登山口一片嘈杂。这种震耳欲聋的嗡嗡声来自每天不断冲击着我们感官的各种刺激物。噪音消耗能量、力量和资源，却不能提供内在价值。如果我们坚持下去，我们就会从噪音上升到数据，而数据也不过是有组织的噪音罢了。今天，当人们要做出一个决定或形成有意义的见解时所需要用到的数据量是惊人的，而且数据量还在呈指数级增长。

更高的位置上是信息，或有组织的数据。互联网是通向无限信息的大门。要攀越这些信息就像徒步穿过 10 英尺厚的细粉雪。每向前迈一步，你都可能向后滑三英尺。要掌握这前三层就像绘制宇宙的地图，而宇宙膨胀得太快以至于无法被准确描绘出来。因此，努力掌握信息是徒劳的。

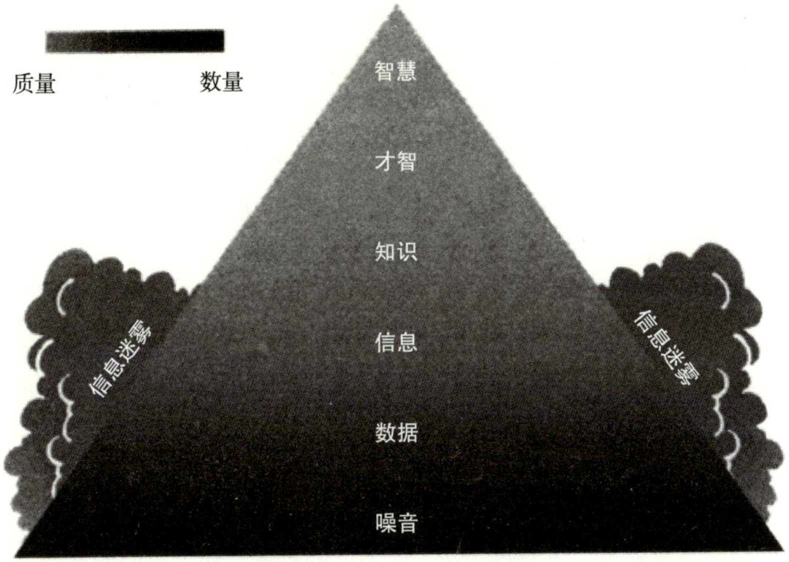

图 10–1 通向智慧的攀登

如果你有幸在信息上找到了一些立足点，你就能获得知识，知识是更高层次的信息。知识代表着专业技能，并能使技能提高。知识是经过选择的、很有针对性的、可靠的和有用的信息。但是，拥有更多的知识并不能保证你做事将更清晰、更准确或更有效。虽然你有效地存储了某些信息，但并不意味着它一定对攀登至关重要。例如，培训是提高知识水平的一种方式，其中涉及的信息是人们挑选出来，认为与集体攀登有关的。这种培训是无止境的，可能包括新产品、研发、趋势、竞争对手、某个工作职能等信息。那些嵌入你硬盘的经验和教训成了你的知识，而放在书架上或文件夹里的培训材料和教程则仍然只是信息，甚至可能退化为数据和噪音。因此，当专家说我们现在处于一个知识经济时代，这个时代是由知识型员工驱动时，他们实际上是在警告，你的成功是由你筛选海量信息、数据和噪音以提取并交付更高价值的能力所驱动的。

但是，当每个人都在努力积累更多的知识时，只有提升到下一个层次——才智（intelligence）——才会获得一些优势。当你越来越善于辨别在做决定和解决问题时可以用哪些知识时，你的才智才能得到提高。从这个意义上说，才智是一种更高层次的知识，是在做出有效决策时对知识的熟练选择。它使你的行动更加迅速、有效。在过去，才智通常足以应付某一天或某项事业的挑战。如今，我们会为得到可靠的才智付出高昂的代价。我们从我们的领导者和那些最优秀的人才身上学习。在理想情况下，才智存在于组织内的各个层级。

然而，为了满足你工作所需要的才智水平，你必须整理的杂音、数据和信息的数量总量有多少？这就像是攀越正在发生的雪崩。无论你多么顽强地攀爬，你都无法身处安全。依赖才智的过程会充满逆境。这种竭尽全力让自己拥有最高的才智水平的行为会危及领导者保持强大，并做出清晰而聚焦的决策的能力。

成为一名成功的攀登者或领导一支成功的攀登队伍，不仅要获得更多的数据、信息、知识，简单地说，要获得才智。你不可能收集到你需要的所有信息，你可能会在这个过程中受到阻碍。正如科迪·伦丁所指教的，你可能会因为东西太多而危及攀登之路。拥有更多并不是正确的答案。

为了让自己有一个清晰的头脑，你必须提升到智慧（wisdom）。智慧是经验、直觉和知识的交集，它包含了简单而永恒的真理，你可以用它来驾驭你生活和事业的方方面面。

在这个模型中，逆商既是智慧的源泉，也是通向智慧的攀登方式。对我们一直所知的真理，逆商提供了科学的解释和衡量：对逆境反应更有效的人，在生活中会得到更多，走得更远。无论你信奉哪种教义，伟大的学说都是建立在人类与逆境的关系之上的，这些都是永恒的。

在噪音和数据中艰难前行，努力超越信息迷雾，达到更高层次的清晰度和理解也需要逆商。随着这些较低层次的扩展，要逃脱它们的控制会变得越来越难，而你的逆商在提升到下一个层次时会变得越来越重要。逆商定义了反应能力的原则，它为你提供了攀登者思维，或者有效应对任何事情的能力。它能让你在面对众多挑战、不确定性和混乱时保持思路清晰、做事专注且有方向感。这样，逆商就能提升你的智慧。当你的反应能力提升了，你就能更深刻地理解，是什么使你在生活和事业中保持和拓展自己的意义、重要性和可能性。逆商定义了你需要什么护驾才能成功地向智慧攀登。

山峰代表包含你的使命在内的很多东西。利用你所拥有的资源向着你的使命攀登，你需要承诺终生学习、进步和成长，经历一些巨大的挫折。但是，为什么这种攀登具有如此巨大的吸引力呢？也许，正如著名登山者埃德·伯恩鲍姆（Ed Bernbaum）指出的那样，这是因为“一座山实际上就是一座金字塔，当你到达顶峰时也意味着抵达了金字塔的正中心。”

当你的团队一起向山顶攀登时，你们就可以开始用 CORE 价值观与信念和谐地工作和生活。当你和你的攀登团队更加专注于感恩和驾驭攀登中的挑战时，生活就变得更加简单了。你不断提升的反应能力强化了你的操作系统，这不是要你成为一台更好的电脑，而是要你成为更好的人，更好地应对任何挑战。这样，你就能够更敏捷地并以优雅的姿态航行于更多的挑战中。别人在苦苦挣扎，你却能蓬勃发展。

当你回顾你的生活和事业时，你会看到，当你向山顶攀登时，生活会变得更有意义，你的角色会变得更加重要。最终，是你的逆商，而不是你的智商，使你忠于自己的山峰，并且激励那么多人一起攀登。所以，请倾听你的山峰，它让你谦卑，永不松懈。

“一往无前，向上而生！”

三种高度下的团队逆商得分区间及其解读

山脚下（平均得分 147.5）

山脚下的高团队逆商（178~200 分）

如果你的团队逆商得分处于这个区间，说明你的团队拥有非常强且不断在扩容的能力来面对挑战和逆境。大家都主动承担改善逆境的责任，挫折可能很快就会被克服。团队里都是敏捷的问题解决者，困难的任务反而能让团队得到更好的发展。因此，你的团队很可能被领导选中去实现最具挑战的目标。成为这个团队的一分子让人兴奋不已。尽管如此，你们仍然可以通过进一步提升团队逆商来精进技能，扩展你们的才能。

山脚下的稍高团队逆商（161~177 分）

如果从这个视角衡量的团队逆商得分处于这个区间，那么这个团队就可以被称为高绩效团队。你们正在开发并且不断扩展你们的现有才能。团队成员大多是问题解决者和决策制定者，都展现了乐观进取的精神。面对大部分挑战，团队或许都能保持韧性，坚持不懈。有些时候，当逆境不断累积时，你们可能会承受一些不必要的压力。通过提升团队逆商，你们可以进一步开发潜力和才能，以迎接更大的挑战。

山脚下的中等团队逆商（135~160 分）

大部分团队在山脚下的团队逆商得分都处于这个区间。如果你的团队逆商得分也处于这个区间，这表明在处理大多数挑战时你们的表现还算可以。但是，当逆境不断叠加，团队的才能被发挥到一定程度时，团队的决策力、创新力、问题解决能力和敏捷度开始受损。有些时候，团队会变得士气低下，不堪重负。你们的潜力未被完全开发。当团队的逆商提升时，团队会有更大的勇气和韧性来面对各种挑战。

山脚下的稍低团队逆商（118~134 分）

如果你的团队逆商得分处于这个区间，也许你们也可以很好地处理一些问题。但是，当面对多个挑战、挫折或紧张的时间压力时，团队的绩效和动力都会受到不必要的损害。你们大部分的潜力都未被开发。当挑战来临时，团队很难齐心协力，协同一致地去面对。

山脚下的低团队逆商（117 分及以下）

对于团队逆商得分处于这个区间的团队来说，冲突是常态，才能完全未被开发，问题得不到解决。这个团队只发挥了很小一部分的现有才能。通过在三个高度上提升觉察和团队逆商，这个团队可以取得巨大的进步。会议也会变得高效且充满活力。

半山腰（平均得分 130.5）

半山腰的高团队逆商（161~200 分）

你的团队对自己的韧性充满信心，坚信不管发生什么情况都能很好地应对。你们认为自己有很强的反应能力，有巨大的才能去解决问题，迎接艰难的挑战。你们开发了大部分的才能，同时还在不断扩容它。你们团队会处理其他团队处理不了的困难情境。面对大部分的挫折和障碍，你们都会泰然自若。

半山腰的稍高团队逆商（144~160 分）

如果半山腰的团队逆商得分处于这个区间，这表明你的团队比很多团队都强大，可调用的团队才能也比较多。大部分时候，团队都能有效地应对挫折和困难，偶尔也会因为不断累积的挑战而应接不暇。团队能有效地解决问题和做决策，同时激励每个成员不断尝试通常不会尝试的事物。即便如此，你们还是可以通过提升逆商来开发和扩展更多的才能。

半山腰的中等团队逆商（119~143 分）

跟大部分团队一样，处于这个得分区间的团队有适量的才能去应对各种困难。你们的一部分才能还未得到开发，所以在一些变化和困难面前，你们可能可以快速地通过，而在另一些情况下则可能会受到打击。当逆境不断叠加，团队的才能被发挥到一定程度时，团队的决策力、创新力、问题解决能力和敏捷度开始受损。面对非常艰巨的挑战时，团队会变得士气低下，失去斗志。

半山腰的稍低团队逆商（103~118 分）

如果你的团队逆商得分处于这个区间，那么你们在那些稳定的可预测的情境中可能会表现最佳。但是，你们的才能并没有被足够地开发，而你们也没有主动去扩充才能以应对新的需求。当多变的、敏感的、有挑战性的问题出现时，你们会变得消极。团队成员可能会发牢骚，会抱怨。团队不太可能会协同一致地去解决问题。

半山腰的低团队逆商（102 分及以下）

半山腰的逆商得分很低的团队通常只开发了很小一部分的才能，这会导致团队内部充满挫败感、冲突不断和队员之间关系冷漠。当挑战来临时，团队成员之间的关系会非常脆弱，而且遇到阻碍，他们无法有效地行动。提升团队逆商会给这样的团队带来巨大的改善。

山顶（平均得分 133.5）

山顶的高团队逆商（163~200 分）

你的团队被一致认为是在面对逆境表现最出众的团队。团队很有可能会在解决棘手的问题和挑战不可能的任务时处于最佳状态。你们以可以解决其他人解决不了的问题为荣。基于过往的各种尝试和成功经历，团队拥有很强的信任感和相互依赖感。你们从不把时间浪费在相互指责上，而是聚焦于可以做什么来改善现状，人人都有很强的担当力。其他团队都会被你们不断扩展的才能所折服，会寻求你们的帮助。你们能够敏捷地解决问题，这对组织的成功起着重要作用。团队成员对团队有很高的忠诚度。

山顶的稍高团队逆商（146~162 分）

利益相关方都认为你们团队应对逆境的能力比大多数团队要强。你们的反应能力很强，为了满足来自外界不断增长的需求，你们发挥了大部分的现有才能，其他人对此表示敬佩。但有些时候，当挑战太强烈或逆境不断叠加时，你的团队也有可能无法发挥所有的潜力。严峻的逆境可能会对团队造成不必要的损失。通过提升团队逆商，你们可以同时扩展发挥才能和现有才能。

山顶的中等团队逆商（121~145 分）

跟大多数团队一样，你的团队可能可以有效地应对一部分挑战。但是，当逆境来临时，你们可能缺少足够的反应能力去实现最佳表现。人们会发现你们的现有才能中有很多没有被发挥出来，而且现有才能也无法满足需求。当团队消极地应对新的挑战时，这会消耗团队内部的信任感。虽然也能解决问题，但比起其他团队，你们会承受更多的痛苦，消耗更大的能量。

山顶的稍低团队逆商（105~120 分）

当处于充满逆境的环境中时，你们团队的创新力、问题解决能力、决策力都会下降。只有在风平浪静时，这些能力才会得以发挥。当事情变得越来越严峻，人们可能会拒绝全力以赴地去改善现状或完成工作。你们只发挥了很小一部分才能，因此会变得沮丧和失望。面对看上去不合理的需求，你的团队经常会感到无助。

山顶的低团队逆商（104 分及以下）

你的团队长期处于无法开发和扩展自己才能的困境中。你的团队成员很有可能散漫拖沓，即便如此，还不至于完全无动于衷。团队外部的利益相关方可能已经多次表达了对你们团队的失望或者已经放弃依靠你们的团队去完成任务和实现目标，尤其是出现挑战时。团队内部的互动更多的是互相指责，而不是聚焦在问题解决、创新和激励上。低逆商团队的成员通常会害怕开会，因为他们知道自己一个人做事比大家一起做事效率更高。这种现象被称为“团队熵”。

Adversity Quotient @ Work

ISBN：978-0-688-17759-X